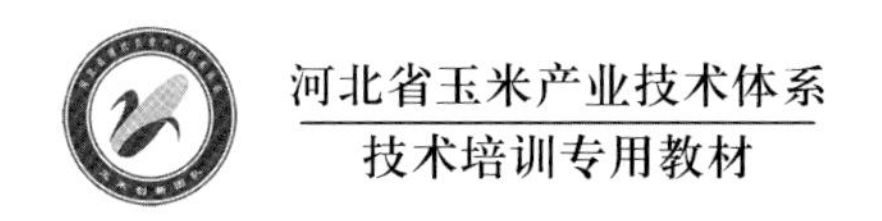


# 河北省
# 玉米优良品种汇编

(2015—2017)

张志刚　梁新棉　主编

中国农业出版社

**图书在版编目（CIP）数据**

河北省玉米优良品种汇编.2015—2017/张志刚，梁新棉主编.—北京：中国农业出版社，2018.3
ISBN 978-7-109-23763-6

Ⅰ.①河…　Ⅱ.①张…②梁…　Ⅲ.①玉米-优良品种-汇编-河北　Ⅳ.①S513.029.2

中国版本图书馆CIP数据核字（2017）第330642号

中国农业出版社出版
（北京市朝阳区麦子店街18号楼）
（邮政编码100125）
责任编辑　郭银巧

---

中国农业出版社印刷厂印刷　　新华书店北京发行所发行
2018年3月第1版　　2018年3月北京第1次印刷

---

开本：880mm×1230mm　1/32　　印张：11
字数：296千字
定价：60.00元
（凡本版图书出现印刷、装订错误，请向出版社发行部调换）

## 《 编 委 会

主　　编：张志刚　梁新棉

副 主 编：周进宝　高增永　许金博　刘树勋

参编人员：（按姓氏笔画排序）

马元武　王瑞清　吕方军　刘　超

刘志芳　刘建兵　刘树勋　刘晓燕

许金博　李　媛　李承宗　李春杰

张志刚　张耀宗　周进宝　赵　璇

赵艳业　高增永　梁新棉　鲍　聪

（各届河北省农作物品种审定委员会委员、专家及有关市种子站管理人员也做了大量工作，限于篇幅，名单不一一列出，特此说明）

# 前言

为促进河北省玉米产业的健康发展，满足各级农业技术推广部门、种子管理部门、种子生产经营单位、农业科研单位对审定品种信息的需求，方便种植大户和广大农民朋友选种、用种，我们全面整理了2015—2017年适宜河北省省内推广种植的国家级及省级审定的玉米品种共计344个，其中包括省级审定品种206个，国家级审定品种138个。

本册以2015—2017年农作物品种审定公告为基础，按照审定年份、省级审定、国家级审定进行编排，包括审定编号、品种来源、选育单位、报审单位、产量表现、特征特性、栽培技术要点及建议推广区域等主要信息，可供各级农业技术推广部门、种子管理部门、种子生产经营单位、农业科研单位及广大农民朋友们参考。

本册的汇编，凝聚了各级农作物品种管理工作人员的辛勤劳动，是包括农作物品种试验人员、审定委员和专家在内的集体智慧的结晶，在此一并表示感谢。

由于本册成稿的大部分工作是编写人员利用业余时间完成的，加上时间仓促，错误在所难免，有疏漏之处敬请广大读者朋友批评指正。

编 者

2017年9月

# 目 录

前言

## 第一部分　省级审定品种

一、普通玉米春播组 ……… 3
（一）北部春播组………… 3
1. 巡天 287 ……………… 3
2. 奥玉 3911 …………… 4
3. 丹玉 305 ……………… 5
4. 瑞得 7 号……………… 5
5. 迪卡 516 ……………… 6
6. 葫新 698 ……………… 7
7. 中农大 451 …………… 8
8. 新丹 336 ……………… 9
9. 联达 99 ……………… 10
10. 锦单 20 …………… 10
11. SS710 ……………… 11
12. 秀青 835 …………… 12
13. 兆育 517 …………… 13
14. 先玉 1225 ………… 14
15. 裕丰 201 …………… 15
16. SF142 ……………… 16
17. 沃玉 3 号…………… 17
18. NK718 ……………… 18
19. 蠡玉 90 …………… 19
20. 宝源 1 号 ………… 19
21. 农华 106 ………… 20
22. 龙生 1 号 ………… 21
23. 东单 6531 ……… 22
24. 金岛 1008 ……… 23
25. 宏硕 899 ………… 23
26. 佳昌 309 ………… 24
27. 锦成九……………… 25
28. 粮原 5698 ……… 26
29. 良玉 911 ………… 26
30. 粟玉 66 ………… 27
31. 纪元 108 ………… 28
32. 科试 705 ………… 29
33. 先玉 1321 ……… 30
34. 兆育 322 ………… 31
35. 晋单 73 号 ……… 32
36. 美亚 868 ………… 33
37. 裕丰 310 ………… 34
38. 纪元 178 ………… 34
39. 三北 61 ………… 35
（二）太行山区春播组…… 36
40. 永玉 66 ………… 36

41. 明科玉 6 号 …………… 37
42. 石玉 11 号 …………… 38
43. 奔诚 15 …………… 39
44. 中科玉 505 …………… 40
45. 冀丰 179 …………… 41
46. 诚信 16 号 …………… 41
47. 科腾 615 …………… 42
48. 农艺 1 号 …………… 43
49. 石玉 12 号 …………… 44
50. 万盛 22 …………… 45
51. 统率 001 …………… 46
52. 农单 145 …………… 47
53. 合玉 966 …………… 48
（三）承德春播组 ……… 49
54. 承玉 35 …………… 49
55. 玉 188 …………… 50
56. 金联华 619 …………… 51
57. 禾源 9 号 …………… 52
58. 瑞美 166 …………… 52
59. 承玉 36 …………… 53
60. 承单 812 …………… 54
61. 隆骅 601 …………… 55
62. 瑞美 216 …………… 56
63. 禾源 18 号 …………… 57
64. 宏育 416 …………… 58
65. 鹏诚 198 …………… 59
66. 捷奥 737 …………… 60
67. 承科 1 号 …………… 61
68. F3588 …………… 61
69. 承单 813 …………… 62
70. M2527 …………… 63
71. 德研 8 号 …………… 64
72. 佳试 22 …………… 65
73. 承禾 6 号 …………… 65
74. A3678 …………… 66
75. 先达 201 …………… 67
（四）张家口春播组 …… 68
76. 金科 248 …………… 68
77. 丰田 101 …………… 69
78. 万佳 669 …………… 70
79. 中种 8 号 …………… 71
80. 泰合 896 …………… 72
（五）唐山春播组 ……… 73
81. 凯元 3073 …………… 73
82. 先玉 045 …………… 74
83. 富中 15 号 …………… 74
84. 宏辉一号 …………… 75
85. 金科 K98 …………… 76

**二、普通玉米夏播组** ……… 78

86. 锦农 88 …………… 78
87. 沧玉 76 …………… 79
88. 永研 1101 …………… 80
89. 源育 19 …………… 80
90. 洪福 88 …………… 81
91. 正弘八号 …………… 82
92. 华农 138 …………… 83
93. 金瑞 88 …………… 84
94. 纪元 168 …………… 85
95. 农单 113 …………… 86
96. 科试 616 …………… 87
97. 京科 193 …………… 88
98. 纪元 158 …………… 88
99. 葫新 128 …………… 89
100. 兰德玉六 …………… 90

101. 东玉 158 ………… 91
102. 邢玉 10 号 ………… 92
103. 秀青 829 ………… 93
104. 东单 913 ………… 94
105. 泓丰 818 ………… 95
106. 明科玉 33 ………… 96
107. 金博士 785 ……… 97
108. 裕丰 105 ………… 98
109. 肃研 358 ………… 98
110. 邢玉 11 号 ………… 99
111. 源丰 008 ………… 100
112. 极峰 9 号 ………… 101
113. 冀农 121 ………… 102
114. 众信 978 ………… 103
115. 金粒 168 ………… 104
116. 科兴 216 ………… 105
117. LS838 ……………… 106
118. 明科玉 77 ……… 106
119. 先玉 1266 ……… 107
120. 洰丰 1518 ……… 108
121. 机玉 88 ………… 109
122. 富中 8 号 ………… 110
123. 美晟 887 ………… 111
124. 纪元 198 ………… 112
125. 早粒 1 号 ………… 113
126. 怀玉 208 ………… 113
127. 金研 919 ………… 114
128. 科试 119 ………… 115
129. 蠡玉 111 ………… 116
130. 明天 695 ………… 117
131. 金博士 705 ……… 118
132. 金诚 12 ………… 119
133. 极峰 35 号 ……… 120
134. MC817 ………… 121
135. 沃玉 990 ………… 121
136. 众信 516 ………… 122
137. 五谷 305 ………… 123
138. 富中 12 号 ……… 124
139. 正弘 758 ………… 125
140. 巡天 1102 ……… 126
141. 天塔 619 ………… 126
142. 极峰 25 号 ……… 127
143. 乾玉 187 ………… 128
144. 凯育 13 ………… 129
145. 万盛 89 ………… 130
146. 兴玉 2018 ……… 131
147. 科试 992 ………… 132
148. 明天 636 ………… 133
149. 金奥 608 ………… 134
150. 万盛 69 ………… 134
151. 衡玉 1182 ……… 135
152. 邯玉 398 ………… 136
153. D722 ……………… 137
154. 金奥 688 ………… 138
155. ZH968 …………… 139
156. 合玉 6 号 ………… 140
157. 海平 303 ………… 140
158. 农单 476 ………… 141
159. 鑫 1303 ………… 142
160. 唐丰 3 …………… 143
161. 荃玉 18 ………… 144
162. 天塔 8318 ……… 145
163. 龙华 307 ………… 146
164. 大地 916 ………… 147
165. 源育 305 ………… 148
166. 豫丰 98 ………… 149

167. 兰德 218 ………… 149
168. 龙华 369 ………… 150
169. 冀农 858 ………… 151
170. 正玉 16 ………… 152
171. MC703 ………… 153
172. 科试 188 ………… 154
173. 全玉 1233 ……… 155
174. 恒悦 101 ………… 156
175. 先玉 1366 ……… 156
176. 衡玉 321 ………… 157
177. 富中 13 号 ……… 158
178. 锦源 705 ………… 159
179. 先玉 1466 ……… 160
180. 明天 616 ………… 161
181. 中广 1 号 ………… 162
182. 纪元 102 ………… 163
183. 凯育 11 ………… 163
184. 邯玉 928 ………… 164
185. 京早 618 ………… 165
186. 蠡玉 57 ………… 166
187. 嘉玉 1 号 ………… 167
188. 泽玉 136 ………… 168

**三、特用玉米组** ………… 169

189. 佳糯 26 ………… 169
190. 万粘 4 号 ………… 170
191. 石甜玉 1 号 ……… 171
192. 中农甜 488 ……… 172
193. 惠农糯 1 号 ……… 173
194. 琼白糯 1 号 ……… 174
195. 沈甜糯 9 ………… 175
196. 万彩甜糯 118 …… 176
197. 奔诚 6 号 ………… 177
198. 宏瑞 101 ………… 178
199. 津贮 100 ………… 179
200. 农研青贮 2 号 …… 180
201. 洰丰 185 ………… 180
202. 彩甜糯 2 号 ……… 181
203. 奉糯天香 ………… 182
204. 景颇早糯 ………… 183
205. 沃彩糯 3 号 ……… 184
206. 博斯甜 818 ……… 186

# 第二部分 国家级审定品种

**一、普通玉米春播组** …… 189

（一）东华北春播组 …… 189

1. 农华 205 ………… 189
2. 承 950 ………… 190
3. 东单 119 ………… 190
4. 巡天 1102 ……… 191
5. 裕丰 303 ………… 192
6. 屯玉 4911 ……… 193
7. 德单 1266 ……… 194
8. 金博士 781 ……… 195
9. 农华 106 ………… 196
10. 屯玉 556 ……… 197
11. 东单 1331 ……… 198
12. 德单 1002 ……… 198

13. 秋乐 126 ………… 199
14. 吉农大 778 ……… 200
15. A1589 …………… 201
16. 农单 476 ………… 202
17. 裕丰 201 ………… 203
18. 金岛 99 ………… 204
19. 华农 887 ………… 205
20. 正成 018 ………… 206
21. 烁源 558 ………… 207
22. 豫禾 601 ………… 208
23. 联创 808 ………… 210
24. 乐农 18 ………… 212
25. 秋乐 368 ………… 213
26. 东单 6531 ………… 214
27. 富尔 1602 ………… 216
28. 诚信 1503 ………… 217
29. 金博士 717 ……… 218
30. 美豫 503 ………… 219
31. S1651 …………… 219
32. 农华 803 ………… 220
33. 锦华 202 ………… 221
34. 宽诚 58 ………… 222
35. 宽玉 1102 ………… 222
36. 华诚 1 号 ………… 223
37. 蒙发 8803 ………… 224
38. 东单 507 ………… 225
39. 龙垦 134 ………… 226
40. 屯玉 358 ………… 227
41. 金博士 806 ……… 228
42. 美锋 969 ………… 229
（二）东北早熟和极早熟春播玉米组 …… 231
43. 佳禾 18 ………… 231
44. 元华 8 号 ………… 231
45. 先达 101 ………… 232
46. 垦沃 3 号 ………… 233
47. 东科 308 ………… 234
48. 大民 7702 ………… 235
49. 富尔 116 ………… 235
50. 垦沃 6 号 ………… 236
51. 院军一号 ………… 237
52. 富成 198 ………… 238
53. 农华 501 ………… 239
二、普通玉米夏播组 …… 240
（一）黄淮海普通玉米夏播组 ………… 240
54. 登海 685 ………… 240
55. 滑玉 168 ………… 241
56. 伟科 966 ………… 241
57. 农大 372 ………… 242
58. 联创 808 ………… 243
59. 农华 816 ………… 244
60. 郑单 1002 ………… 244
61. 豫单 606 ………… 245
62. 东科 301 ………… 246
63. 中单 856 ………… 247
64. 秋乐 218 ………… 248
65. 泛玉 298 ………… 248
66. 怀玉 23 ………… 249
67. 万盛 68 ………… 250
68. 宁玉 468 ………… 251
69. 源丰 008 ………… 252
70. 京品 50 ………… 253
71. 强盛 368 ………… 253

72. 农星 207 …………… 254
73. 奥玉 405 …………… 255
74. 丰乐 301 …………… 256
75. 丰乐 303 …………… 257
76. 裕丰 308 …………… 258
77. 隆平 218 …………… 258
78. 隆平 240 …………… 259
79. 隆平 269 …………… 260
80. 华皖 617 …………… 261
81. 隆平 275 …………… 262
82. 联创 825 …………… 262
83. 中科玉 501 ………… 263
84. 登海 533 …………… 264
85. 登海 177 …………… 265
86. 登海 105 …………… 265
87. 登海 187 …………… 266
88. 登海 371 …………… 267
89. 德单 123 …………… 268
90. 金博士 509 ………… 269
91. 东单 7512 ………… 269
92. 中地 88 ……………… 270
93. 鑫研 218 …………… 272
94. 齐单 703 …………… 272
95. 齐单 101 …………… 273
96. 金博士 702 ………… 274
97. 豫禾 368 …………… 275
98. 豫禾 512 …………… 275
99. 豫禾 516 …………… 276
100. 豫禾 781 ………… 277
101. 豫禾 357 ………… 278
102. 美豫 168 ………… 279
103. 美豫 268 ………… 279
104. 豫禾 113 ………… 280
105. 天泰 316 ………… 281
106. 巡天 1102 ……… 282
107. 农华 5 号 ………… 282
108. 农华 305 ………… 283
109. 锦华 659 ………… 284
110. 秋乐 708 ………… 285
111. 豫研 1501 ……… 286
112. 宽玉 1101 ……… 286
113. 宽玉 356 ………… 287
114. 宽玉 521 ………… 288
115. 金海 13 号 ……… 289
116. 冠丰 118 ………… 290
117. 登海 618 ………… 290
118. 登海 3737 ……… 291
（二）黄淮海夏播机收组 ……………… 292
119. 迪卡 517 ………… 292
120. LS111 …………… 293
121. 京农科 728 ……… 294
122. 五谷 305 ………… 295

三、特用玉米组 …………… 296

123. 万糯 2000 ……… 296
124. 佳糯 668 ………… 297
125. 农科玉 368 ……… 298
126. 京科甜 179 ……… 299
127. 中农甜 414 ……… 300
128. 鲁星糯 1 号 ……… 301
129. 佳彩甜糯 ………… 302
130. 鲜玉糯 5 号 ……… 302
131. 金冠 218 ………… 303
132. 石甜玉 1 号 ……… 304

133. ND488 ……………… 305
134. 郑甜 66 …………… 305
135. 京科甜 533 ………… 306
136. 洛白糯 2 号 ……… 307
137. 粮源糯 1 号 ……… 308
138. 大京九 26 ………… 309

# 附　　录

附录 1　河北省 2017 年同一适宜生态区引种备案品种目录（第一批） …… 313
附录 2　河北省 2017 年同一适宜生态区引种备案品种目录（第二批） …… 329

# 第一部分

# 省级审定品种

# 一、普通玉米春播组

## （一）北部春播组

### 1. 巡天 287

**审定编号：** 冀审玉 2015012 号

**试验名称：** Z09287

**选育单位：** 河北巡天农业科技有限公司

**报审单位：** 河北巡天农业科技有限公司

**品种来源：** 2008 年用 Z626×Z69 育成

**审定时间：** 2015 年 5 月

**产量表现：** 2012 年河北省北部春播组区域试验，平均亩* 产 760.1 千克，2013 年同组区域试验，平均亩产 726.6 千克。2014 年生产试验，平均亩产 827.0 千克。

**特征特性：** 幼苗叶鞘紫色。株型半紧凑，株高 313 厘米，穗位 129 厘米，全株叶片数 21 片左右，生育期 124 天左右。雄穗分枝 8～12 个，花药紫色，花丝先绿后紫。果穗筒形，穗轴红色，穗长 19.8 厘米，穗行数 16 行，秃尖 0.4 厘米。籽粒黄色、半马齿型，千粒重 368.1 克，出籽率 83.7%。2014 年农业部谷物品质监督检验测试中心测定，粗蛋白质（干基）9.62%，粗脂肪（干基）4.48%，粗淀粉（干基）73.52%，赖氨酸（干基）0.30%。抗病性：吉林省农业科学院植物保护研究所鉴定，2012 年，高抗茎腐病，抗丝黑穗病，中抗玉米螟，感大斑病、弯孢叶斑病；2013 年，中抗茎腐病、玉米螟，感大斑病、丝黑穗病，高感弯孢叶斑病。

---

* 亩为非法定计量单位，1 亩≈667 米$^2$，余同。——编者注。

**栽培技术要点：**适宜播期为4月底至5月中旬，适宜密度为3 800～4 000株/亩。足墒播种，保证苗齐、苗全、苗壮，底肥每亩施入45%以上含量复混肥25千克左右，大喇叭口期每亩追施尿素25千克。注意旱浇涝排，完熟收获。

**推广意见：**建议在河北省张家口、承德、秦皇岛、唐山、廊坊市，保定北部和沧州北部，春播玉米区春播种植。

## 2. 奥玉3911

**审定编号：**冀审玉2015013号

**选育单位：**北京奥瑞金种业股份有限公司

**报审单位：**北京奥瑞金种业股份有限公司

**品种来源：**2008年用OSL296×昌7-2育成

**审定时间：**2015年5月

**产量表现：**2012年河北省北部春播组区域试验，平均亩产739.0千克；2013年同组区域试验，平均亩产744.4千克。2014年生产试验，平均亩产771.5千克。

**特征特性：**幼苗叶鞘浅紫色。株型紧凑，株高271厘米，穗位118厘米，生育期125天左右。雄穗分枝11～15个，花药绿色，花丝浅紫色。果穗筒形，穗轴白色，穗长19.2厘米，穗行数16行，秃尖0.2厘米。籽粒黄色、中间型，千粒重364.5克，出籽率85.0%。2014年农业部谷物品质监督检验测试中心测定，粗蛋白质（干基）9.62%，粗脂肪（干基）4.48%，粗淀粉（干基）73.52%，赖氨酸（干基）0.30%。抗病性：吉林省农业科学院植物保护研究所鉴定，2012年，高抗茎腐病，感大斑病、弯孢叶斑病、丝黑穗病、玉米螟；2013年，高抗茎腐病，中抗丝黑穗病、玉米螟，感大斑病，高感弯孢叶斑病。

**栽培技术要点：**适宜密度为4 000株/亩左右。亩施农家肥2 000～3 000千克或N、P、K三元复合肥30千克作基肥，大喇叭口期亩追施尿素30千克左右。在幼苗长到4～6片叶时，进行间苗定苗。及时防治病虫害。

**推广意见：**建议在河北省张家口、承德、秦皇岛、唐山、廊坊市，保定北部和沧州北部，春播玉米区春播种植。

### 3. 丹玉305

**引种编号：**冀引玉2015004号

**选育单位：**辽宁丹玉种业科技有限公司

**品种来源：**用组合丹3132×丹3143育成

**审定情况：**2012年辽宁省审定（辽审玉［2012］599号）

**产量表现：**2013年河北省秦唐廊春播组引种试验，平均亩产684.4千克；2014年同组引种试验，平均亩产709.4千克。

**特征特性：**幼苗叶鞘紫色。株型半紧凑，株高286厘米，穗位高111厘米，生育期117天，比对照晚熟1天。雄穗分枝8～13个，花药紫色，花丝浅紫色，果穗筒形，籽粒黄色、半马齿型，穗轴红色，穗长19.1厘米，穗行数16行左右，秃尖0.9厘米，千粒重385.3克，出籽率83.8%。两年试验平均倒伏率1.8%，倒折率3.7%。农业部农产品质量检验测试中心（沈阳）测定，籽粒容重771.6克/升，粗蛋白含量8.89%，粗脂肪含量4.82%，粗淀粉含量72.56%，赖氨酸含量0.32%。抗病虫性：河北省农业科学院植物保护研究所抗病鉴定，2013年，抗丝黑穗病，中抗小斑病、大斑病、茎腐病；2014年，高抗丝黑穗病，抗大斑病、茎腐病，中抗小斑病。

**栽培技术要点：**在中等以上肥力土壤上栽培，适宜密度为3 500～3800株/亩。

**推广意见：**建议在河北省秦皇岛、唐山、廊坊市春播玉米区春播种植。

### 4. 瑞得7号

**引种编号：**冀引玉2015005号

**选育单位：**沈阳瑞得玉米种子研究所

**品种来源：**用组合昌7－2×K29育成

**审定情况：**2011年辽宁省审定（辽审玉［2011］517号）

**产量表现：**2013年河北省秦唐廊春播组引种试验，平均亩产661.8千克；2014年同组引种试验，平均亩产717.3千克。

**特征特性：**幼苗叶鞘紫色。株型紧凑，株高293厘米，穗位高122厘米，生育期116天，与对照相同。雄穗分枝15～21个，花药紫色，花丝粉色，果穗筒形，穗长19.6厘米，穗行数16行左右，秃尖0.5厘米，籽粒黄色、半马齿型，穗轴红色，千粒重364.1克，出籽率87.5%。两年试验平均倒伏率2.0%，倒折率0.4%。经农业部农产品质量检验测试中心（沈阳）测定，籽粒容重783.3克/升，粗蛋白含量10.68%，粗脂肪含量4.35%，粗淀粉含量71.06%，赖氨酸含量0.30%。抗病虫性：河北省农业科学院植物保护研究所抗病鉴定，2013年鉴定，高抗丝黑穗病，中抗小斑病、大斑病，感茎腐病；2014年鉴定，高抗丝黑穗病，抗小斑病，中抗大斑病，感茎腐病。

**栽培技术要点：**播种期4月下旬至5月下旬为佳，一般种植密度3 500～4 000株/亩，该品种底肥一般亩施复合肥（N∶P∶K=15∶15∶15）15～25千克，拔节后追施尿素15～25千克。播种时用防丝黑穗的种衣剂包衣。

**推广意见：**建议在河北省秦皇岛、唐山、廊坊市春播玉米区春播种植。

## 5. 迪卡516

**引种编号：**冀引玉2015006号

**选育单位：**中种迪卡种子有限公司

**品种来源：**用组合D1798Z×B1189Z育成

**审定情况：**2012年辽宁省审定（辽审玉［2012］579号）

**产量表现：**2013年河北省秦唐廊春播组引种试验，平均亩产677.5千克；2014年同组引种试验，平均亩产688.6千克。

**特征特性：**幼苗叶鞘紫色。株型半紧凑，株高273厘米，穗位高111厘米，生育期113天，比对照早熟3天。雄穗分枝9～20

个，花药浅紫色，花丝粉红色，果穗长筒形，籽粒黄色、半硬粒型，穗轴粉红色，穗长 19.0 厘米，穗行数 14～16 行，秃尖 0.4 厘米，千粒重 364.7 克，出籽率 88.1%。两年试验平均倒伏率为 0，倒折率 1.0%。经农业部农产品质量检验测试中心测定，籽粒容重 798 克/升，粗蛋白含量 9.87%，粗脂肪含量 4.26%，粗淀粉含量 73.31%，赖氨酸含量 0.28%。抗病虫性：河北省农业科学院植物保护研究所抗病鉴定，2013 年，抗大斑病，中抗茎腐病、丝黑穗病、小斑病；2014 年，高抗大斑病、丝黑穗病，中抗茎腐病、小斑病。

**栽培技术要点：**适时足墒播种，力保一播全苗，苗齐、苗匀和苗壮，种植密度 4 500～5 000 株/亩左右。施肥以氮肥为主，配合磷钾肥。追肥在拔节期和大喇叭口期两次追入，或者在小喇叭口期一次性追施，防止后期脱肥，促早熟，早收获，早脱粒。及时防治病虫害，苗期喷洒农药防治蓟马和地下害虫，大喇叭口期丢心防治玉米螟。

**推广意见：**建议在河北省秦皇岛、唐山、廊坊市春播玉米区春播种植。

### 6. 葫新 698

**引种编号：**冀引玉 2015007 号

**选育单位：**葫芦岛市农业新品种科技开发有限公司

**品种来源：**用组合 B946×Z39 育成

**审定情况：**2010 年辽宁省审定（辽审玉［2010］497 号）

**产量表现：**2013 年河北省秦唐廊春播组引种试验，平均亩产 662.4 千克；2014 年同组引种试验，平均亩产 681.4 千克。

**特征特性：**幼苗叶鞘紫色。株型半紧凑，株高 286 厘米，穗位高 114 厘米，生育期 115 天，比对照早熟 1 天。雄穗分枝 10～13 个，花药绿色，花丝浅紫色，果穗筒形，16～18 行，秃尖 0.6 厘米，千粒重 373.5 克，出籽率 85.5%。两年试验平均倒伏率为 0.6%，倒折率 0.2%。经农业部农产品质量检验测试中心测定，粗蛋白含量11.34%，粗脂肪含量4.55%，粗淀粉含量72.27%，赖氨酸含量0.24%。抗病虫性：河北省农业科学院植物保护研究所抗病鉴定，2013年，抗小斑病、丝黑穗病，中抗大斑病，感茎腐病；2014年，高抗丝黑穗病，中抗小斑病，感大斑病、茎腐病。

**栽培技术要点：**选择土质肥沃的中上等肥力平地、坡岗地地块种植。播期为4月25至5月25日，栽培方式以平播为主；适宜密度为3 500～3 700株/亩。一般亩施农家肥3 000千克，施底肥35千克，喇叭口期亩追施尿素20～25千克。注意防治地下害虫及玉米螟、玉米丝黑穗病及病毒病，及时中耕或药剂除草。

**推广意见：**建议在河北省秦皇岛、唐山、廊坊市春播玉米区春播种植。

## 7. 中农大451

**引种编号：**冀引玉2015008号

**选育单位：**国家玉米改良中心

**品种来源：**用组合BN486×H127R育成

**审定情况：**2011年北京市审定（京审玉2011002）

**产量表现：**2013年河北省秦唐廊春播组引种试验，平均亩产636.9千克；2014年同组引种试验，平均亩产691.1千克。

**特征特性：**幼苗叶鞘深紫色。株型半紧凑，株高317厘米，穗位高133厘米，生育期117天，比对照晚熟1天。雄穗分枝7～11个，花药紫色，花丝绿色，果穗筒形，籽粒黄色、半马齿型，穗轴红色，穗长18.2厘米，穗行数16行左右，秃尖1.3厘米，千粒重372.8克，出籽率86.2%。两年试验平均倒伏率6.0%，倒折率1.7%。经农业部农产品质量检验测试中心测定，籽粒容重752克/升，粗蛋白含量9.33%，粗脂肪含量4.1%，粗淀粉含量66.8%，赖氨酸含量0.28%。抗病虫性：河北省农业科学院植物保护研究所抗病鉴定，2013年，中抗小斑病、茎腐病，抗大斑病、丝黑穗病；2014年，高抗丝黑穗病，中抗小斑病、大斑病、茎腐病。

**栽培技术要点：**在中等肥力以上地块栽培，种植密度3 500

株/亩左右，加强田间管理，注意防治病虫害，苗期注意前控后促。

**推广意见：**建议在河北省秦皇岛、唐山、廊坊市春播玉米区春播种植。

## 8. 新丹 336

**引种编号：**冀引玉 2015009 号

**选育单位：**辽宁辽丹种业科技有限公司

**亲本组合：**B247×B254

**审定情况：**2010 年辽宁省审定（辽审玉［2010］471 号）

**产量表现：**2013 年河北省秦唐廊春播组引种试验，平均亩产 680.3 千克；2014 年同组引种试验，平均亩产 635.3 千克。

**特征特性：**幼苗叶鞘紫色。株型紧凑，株高 301 厘米，穗位高 120 厘米，生育期 116 天，与对照相同。雄穗分枝 6～12 个，花药浅紫色，花丝淡紫色，果穗筒形，籽粒黄色、马齿型，穗轴粉色，穗长 18.1 厘米，穗行数 16～18 行，秃尖 0.7 厘米，千粒重 379.5 克，出籽率 86.9%。两年试验平均倒伏率 1.3%，倒折率 0.7%。经农业部农产品质量检验测试中心测定，籽粒容重 747.8 克/升，粗蛋白含量 10.18%，粗脂肪含量 3.65%，粗淀粉含量 73.38%，赖氨酸含量 0.28%。抗病虫性：河北省农业科学院植物保护研究所抗病鉴定，2013 年，抗大斑病、茎腐病、丝黑穗病，中抗小斑病；2014 年，抗大斑病、丝黑穗病，中抗小斑病、茎腐病。

**栽培技术要点：**适于中上等肥力的地块种植。种植密度 3 800 株/亩左右。播前要精选种子，并用种衣剂包衣处理。播前需精细整地，苗期注意防治地下害虫，做到一次播种保全苗。提倡施用有机肥（农家肥）作底肥，每亩施用 1 000～2 000 千克，播种时每亩施多元复合肥 25 千克做种肥，在玉米心叶末期，每亩追施尿素 35～40 千克。大喇叭口期应及时防治黏虫、玉米螟。

**推广意见：**建议在河北省秦皇岛、唐山、廊坊市春播玉米区春播种植。

## 9. 联达 99

**引种编号：** 冀引玉 2015010 号

**选育单位：** 辽宁联达种业有限责任公司

**品种来源：** 用组合阜黄 56U×阜黄 53 育成

**审定情况：** 2011 年辽宁省审定（辽审玉［2011］529 号）

**产量表现：** 2013 年河北省北部春播组引种试验，平均亩产 628.7 千克；2014 年同组引种试验，平均亩产 722.8 千克。

**特征特性：** 株型半紧凑，株高 284 厘米，穗位高 124 厘米，果穗筒形、穗柄短、均匀、不秃尖。穗长 18 厘米，穗行数 18～20 行，穗轴红色，籽粒黄色、半马齿，米质好，千粒重 339 克，出籽率 85.8%。两年试验平均倒伏率 2.25%，平均倒折率 1.55%。农业部农产品质量检验测试中心（沈阳）测定，籽粒容重 767.2 克/升，粗蛋白质含量 9.62%，粗脂肪含量 4.04%，粗淀粉含量 74.12%，赖氨酸含量 0.28%。抗病虫性：吉林省农业科学院植物保护研究所鉴定，抗丝黑穗病、茎腐病，中抗弯孢菌叶斑病、玉米螟，感大斑病。

**栽培技术要点：** 春、夏播均可，春播要求土层 10 厘米，地温稳定达到 10 ℃以上时开始播种。清种、间套种、二比空（种二垄空一垄）种植形式均可。春播每亩保苗 3 800～4 000 株，夏播每亩保苗 4 000 株。根据当地种植习惯，做到适期早播。施足农肥作基肥，种肥施玉米专用肥，每亩 25～30 千克，结合中耕每亩追施尿素 35～40 千克。苗期控水蹲苗，促进根系生长，防止徒长，在抽雄前 10 天至抽雄后 20 天，这 30 天内是玉米需水关键期，遇旱及时灌水。种子要包衣后播种，做好玉米螟防治工作。

**推广意见：** 建议在河北省秦皇岛、唐山、廊坊市春播玉米区春播种植。

## 10. 锦单 20

**引种编号：** 冀引玉 2015011 号

**选育单位：**辽宁省锦州市农业科学院玉米研究所

**品种来源：**用组合母本自交系 Tied1×父本 301 育成

**审定情况：**2009 年辽宁省审定（辽审玉［2009］424 号）

**产量表现：**2013 年河北省北部春播组引种试验，平均亩产 648.7 千克；2014 年同组引种试验，平均亩产 711.5 千克。

**特征特性：**株型半紧凑，株高 280 厘米左右，穗位 114 厘米，成株叶片数 20 片，生育期 115 天。果穗筒形，穗柄短，苞叶长度适中，穗长 19.7 厘米，穗行数 16～18 行，穗轴红色，籽粒黄色、马齿型，千粒重 343 克，出籽率 87.1%。幼苗长势强，活秆成熟。两年试验平均倒伏率 0.05%，平均倒折率 0.7%。籽粒品质：经农业部农产品质量监督检验中心（沈阳）测定，籽粒容重 753.0 克/升，粗蛋白含量 9.08%，粗脂肪含量 4.74%，粗淀粉含量 75.65%，赖氨酸含量 0.24%。抗病虫性：吉林省农业科学院植物保护研究所鉴定，高抗茎腐病，抗丝黑穗病，中抗大斑病、玉米螟，感弯孢菌叶斑病。

**栽培技术要点：**适时足墒播种，力保一播全苗，苗齐、苗匀和苗壮。种植密度 4 000 株/亩左右。播种时施肥以氮肥为主，配合磷钾肥，作为底肥一次性施入，勿使化肥与种子直接接触。追肥在拔节期和大喇叭口期两次追入，前轻后重。提倡氮钾追肥，注意增施锌肥，或者在小喇叭口期一次性追施，防止后期脱肥。适时收获，增加粒重，提高产量。及时防治病虫害，苗期喷洒农药防治蓟马和地下害虫，大喇叭口期注意防治玉米螟。

**推广意见：**建议在河北省秦皇岛、唐山、廊坊市春播玉米区春播种植。

## 11. SS710

**审定编号：**冀审玉 2016027 号

**试验名称：**SS070010

**选育单位：**三北种业有限公司

**报审单位：**三北种业有限公司

**品种来源：**2007 年用组合 X66×B8 育成

**审定时间：**2016 年 5 月

**产量表现：**2013 年河北省北部春播组区域试验，平均亩产 751.6 千克；2014 年同组区域试验，平均亩产 814.6 千克。2015 年生产试验，平均亩产 828.1 千克。

**特征特性：**幼苗叶鞘浅紫色。成株株型紧凑，株高 296 厘米，穗位高 109 厘米，全株叶片数 20 片左右，生育期 124 天左右。雄穗分枝 6～10 个，花药浅紫色，花丝浅紫色。果穗筒形，穗轴红色，穗长 19.5 厘米，穗行数 18 行左右，秃尖 0.9 厘米。籽粒黄色、半马齿型，千粒重 385.8 克，出籽率 84.9%。2015 年农业部谷物品质监督检验测试中心测定，粗蛋白质（干基）9.76%，粗脂肪（干基）4.26%，粗淀粉（干基）72.10%，赖氨酸（干基）0.30%。抗病虫性：吉林省农业科学院植物保护研究所鉴定，2013 年，高抗丝黑穗病，抗茎腐病，中抗玉米螟，感大斑病、弯孢菌叶斑病；2014 年，高抗茎腐病，抗丝黑穗病，中抗弯孢菌叶斑病、玉米螟，感大斑病。

**栽培技术要点：**适宜播期为 4 月中下旬，适宜密度为 3 500～4 000株/亩。施足底肥，播种时亩施种肥磷酸二铵 20 千克或三元复合肥 15 千克，大喇叭口期亩追施尿素 25 千克或碳酸氢铵 70 千克。及时中耕除草，三叶期间苗，五叶期定苗。

**推广意见：**建议在河北省张家口、承德、秦皇岛、唐山、廊坊市，保定北部和沧州北部，春播玉米区春播种植。

## 12. 秀青 835

**审定编号：**冀审玉 2016028 号

**选育单位：**河南秀青种业有限公司

**报审单位：**河南秀青种业有限公司

**品种来源：**2009 年用组合 X15×Q27 育成

**审定时间：**2016 年 5 月

**产量表现：**2013 年河北省北部春播组区域试验，平均亩产

749.1 千克；2014 年同组区域试验，平均亩产 833.1 千克。2015 年生产试验，平均亩产 843.9 千克。

**特征特性：** 幼苗叶鞘紫色。成株株型半紧凑，株高 292 厘米，穗位 110 厘米，全株叶片数 21 片，生育期 125 天左右。雄穗分枝 7～11 个，花药黄色，花丝浅紫色。果穗筒形，穗轴红色，穗长 21.3 厘米，穗行数 18 行左右，秃尖 1.0 厘米。籽粒黄色、马齿型，千粒重 366.6 克，出籽率 85.9%。2015 年农业部谷物品质监督检验测试中心测定，粗蛋白质（干基）8.82%，粗脂肪（干基）3.55%，粗淀粉（干基）74.93%，赖氨酸（干基）0.27%。抗病虫性：吉林省农业科学院植物保护研究所鉴定，2013 年，中抗大斑病、茎腐病，感丝黑穗病、弯孢菌叶斑病、玉米螟；2014 年，抗茎腐病，中抗大斑病、丝黑穗病、玉米螟，高感弯孢菌叶斑病。

**栽培技术要点：** 适宜中上肥力地块种植，适期播种，适宜密度为 3 500～4 000 株/亩。可一次性施足底肥。播种后可用玉米专用除草剂防治田间杂草，三、四叶期间苗，五、六叶期定苗。注意防治苗期地下害虫及后期病虫害。

**推广意见：** 建议在河北省张家口、承德、秦皇岛、唐山、廊坊市，保定北部和沧州北部，春播玉米区春播种植。

## 13. 兆育 517

**审定编号：** 冀审玉 2016029 号

**试验名称：** ZY1106

**选育单位：** 河北兆育种业有限公司

**报审单位：** 河北兆育种业有限公司

**品种来源：** 2010 年用组合 F58×F5955－46 育成

**审定时间：** 2016 年 5 月

**产量表现：** 2013 年河北省北部春播组区域试验，平均亩产 778.0 千克；2014 年同组区域试验，平均亩产 855.5 千克。2015 年生产试验，平均亩产 829.8 千克。2013 年河北省太行山区春播组区域试验，平均亩产 761.2 千克，2014 年同组区域试验，平均亩产 782.8 千克。2015 年生产试验，平均亩产 729.4 千克。

**特征特性：**幼苗叶鞘浅紫色。成株株型半紧凑，河北省北部春播区株高 301 厘米，穗位 113 厘米，全株叶片数 21 片，生育期 124 天左右；太行山区春播区株高 283 厘米，穗位 100 厘米，生育期 116 天左右。雄穗分枝 12～14 个，花药浅紫色，花丝浅紫色。果穗筒形，穗轴红色，河北省北部春播区穗长 20.0 厘米，穗行数 16 行左右，秃尖 0.6 厘米；太行山区春播区穗长 20.2 厘米，穗行数 16 行左右，秃尖 0.4 厘米。籽粒黄色、半马齿型，河北省北部春播区千粒重 389.1 克，出籽率 85.8%；太行山区春播区千粒重 409.9 克，出籽率 87.8%。2015 年农业部谷物品质监督检验测试中心测定，粗蛋白质（干基）8.63%，粗脂肪（干基）3.40%，粗淀粉（干基）74.79%，赖氨酸（干基）0.29%。抗病虫性：吉林省农业科学院植物保护研究所鉴定，2013 年，中抗丝黑穗病、茎腐病、弯孢菌叶斑病、玉米螟，感大斑病；2014 年，高抗丝黑穗病，抗茎腐病，中抗玉米螟，感大斑病、弯孢菌叶斑病。

**栽培技术要点：**适宜播期为 4 月 20 至 5 月 10 日，适宜密度为 3 500～4 000 株/亩。一般亩施复合肥 30～40 千克作基肥，拔节期亩追施尿素 10～15 千克，大喇叭口期亩追施尿素 30 千克，追肥后结合天气情况及时灌溉。苗期注意防治病虫害。

**推广意见：**建议在河北省张家口、承德、秦皇岛、唐山、廊坊市，保定北部和沧州北部，河北省太行山区，春播玉米区春播种植。

## 14. 先玉 1225

**审定编号：**冀审玉 2016030 号

**选育单位：**铁岭先锋种子公司北京分公司

**报审单位：**铁岭先锋种子公司北京分公司

**品种来源：**2011 年用组合 PHHJC×PH1CRW 育成

**审定时间：**2016 年 5 月

**产量表现：**2013 年河北省北部春播组区域试验，平均亩产

744.3 千克；2014 年同组区域试验，平均亩产 834.7 千克。2015 年生产试验，平均亩产 780.6 千克。

**特征特性：** 幼苗叶鞘紫色。成株株型半紧凑，株高 312 厘米，穗位 107 厘米，全株叶片数 20 片左右，生育期 123 天左右。雄穗分枝 1～4 个，花药紫色，花丝浅紫色。果穗筒形，穗轴红色，穗长 20.3 厘米，穗行数 16 行左右，秃尖 1.0 厘米。籽粒黄色、半马齿型，千粒重 363.9 克，出籽率 85.0%。2015 年农业部谷物品质监督检验测试中心测定，粗蛋白质（干基）9.17%，粗脂肪（干基）3.29%，粗淀粉（干基）74.96%，赖氨酸（干基）0.30%。抗病虫性：吉林省农业科学院植物保护研究所鉴定，2013 年，高抗丝黑穗病、茎腐病，中抗玉米螟，感大斑病，高感弯孢菌叶斑病；2014 年，抗丝黑穗病，中抗茎腐病、弯孢菌叶斑病、玉米螟，感大斑病。

**栽培技术要点：** 适宜播期为 4 月下旬至 5 月上旬，适宜密度为 3 500～4 000 株/亩。每亩底施复合肥 20 千克，大喇叭口期亩追施尿素 25 千克。注意防治玉米螟。

**推广意见：** 建议在河北省张家口、承德、秦皇岛、唐山、廊坊市，保定北部和沧州北部，春播玉米区春播种植。

## 15. 裕丰 201

**审定编号：** 冀审玉 2016031 号

**试验名称：** 承 201

**选育单位：** 承德裕丰种业有限公司

**报审单位：** 承德裕丰种业有限公司

**品种来源：** 2012 年用组合承系 172×承系 206 育成

**审定时间：** 2016 年 5 月

**产量表现：** 2013 年河北省北部春播组区域试验，平均亩产 768.2 千克；2014 年同组区域试验，平均亩产 836.3 千克。2015 年生产试验，平均亩产 818.3 千克。

**特征特性：** 幼苗叶鞘紫色。成株株型紧凑，株高 304 厘米，穗位108厘米，全株叶片数20～21片，生育期127天左右。雄穗分枝4～5个，花药浅紫色，花丝绿色。果穗筒形，穗轴红色，穗长19.9厘米，穗行数16行左右，秃尖0.6厘米。籽粒黄色、马齿型，千粒重367.7克，出籽率84.9%。2015年农业部谷物品质监督检验测试中心测定，粗蛋白质（干基）8.57%，粗脂肪（干基）3.50%，粗淀粉（干基）74.32%，赖氨酸（干基）0.28%。抗病虫性：吉林省农业科学院植物保护研究所鉴定，2013年，高抗茎腐病，抗丝黑穗病，感大斑病、弯孢菌叶斑病、玉米螟；2014年，高抗丝黑穗病，抗茎腐病，中抗大斑病、弯孢菌叶斑病、玉米螟。

**栽培技术要点：**适宜播期为4月下旬至5月上旬，适宜密度为3 500～4 000株/亩。亩施复合肥15千克作种肥，到12～13片可见叶亩追施尿素40千克。足墒播种，确保一播全苗。用单粒播种机单粒播种后用玉米田专用除草剂封闭除草，若人工播种，五叶期及时定苗。苗期可采取控水蹲苗措施，开花灌浆期保障水分充足。成熟后及时收获。

**推广意见：**建议在河北省张家口、承德、秦皇岛、唐山、廊坊市，保定北部和沧州北部，春播玉米区春播种植。

## 16. SF142

**审定编号：**冀审玉2016032号

**试验名称：**SF10142

**选育单位：**三北种业有限公司

**报审单位：**三北种业有限公司

**品种来源：**2007年用组合X73×LF5育成

**审定时间：**2016年5月

**产量表现：**2013年河北省北部春播组区域试验，平均亩产745.2千克；2014年同组区域试验，平均亩产820.3千克。2015年生产试验，平均亩产784.2千克。

**特征特性：**幼苗叶鞘浅紫色。成株株型半紧凑，株高297厘米，穗位113厘米，全株叶片数20片左右，生育期125天左右。

雄穗分枝 4～6 个，花药紫色，花丝浅紫色。果穗锥形，穗轴红色，穗长 19.0 厘米，穗行数 18 行左右，秃尖 0.5 厘米。籽粒黄色、半马齿型，千粒重 349.4 克，出籽率 85.8%。2015 年农业部谷物品质监督检验测试中心测定，粗蛋白质（干基）9.27%，粗脂肪（干基）3.96%，粗淀粉（干基）73.18%，赖氨酸（干基）0.29%。抗病虫性：吉林省农业科学院植物保护研究所鉴定，2013 年，高抗茎腐病，中抗大斑病、丝黑穗病，感玉米螟，高感弯孢菌叶斑病；2014 年，高抗丝黑穗病，抗茎腐病，中抗大斑病、弯孢菌叶斑病、玉米螟。

**栽培技术要点：** 适宜播期为 4 月中下旬，适宜密度为 3 500～4 000株/亩。施足底肥，播种时亩施磷酸二铵 20 千克或三元复合肥 15 千克，大喇叭口期亩追施尿素 25 千克或碳酸氢铵 70 千克。及时中耕除草，三叶期间苗，五叶期定苗。

**推广意见：** 建议在河北省张家口、承德、秦皇岛、唐山、廊坊市，保定北部和沧州北部，春播玉米区春播种植。

### 17. 沃玉 3 号

**引种编号：** 冀引玉 2016003 号

**选育单位：** 河北沃土种业有限公司

**品种来源：** 用组合 M51×VK22－4 育成

**审定情况：** 2013 年山西省审定（晋审玉 2013013）

**产量表现：** 2014 年河北省北部春播组引种试验，平均亩产 851.3 千克。2015 年同组引种试验，平均亩产 806.5 千克。

**特征特性：** 幼苗叶鞘紫色。株型紧凑，株高 284 厘米，穗位 105 厘米，生育期 124 天左右。雄穗分枝 5～7 个，花药紫色，花丝浅紫色。果穗筒形，穗轴红色，穗长 20.2 厘米，穗行数 18 行左右，秃尖 1.2 厘米。籽粒黄色、半马齿型，千粒重 396.3 克，出籽率 85.4%。两年试验平均倒伏率 1.6%，倒折率 2.8%。农业部谷物及制品质量监督检验测试中心检测，容重 770 克/升，粗蛋白质 11.22%，粗脂肪 4.59%，粗淀粉 71.83%。抗病虫性：吉林省农业科学院植物保护研究所鉴定，2014 年，中抗丝黑穗病、茎腐病、玉米螟，感大斑病、弯孢菌叶斑病；2015 年，高抗茎腐病，抗丝黑穗病、弯孢菌叶斑病，中抗大斑病、玉米螟。

**栽培技术要点：**适宜密度 3 500～4 000 株/亩。在水肥管理上，重施基肥，中后期应适时追肥浇水。

**推广意见：**建议在河北省张家口、承德、秦皇岛、唐山、廊坊，保定北部和沧州北部，春播玉米区春播种植。

## 18. NK718

**引种编号：**冀引玉 2016004 号

**选育单位：**北京市农林科学院玉米研究中心、北京农科院种业科技有限公司

**品种来源：**用组合京 464×京 2416 育成

**审定情况：**2011 年内蒙古自治区审定（蒙审玉 2011003 号）

**产量表现：**2014 年河北省北部春播组引种试验，平均亩产 806.1 千克；2015 年同组引种试验，平均亩产 802.2 千克。

**特征特性：**幼苗叶鞘浅紫色。株型半紧凑，株高 277 厘米，穗位 109 厘米，生育期 122 天左右。雄穗分枝 8～12 个，花药紫色，花丝浅紫色。果穗筒形，穗轴白色，穗长 18.5 厘米，穗行数 18 行左右，秃尖 1.0 厘米。籽粒黄色、马齿型，千粒重 390.3 克，出籽率 86.7%。两年试验平均倒伏率 2.3%，倒折率 0.4%。农业部谷物及制品质量监督检验测试中心（哈尔滨）检测，容重 756 克/升，粗蛋白质 8.13%，粗脂肪 3.31%，粗淀粉 75.35%。抗病虫性：吉林省农业科学院植物保护研究所鉴定，2014 年，抗茎腐病，中抗大斑病、玉米螟，感丝黑穗病、弯孢菌叶斑病；2015 年，抗玉米螟，中抗茎腐病，感大斑病、丝黑穗病、弯孢菌叶斑病。

**栽培技术要点：**适宜密度 3 500～4 000 株/亩。肥水管理上以促为主，施好基肥、种肥，重施穗肥，酌施粒肥，及时防治病虫害，适时晚收。

**推广意见：**建议在河北省张家口、承德、秦皇岛、唐山、廊

坊，保定北部和沧州北部，春播玉米区春播种植。

## 19. 蠡玉 90

**引种编号：**冀引玉 2016005 号

**选育单位：**石家庄蠡玉科技开发有限公司

**亲本组合：**L5895×L7598

**审定情况：**2013 年山西省审定（晋审玉 2013011）

**产量表现：**2014 年河北省北部春播组引种试验，平均亩产 813.6 千克。2015 年同组引种试验，平均亩产 793.2 千克。

**特征特性：**幼苗叶鞘浅紫色。株型半紧凑，株高 281 厘米，穗位 119 厘米，生育期 123 天左右。雄穗分枝 10～13 个，花药绿色，花丝浅紫色。果穗筒形，穗轴白色，穗长 19.2 厘米，穗行数 18 行左右，秃尖 0.5 厘米。籽粒黄色、半马齿型，千粒重 367.9 克，出籽率 85.1%。两年试验平均倒伏率 2.9%，倒折率 0.8%。农业部谷物及制品质量监督检验测试中心检测，容重 776 克/升，粗蛋白质 9.82%，粗脂肪 4.59%，粗淀粉 73.50%。抗病虫性：吉林省农业科学院植物保护研究所鉴定，2014 年，高抗丝黑穗病、茎腐病，中抗大斑病、玉米螟，高感弯孢菌叶斑病；2015 年，高抗丝黑穗病、茎腐病，中抗大斑病、弯孢菌叶斑病，感玉米螟。

**栽培技术要点：**适宜播期 4 月下旬至 5 月上旬，适宜密度 3 500～4 000 株/亩。播种前亩施复合肥 40 千克作底肥，喇叭口期亩追施尿素 30 千克；或播种前亩施缓释肥 50 千克，喇叭口期喷施叶面肥。播种前用种衣剂包衣防治地下害虫，喇叭口期注意防治玉米螟。遇干旱时及时浇水。

**推广意见：**建议在河北省张家口、承德、秦皇岛、唐山、廊坊，保定北部和沧州北部，春播玉米区春播种植。

## 20. 宝源 1 号

**引种编号：**冀引玉 2016006 号

**选育单位：**铁岭宝源种业有限公司

葫芦岛市农业新品种科技开发有限公司

**品种来源：**用组合 BY68×M417 育成

**审定情况：**2013 年辽宁省审定（辽审玉［2012］575 号）

**产量表现：**2014 年河北省北部春播组引种试验，平均亩产 785.7 千克；2015 年同组引种试验，平均亩产 766.1 千克。

**特征特性：**幼苗叶鞘紫色。株型半紧凑，株高 304 厘米，穗位 123 厘米，生育期 121 天左右。雄穗分枝 4～8 个，花药浅紫色，花丝浅紫色。果穗筒形，穗轴红色，穗长 18.7 厘米，穗行数 18 行左右，秃尖 0.9 厘米。籽粒黄色、半马齿型，千粒重 344.2 克，出籽率 85.5%。两年试验平均倒伏率 5.9%，倒折率 3.7%。农业部农产品质量监督检验测试中心（沈阳）检测，容重 771.6 克/升，粗蛋白质 11.58%，粗脂肪 4.10%，粗淀粉 73.88%。抗病虫性：吉林省农业科学院植物保护研究所鉴定，2014 年，高抗丝黑穗病，抗茎腐病，中抗玉米螟，感大斑病，高感弯孢菌叶斑病；2015 年，高抗丝黑穗病，抗茎腐病，中抗大斑病、玉米螟，感弯孢菌叶斑病。

**栽培技术要点：**适宜密度 3 500～4 000 株/亩。亩施优质农家肥 2 000～3 000 千克、复合肥 20～25 千克、锌肥 1～1.5 千克作基肥，大喇叭口期亩追施尿素 25～30 千克；或播前一次施玉米专用肥 50 千克左右。采用种子包衣防治地下害虫和丝黑穗病，注意防治玉米螟。

**推广意见：**建议在河北省张家口、承德、秦皇岛、唐山、廊坊，保定北部和沧州北部，春播玉米区春播种植。

## 21. 农华 106

**引种编号：**冀引玉 2016007 号

**选育单位：**北京金色农华种业科技有限公司

**品种来源：**用组合 8TA60×S121 育成

**审定情况：**2012 年内蒙古自治区审定（蒙审玉 2012011 号）

**产量表现：**2014 年河北省北部春播组引种试验，平均亩产

800.3 千克；2015 年同组引种试验，平均亩产 773.3 千克。

**特征特性：** 幼苗叶鞘紫色。株型半紧凑，株高 289 厘米，穗位 106 厘米，生育期 120 天左右。雄穗分枝 7～10 个，花药紫色，花丝浅紫色。果穗筒形，穗轴红色，穗长 18.1 厘米，穗行数 18 行左右，秃尖 0.9 厘米。籽粒黄色、马齿型，千粒重 376.6 克，出籽率 86.6%。两年试验平均倒伏率 3.0%，倒折率 0.3%。农业部谷物及制品质量监督检验测试中心（哈尔滨）检测，容重 744 克/升，粗蛋白质 9.29%，粗脂肪 3.96%，粗淀粉 75.40%。抗病虫性：吉林省农业科学院植物保护研究所鉴定，2014 年，高抗丝黑穗病、茎腐病，中抗弯孢菌叶斑病、玉米螟，感大斑病；2015 年，高抗茎腐病，抗丝黑穗病，中抗弯孢菌叶斑病、玉米螟，感大斑病。

**栽培技术要点：** 适宜密度 3 500～4 000 株/亩。播种时亩施磷酸二铵或复合肥 15 千克，大喇叭口期亩追施尿素 25 千克。大喇叭口期和抽穗扬花期适时浇水，成熟后适时收获。注意防治大斑病。

**推广意见：** 建议在河北省张家口、承德、秦皇岛、唐山、廊坊，保定北部和沧州北部，春播玉米区春播种植。

## 22. 龙生 1 号

**引种编号：** 冀引玉 2016008 号

**选育单位：** 晋中龙生种业有限公司

**品种来源：** 用组合 LS01×AX10 育成

**审定情况：** 2011 年山西省审定（晋审玉 2011005）

**产量表现：** 2014 年河北省北部春播组引种试验，平均亩产 769.7 千克；2015 年同组引种试验，平均亩产 757.7 千克。

**特征特性：** 幼苗叶鞘紫色。株型半紧凑，株高 299 厘米，穗位 111 厘米，生育期 121 天左右。雄穗分枝 7 个左右，花药紫色，花丝浅紫色。果穗筒形，穗轴红色，穗长 19.5 厘米，穗行数 16 行左右，秃尖 0.9 厘米。籽粒黄色、半马齿型，千粒重 385.1 克，出籽率 86.7%。两年试验平均倒伏率 9.8%，倒折率 0.8%。农业部谷物及制品质量监督检验测试中心检测，容重 759 克/升，粗蛋白质

9.59%，粗脂肪4.34%，粗淀粉75.55%。抗病虫性：吉林省农业科学院植物保护研究所鉴定，2014年，高抗丝黑穗病，中抗茎腐病、弯孢菌叶斑病、玉米螟，感大斑病；2015年，高抗茎腐病，中抗玉米螟，感大斑病、丝黑穗病、弯孢菌叶斑病。

**栽培技术要点：**适宜播期4月下旬至5月上旬，适宜密度3 500～4 000株/亩。合理施用氮磷钾肥，适时收获。

**推广意见：**建议在河北省张家口、承德、秦皇岛、唐山、廊坊，保定北部和沧州北部，春播玉米区春播种植。

## 23. 东单6531

**引种编号：**冀引玉2016009号

**选育单位：**辽宁东亚种业有限公司、辽宁东亚种业科技股份有限公司

**品种来源：**用组合PH6WC（选）×83B28育成

**审定情况：**2013年辽宁省审定（辽审玉2013007）

**产量表现：**2014年河北省秦唐廊春播组引种试验，平均亩产690.0千克；2015年同组引种试验，平均亩产709.9千克。

**特征特性：**株型半紧凑，株高276厘米，穗位100厘米，生育期119天左右。雄穗分枝5～12个，花药绿色，花丝绿色。果穗筒形，穗长18.0厘米，穗行数16～18行，秃尖0.4厘米。穗轴红色，籽粒黄色、半马齿型，千粒重369.3克，出籽率87.0%。两年试验平均倒伏率0.6%，倒折率0。农业部农产品监督检验测试中心（沈阳）检测，籽粒容重776克/升，粗蛋白含量10.28%，粗脂肪含量3.76%，粗淀粉含量73.89%，赖氨酸含量0.32%。抗病虫性：吉林省农业科学院植保所抗病鉴定，2014年，高抗丝黑穗病、茎腐病，中抗大斑病、玉米螟，感弯孢菌叶斑病；2015年，抗丝黑穗病、茎腐病，中抗大斑病、玉米螟，感弯孢菌叶斑病。

**栽培技术要点：**适宜在中等以上肥力土壤上栽培，适宜密度为4 000株/亩。

**推广意见：** 建议在河北省秦皇岛、唐山、廊坊市春播玉米区春播种植。

## 24. 金岛 1008

**引种编号：** 冀引玉 2016010 号

**选育单位：** 葫芦岛市种业有限责任公司

**品种来源：** 用组合 9818－9×金选 1 育成

**审定情况：** 2013 年辽宁省审定（辽审玉 2013031）

**产量表现：** 2014 年河北省秦唐廊春播组引种试验，平均亩产 677.6 千克；2015 年同组引种试验，平均亩产 693.4 千克。

**特征特性：** 株型半紧凑，株高 296 厘米，穗位 126 厘米，生育期 119 天左右。雄穗分枝 9～19 个，花药绿色，花丝绿色。果穗筒形，穗长 19.5 厘米，穗行数 16 行，秃尖 0.7 厘米。穗轴红色，籽粒黄色、马齿型，千粒重 349.9 克，出籽率 87.7%。两年试验平均倒伏率 1.0%，倒折率 0.6%。农业部农产品监督检验测试中心（沈阳）检测，籽粒容重 722 克/升，粗蛋白含量 10.24%，粗脂肪含量 4.30%，粗淀粉含量 75.13%，赖氨酸含量 0.32%。抗病虫性：吉林省农业科学院植物保护研究所抗病鉴定，2014 年高抗茎腐病，中抗大斑病、弯孢菌叶斑病、玉米螟，感丝黑穗病；2015 年高抗茎腐病，中抗大斑病、弯孢菌叶斑病、玉米螟，感丝黑穗病。

**栽培技术要点：** 适宜在中等以上肥力土壤上栽培，适宜密度为 3 500～4 000 株/亩。

**推广意见：** 建议在河北省秦皇岛、唐山、廊坊市春播玉米区春播种植。

## 25. 宏硕 899

**引种编号：** 冀引玉 2016011 号

**选育单位：** 丹东市振安区丹兴玉米育种研究所

**品种来源：** 用组合 D5433×T36 育成

**审定情况：** 2013 年辽宁省审定（辽审玉 2013004）

**产量表现：**2014年河北省秦唐廊春播组引种试验，平均亩产666.3千克。2015年同组引种试验，平均亩产693.1千克。

**特征特性：**株型紧凑，株高269厘米，穗位110厘米，生育期120天左右。雄穗分枝5～9个，花药淡紫色，花丝淡紫色。果穗筒形，穗长18.3厘米，穗行数16～18行，秃尖0.7厘米。穗轴红色，籽粒黄色、马齿型，千粒重333.3克，出籽率86.6%。两年试验平均倒伏率0，倒折率0.1%。农业部农产品监督检验测试中心（沈阳）检测，籽粒容重760克/升，粗蛋白含量10.30%，粗脂肪含量3.78%，粗淀粉含量74.25%，赖氨酸含量0.31%。抗病虫性：吉林省农业科学院植物保护研究所抗病鉴定，2014年，抗茎腐病，中抗大斑病、弯孢菌叶斑病、玉米螟，感丝黑穗病；2015年，高抗茎腐病，中抗大斑病、弯孢菌叶斑病、玉米螟，感丝黑穗病。

**栽培技术要点：**适宜在中等以上肥力土壤上栽培，适宜密度为4 000株/亩。

**推广意见：**建议在河北省秦皇岛、唐山、廊坊市春播玉米区春播种植。

## 26. 佳昌309

**引种编号：**冀引玉2016012号

**选育单位：**营口市佳昌种子有限公司

**品种来源：**用组合Y03×Y09育成

**审定情况：**2011年辽宁省审定（辽审玉［2011］530）

**产量表现：**2014年河北省秦唐廊春播组引种试验，平均亩产650.9千克。2015年同组引种试验，平均亩产701.2千克。

**特征特性：**株型半紧凑，株高282厘米，穗位112厘米，生育期121天左右。雄穗分枝7～13个，花药淡紫色，花丝绿色。果穗筒形，穗长18.4厘米，穗行数18行，秃尖0.7厘米。穗轴红色，籽粒黄色、半马齿型，千粒重342.0克，出籽率85.0%。两年试验平均倒伏率3.4%，倒折率0.2%。农业部农产品监督检验测试中心（沈阳）检测，籽粒容重 762.2 克/升，粗蛋白含量 10.56%，粗脂肪含量 4.20%，粗淀粉含量 72.23%，赖氨酸含量 0.29%。抗病虫性：吉林省农业科学院植物保护研究所抗病鉴定，2014 年，高抗茎腐病，抗丝黑穗病，中抗弯孢菌叶斑病，感大斑病、玉米螟；2015 年，高抗茎腐病，中抗弯孢菌叶斑病、丝黑穗病、玉米螟，感大斑病。

**栽培技术要点：**适宜在中等以上肥力土壤上栽培，适宜密度为 3 500～4 000 株/亩。

**推广意见：**建议在秦河北省皇岛、唐山、廊坊市春播玉米区春播种植。

## 27. 锦成九

**引种编号：**冀引玉 2016013 号

**选育单位：**锦州农业科学院

**品种来源：**用组合锦 2188×锦 2023 育成

**审定情况：**2013 年辽宁省审定（辽审玉 2013011）

**产量表现：**2014 年河北省秦唐廊春播组引种试验，平均亩产 678.7 千克。2015 年同组引种试验，平均亩产 665.5 千克。

**特征特性：**株型紧凑，株高 282 厘米，穗位 115 厘米，生育期 120 天左右。雄穗分枝 7～15 个，花药紫色，花丝淡紫色。果穗筒形，穗长 18.5 厘米，穗行数 16～18 行，秃尖 0.6 厘米。穗轴红色，籽粒黄色、马齿型，千粒重 353.5 克，出籽率 88.1%。两年试验平均倒伏率 2.5%，倒折率 0.1%。农业部农产品监督检验测试中心（沈阳）检测，籽粒容重 740 克/升，粗蛋白含量 9.79%，粗脂肪含量 4.26%，粗淀粉含量 73.99%，赖氨酸含量 0.31%。抗病虫性：吉林省农业科学院植物保护研究所抗病鉴定，2014 年，高抗丝黑穗病、茎腐病，中抗大斑病、弯孢菌叶斑病，感玉米螟；2015 年，抗茎腐病，中抗丝黑穗病、玉米螟，感大斑病、弯孢菌叶斑病。

**栽培技术要点：**适宜在中等以上肥力土壤上栽培，适宜密度为

3 500～4 000 株/亩。

**推广意见：**建议在河北省秦皇岛、唐山、廊坊市春播玉米区春播种植。

## 28. 粮原 5698

**引种编号：**冀引玉 2016014 号

**选育单位：**辽宁联达种业有限责任公司

**品种来源：**用组合 F9646×F9543 育成

**审定情况：**2012 年辽宁省审定（辽审玉［2012］554）

**产量表现：**2014 年河北省秦唐廊春播组引种试验，平均亩产 666.8 千克。2015 年同组引种试验，平均亩产 669.6 千克。

**特征特性：**株型紧凑，株高 272 厘米，穗位 108 厘米，生育期 119 天左右。雄穗分枝 7～10 个，花药绿色，花丝淡紫色。果穗筒形，穗长 17.6 厘米，穗行数 16～18 行，秃尖 0.8 厘米。穗轴红色，籽粒黄色、马齿型，千粒重 373.4 克，出籽率 87.7%。两年试验平均倒伏率 1.3%，倒折率 1.2%。农业部农产品监督检验测试中心（沈阳）检测，籽粒容重 770.8 克/升，粗蛋白含量 10.56%，粗脂肪含量 4.18%，粗淀粉含量 73.92%，赖氨酸含量 0.23%。抗病虫性：吉林省农业科学院植物保护研究所抗病鉴定，2014 年，抗丝黑穗病，中抗弯孢菌叶斑病、茎腐病、玉米螟，感大斑病；2015 年，中抗弯孢菌叶斑病、丝黑穗病、茎腐病、玉米螟，感大斑病。

**栽培技术要点：**适宜在中等以上肥力土壤上栽培，适宜密度为 3 500～4 000 株/亩。

**推广意见：**建议在河北省秦皇岛、唐山、廊坊市春播玉米区春播种植。

## 29. 良玉 911

**审定编号：**冀审玉 20170066

**选育单位：**丹东登海良玉种业有限公司

**报审单位：**丹东登海良玉种业有限公司

**品种来源：**由组合 M54 白×S122 选育而成

**审定时间：**2017 年 4 月

**产量表现：**2014 年河北省北部春播组区域试验，平均亩产 828.2 千克；2015 年同组区域试验，平均亩产 830.1 千克。2016 年生产试验，平均亩产 778.6 千克。

**特征特性：**幼苗叶鞘紫色。成株株型紧凑，株高 290 厘米，穗位 105 厘米，全株叶片数 21 片。生育期 125 天左右。雄穗分枝9～13 个，花药紫色，花丝紫色。果穗筒形，穗轴白色，穗长 19.2 厘米，穗行数 18 行左右，秃尖 0.7 厘米。籽粒黄色、马齿型，千粒重 356.4 克，出籽率 86.1%。品质：2016 年河北省农作物品种品质检测中心测定，蛋白质（干基）8.99%，脂肪（干基）3.00%，淀粉（干基）73.53%，赖氨酸（干基）0.22%。抗病虫性：吉林省农业科学院植物保护研究所鉴定，2014 年，中抗大斑病、丝黑穗病、茎腐病、玉米螟，感弯孢菌叶斑病；2015 年，抗丝黑穗病、茎腐病、玉米螟，中抗弯孢菌叶斑病，感大斑病。

**栽培技术要点：**适宜播期为 4 月下旬至 5 月上旬，适宜密度为 3 500～4 000 株/亩。亩施农家肥 2 000～3 000 千克、复合肥 25 千克作底肥，拔节期亩追施尿素 25～30 千克。播种时可采用药剂拌种防治地下害虫，大喇叭口期施用辛硫磷颗粒剂或用赤眼蜂生物防治玉米螟。

**推广意见：**适宜在河北省张家口、承德、秦皇岛、唐山、廊坊市，保定北部和沧州北部，春播玉米区春播种植。

## 30. 粟玉 66

**审定编号：**冀审玉 20170067

**选育单位：**河北粟神种子科技有限公司

**报审单位：**河北粟神种子科技有限公司

**品种来源：**由组合 A28×W2 选育而成

**审定时间：**2017 年 4 月

**产量表现：** 2014 年河北省北部春播组区域试验，平均亩产 825.1 千克；2015 年同组区域试验，平均亩产 836.7 千克。2016 年生产试验，平均亩产 756.9 千克。

**特征特性：** 幼苗叶鞘紫色。成株株型紧凑，株高 292 厘米，穗位 104 厘米，全株叶片数 20 片。生育期 126 天左右。雄穗分枝8～10 个，花药紫色，花丝浅紫色。果穗筒形，穗轴红色，穗长 18.7 厘米，穗行数 18 行左右，秃尖 0.3 厘米。籽粒黄色、半马齿型，千粒重 350.8 克，出籽率 86.5%。品质：2016 年河北省农作物品种品质检测中心测定，蛋白质（干基）9.18%，脂肪（干基）3.13%，淀粉（干基）72.87%，赖氨酸（干基）0.22%。抗病虫性：吉林省农业科学院植物保护研究所鉴定，2014 年，抗丝黑穗病、茎腐病，中抗玉米螟，感大斑病、弯孢菌叶斑病；2015 年，高抗茎腐病，抗丝黑穗病、弯孢菌叶斑病，中抗大斑病、玉米螟。

**栽培技术要点：** 适宜播期为 4 月下旬至 5 月上旬，适宜密度为 3 800～4 000 株/亩。亩施复合肥或磷酸二铵 30 千克、适量锌、硼等微肥作底肥，大喇叭口期亩追施尿素 30 千克。三叶期间苗，五叶期定苗。注意防治蚜虫、玉米螟等病虫害。

**推广意见：** 适宜在河北省张家口、承德、秦皇岛、唐山、廊坊市，保定北部和沧州北部，春播玉米区春播种植。

## 31. 纪元 108

**审定编号：** 冀审玉 20170068

**选育单位：** 河北新纪元种业有限公司

**报审单位：** 河北新纪元种业有限公司

**品种来源：** 由组合廊系-58×CH008 选育而成

**审定时间：** 2017 年 4 月

**产量表现：** 2014 年河北省北部春播组区域试验，平均亩产 838.5 千克；2015 年同组区域试验，平均亩产 836.9 千克。2016 年生产试验，平均亩产 767.6 千克。

**特征特性：** 幼苗叶鞘紫色。成株株型紧凑，株高 258 厘米，穗位105厘米，全株叶片数20片。生育期126天左右。雄穗分枝8～13个，花药浅紫色，花丝浅紫色。果穗筒形，穗轴白色，穗长19.5厘米，穗行数16行左右，秃尖0.4厘米。籽粒黄色、半马齿型，千粒重404.4克，出籽率86.6%。品质：2016年河北省农作物品种品质检测中心测定，蛋白质（干基）8.18%，脂肪（干基）3.32%，淀粉（干基）74.48%，赖氨酸（干基）0.21%。抗病虫性：吉林省农业科学院植物保护研究所鉴定，2014年，中抗茎腐病、玉米螟，感大斑病、丝黑穗病、弯孢菌叶斑病；2015年，高抗丝黑穗病，抗茎腐病，中抗弯孢菌叶斑病、玉米螟，感大斑病。

**栽培技术要点：**适宜播期为5月上旬，适宜密度为4 000株/亩。亩施复合肥或磷酸二铵20千克作底肥，大喇叭口期亩追施尿素30～40千克。大喇叭口前少浇水，宜蹲苗，中后期适时浇水。

**推广意见：**适宜在河北省张家口、承德、秦皇岛、唐山、廊坊市，保定北部和沧州北部，春播玉米区春播种植。

## 32. 科试705

**审定编号：**冀审玉20170069

**选育单位：**河北科润农业技术研究所

**报审单位：**河北科润农业技术研究所

**品种来源：**由组合HK260×H285选育而成

**审定时间：**2017年4月

**产量表现：**2014年河北省北部春播组区域试验，平均亩产823.2千克；2015年同组区域试验，平均亩产832.0千克；2016年生产试验，平均亩产783.5千克。2014年河北省太行山区春播组区域试验，平均亩产736.2千克；2015年同组区域试验，平均亩产729.9千克；2016年生产试验，平均亩产677.9千克。

**特征特性：**幼苗叶鞘紫色。成株株型半紧凑，全株叶片数19～21片，雄穗分枝6～9个，花药浅紫色，花丝绿色。果穗筒形，穗轴白色，籽粒黄色、半马齿型。河北省北部春播区生育期126天左右，株高292厘米，穗位121厘米，穗长19.0厘米，穗行数18行左右，秃尖1.4厘米，千粒重414.4克，出籽率83.0%。太行山区春播区生育期116天左右，株高282厘米，穗位112厘米，穗长19.5厘米，穗行数16行左右，秃尖1.1厘米，千粒重409.8克，出籽率81.4%。品质：2016年河北省农作物品种品质检测中心测定，蛋白质（干基）8.66%，脂肪（干基）3.90%，淀粉（干基）73.95%，赖氨酸（干基）0.21%。抗病虫性：吉林省农业科学院植物保护研究所鉴定，2014年，高抗茎腐病，中抗丝黑穗病、大斑病、玉米螟，感弯孢菌叶斑病；2015年，高抗茎腐病，抗玉米螟，中抗丝黑穗病、大斑病、弯孢菌叶斑病。

**栽培技术要点：**北部春播区适宜播期为4月中下旬，适宜密度为3 800～4 000株/亩；太行山区春播区适宜播期为5月中下旬，适宜密度为3 500株/亩。重施基肥，尤其注重农家肥的施用，大喇叭口前期及时追施拔节攻穗肥。适当蹲苗，5～6片可见叶时定苗，定苗后及时中耕培土，防除杂草。

**推广意见：**适宜在河北省张家口、承德、秦皇岛、唐山、廊坊市，保定北部和沧州北部，春播玉米区春播种植；适宜在河北省保定、石家庄、邢台、邯郸等4个市的太行山区春播玉米区春播种植。

## 33. 先玉1321

**审定编号：**冀审玉20170070

**选育单位：**铁岭先锋种子研究有限公司

**报审单位：**铁岭先锋种子研究有限公司

**品种来源：**由组合PHHJC×PH1N2D选育而成

**审定时间：**2017年4月

**产量表现：**2014年河北省北部春播组区域试验，平均亩产824.8千克；2015年同组区域试验，平均亩产832.3千克。2016年生产试验，平均亩产776.1千克。

**特征特性：**幼苗叶鞘紫色。成株株型半紧凑，株高298厘米，穗位107厘米，全株叶片数21～22片，生育期124天左右。雄穗分枝4～10个，花药浅紫色，花丝绿色。果穗筒形，穗轴红色，穗长21.4厘米，穗行数16行左右，秃尖1.9厘米。籽粒黄色、半马齿型，千粒重362.2克，出籽率85.5%。品质：2016年河北省农作物品种品质检测中心测定，蛋白质（干基）8.77%，脂肪（干基）2.98%，淀粉（干基）75.37%，赖氨酸（干基）0.21%。抗病虫性：吉林省农业科学院植物保护研究所鉴定，2014年，高抗丝黑穗病、茎腐病，中抗玉米螟，感大斑病、弯孢菌叶斑病；2015年，高抗茎腐病，抗丝黑穗病、玉米螟，中抗弯孢菌叶斑病，感大斑病。

**栽培技术要点：**适宜播期为4月下旬至5月中旬，适宜密度为4 000株/亩左右。施足底肥，拔节期追施氮肥。及时间苗、定苗和中耕除草，注意防治病虫害。

**推广意见：**适宜在河北省张家口、承德、秦皇岛、唐山、廊坊市，保定北部和沧州北部，春播玉米区春播种植。

## 34. 兆育322

**审定编号：**冀审玉20170071

**选育单位：**河北兆育种业有限公司

**报审单位：**河北兆育种业有限公司

**品种来源：**由组合Y94-1×F59选育而成

**审定时间：**2017年4月

**产量表现：**2014年河北省北部春播组区域试验，平均亩产812.4千克；2015年同组区域试验，平均亩产812.0千克。2016年生产试验，平均亩产782.7千克。

**特征特性：**幼苗叶鞘浅紫色。成株株型半紧凑，株高282厘米，穗位104厘米，全株叶片数21片左右，生育期126天左右。雄穗分枝5～8个，花药黄色，花丝绿色。果穗筒形，穗轴红色，穗长19.3厘米，穗行数16行左右，秃尖0.7厘米。籽粒黄色、马齿型，千粒重372.6克，出籽率86.0%。品质：2016年河北省农作物品种品质检测中心测定，蛋白质（干基）7.94%，脂肪（干基）4.09%，淀粉（干基）73.49%，赖氨酸（干基）0.20%。抗病虫性：吉林省农业科学院植物保护研究所鉴定，2014年，高抗茎腐病，抗丝黑穗病，中抗大斑病、弯孢菌叶斑病、玉米螟；2015年，高抗丝黑穗病、茎腐病，中抗弯孢菌叶斑病、玉米螟，感大斑病。

**栽培技术要点：**适宜播期为4月下旬至5月上旬，适宜密度为4 000株/亩。亩施复合肥30～40千克作底肥，拔节期亩追施尿素10～15千克，大喇叭口期亩追施尿素30千克。苗期注意防治病虫害。

**推广意见：**适宜在河北省张家口、承德、秦皇岛、唐山、廊坊市，保定北部和沧州北部，春播玉米区春播种植。

## 35. 晋单73号

**审定编号：**冀审玉20170072

**选育单位：**北京德农种业有限公司

**报审单位：**北京德农北方育种科技有限公司

**品种来源：**由组合1131×东16选育而成

**审定时间：**2017年4月

**产量表现：**2015年河北省北部春播组区域试验，平均亩产816.5千克；2016年同组区域试验，平均亩产801.2千克。2016年生产试验，平均亩产765.9千克。

**特征特性：**幼苗叶鞘紫色。成株株型紧凑，株高298厘米，穗位110厘米，全株叶片数21片，生育期127天左右。雄穗分枝5～6个，花药浅紫色，花丝绿色。果穗筒形，穗轴红色，穗长19.5厘米，穗行数18行左右，秃尖0.8厘米。籽粒黄色、马齿型，千粒重340.7克，出籽率85.6%。品质：2016年河北省农作物品种品质检测中心测定，蛋白质（干基）10.16%，脂肪（干基）3.82%，淀粉（干基）72.30%，赖氨酸（干基）0.24%。抗病虫性：吉林省农业科学院植物保护研究所鉴定，2015年，高抗茎腐病，抗丝黑穗病，中抗弯孢菌叶斑病、玉米螟，感大斑病；2016

年，抗大斑病、弯孢菌叶斑病，中抗丝黑穗病、茎腐病、玉米螟。

**栽培技术要点：**适宜播期为4月中旬至5月中旬，适宜密度为4 000株/亩。施足农家肥，亩施磷酸二铵10～15千克、硫酸钾5～10千克作底肥，大喇叭口期亩追施尿素20千克。

**推广意见：**适宜在河北省张家口、承德、秦皇岛、唐山、廊坊市，保定北部和沧州北部，春播玉米区春播种植。

## 36. 美亚868

**审定编号：**冀审玉20170073

**选育单位：**新疆美亚联达种业有限公司

**报审单位：**新疆美亚联达种业有限公司

**品种来源：**由组合T59×Q87选育而成

**审定时间：**2017年4月

**产量表现：**2015年河北省北部春播组区域试验，平均亩产813.1千克；2016年同组区域试验，平均亩产793.9千克。2016年生产试验，平均亩产785.0千克。

**特征特性：**幼苗叶鞘紫色。成株株型紧凑，株高308厘米，穗位120厘米，全株叶片数21片，生育期127天左右。雄穗分枝5～7个，花药黄色，花丝红色。果穗筒形，穗轴红色，穗长20.2厘米，穗行数18行左右，秃尖1.1厘米。籽粒黄色、马齿型，千粒重352.7克，出籽率83.6%。品质：2016年河北省农作物品种品质检测中心测定，蛋白质（干基）10.51%，脂肪（干基）4.28%，淀粉（干基）71.58%，赖氨酸（干基）0.23%。抗病虫性：吉林省农业科学院植物保护研究所鉴定，2015年，高抗丝黑穗病、茎腐病，中抗大斑病、弯孢菌叶斑病，感玉米螟；2016年，抗丝黑穗病、茎腐病、玉米螟，中抗弯孢菌叶斑病，感大斑病。

**栽培技术要点：**适宜播期为4月中旬至5月中旬，适宜密度为4 000株/亩。施肥采取少底肥多追肥原则，提倡增施磷钾肥。苗期蹲苗，浇好灌浆水，喇叭口期注意防治玉米螟。

**推广意见：**适宜在河北省张家口、承德、秦皇岛、唐山、廊坊市，保定北部和沧州北部，春播玉米区春播种植。

## 37. 裕丰 310

**审定编号：**冀审玉 20170074

**选育单位：**承德裕丰种业有限公司

**报审单位：**承德裕丰种业有限公司

**品种来源：**由组合 BD0852×承系 136 选育而成

**审定时间：**2017 年 4 月

**产量表现：**2015 年河北省北部春播组区域试验，平均亩产 832.4 千克；2016 年同组区域试验，平均亩产 778.9 千克。2016 年生产试验，平均亩产 763.9 千克。

**特征特性：**幼苗叶鞘紫色。成株株型紧凑，株高 278 厘米，穗位 96 厘米，全株叶片数 20 片，生育期 126 天左右。雄穗分枝 3～7 个，花药浅紫色，花丝紫色。果穗筒形，穗轴红色，穗长 18.8 厘米，穗行数 18 行左右，秃尖 1.3 厘米。籽粒黄色、马齿型，千粒重 353.7 克，出籽率 86.7%。品质：2016 年河北省农作物品种品质检测中心测定，蛋白质（干基）9.37%，脂肪（干基）3.12%，淀粉（干基）74.49%，赖氨酸（干基）0.21%。抗病虫性：吉林省农业科学院植物保护研究所鉴定，2015 年，高抗茎腐病，抗玉米螟，中抗丝黑穗病，感大斑病、弯孢菌叶斑病；2016 年，抗大斑病、弯孢菌叶斑病、茎腐病，中抗丝黑穗病、玉米螟。

**栽培技术要点：**适宜播期为 4 月下旬至 5 月上旬，适宜密度为 4 000 株/亩。施足底肥，12～13 片可见叶时亩追施尿素 40 千克。

**推广意见：**适宜在河北省张家口、承德、秦皇岛、唐山、廊坊市，保定北部和沧州北部，春播玉米区春播种植。

## 38. 纪元 178

**审定编号：**冀审玉 20170075

**选育单位：**河北新纪元种业有限公司

**报审单位：**河北新纪元种业有限公司

**品种来源：** 由组合廊系 158×廊系 Sx－2 选育而成

**审定时间：** 2017 年 4 月

**产量表现：** 2015 年河北省北部春播组区域试验，平均亩产 816.5 千克；2016 年同组区域试验，平均亩产 784.1 千克。2016 年生产试验，平均亩产 757.4 千克。

**特征特性：** 幼苗叶鞘浅紫色。成株株型半紧凑，株高 257 厘米，穗位 107 厘米，全株叶片数 20 片，生育期 127 天左右。雄穗分枝 19 个左右，花药浅紫色，花丝浅紫色。果穗筒形，穗轴白色，穗长 18.9 厘米，穗行数 16 行左右，秃尖 0.6 厘米。籽粒黄色、半马齿型，千粒重 390.3 克，出籽率 85.3%。品质：2016 年河北省农作物品种品质检测中心测定，蛋白质（干基）9.28%，脂肪（干基）4.43%，淀粉（干基）72.42%，赖氨酸（干基）0.25%。抗病虫性：吉林省农业科学院植物保护研究所鉴定，2015 年，高抗茎腐病，中抗大斑病、丝黑穗病、玉米螟，感弯孢菌叶斑病；2016 年，高抗茎腐病，抗大斑病，中抗丝黑穗病、弯孢菌叶斑病、玉米螟。

**栽培技术要点：** 适宜播期为 5 月上旬，适宜密度为 4 000 株/亩。亩施复合肥或磷酸二铵 20 千克作底肥，大喇叭口期亩追施尿素 30～40 千克。大喇叭口前少浇水，宜蹲苗，中后期适时浇水。

**推广意见：** 通过审定。适宜在河北省张家口、承德、秦皇岛、唐山、廊坊市，保定北部和沧州北部，春播玉米区春播种植。

## 39. 三北 61

**审定编号：** 冀审玉 20170076

**选育单位：** 三北种业有限公司

**报审单位：** 三北种业有限公司

**品种来源：** 由组合 X7922×FXY20 选育而成

**审定时间：** 2017 年 4 月

**产量表现：** 2015 年河北省北部春播组区域试验，平均亩产 813.3 千克；2016 年同组区域试验，平均亩产 787.2 千克。2016

年生产试验，平均亩产 760.3 千克。

**特征特性：**幼苗叶鞘紫色。成株株型半紧凑，株高 275 厘米，穗位 105 厘米，全株叶片数 21 片，生育期 125 天左右。雄穗分枝 7～10 个，花药浅紫色，花丝绿色。果穗筒形，穗轴红色，穗长 19.6 厘米，穗行数 16 行左右，秃尖 0.9 厘米。籽粒黄色、马齿型，千粒重 370.4 克，出籽率 84.8%。品质：2016 年河北省农作物品种品质检测中心测定，蛋白质（干基）9.34%，脂肪（干基）3.98%，淀粉（干基）73.40%，赖氨酸（干基）0.24%。抗病虫性：吉林省农业科学院植物保护研究所鉴定，2015 年，中抗茎腐病、玉米螟，感大斑病、丝黑穗病、弯孢菌叶斑病；2016 年，高抗丝黑穗病，中抗大斑病、茎腐病、弯孢菌叶斑病，感玉米螟。

**栽培技术要点：**适宜播期为 4 月中下旬，适宜密度为 4 000 株/亩。亩施磷酸二铵 20 千克或三元复合肥 15 千克作底肥，大喇叭口期亩追施尿素 25 千克或碳酸氢铵 70 千克。及时中耕除草，三叶期间苗，五叶期定苗。

**推广意见：**适宜在河北省张家口、承德、秦皇岛、唐山、廊坊市，保定北部和沧州北部，春播玉米区春播种植。

## （二）太行山区春播组

### 40. 永玉 66

**审定编号：**冀审玉 2015014 号

**试验名称：**永 9077

**选育单位：**河北冀南玉米研究所

**报审单位：**河北冀南玉米研究所

**品种来源：**2008 年用 351×永 648 育成

**审定时间：**2015 年 5 月

**产量表现：**2012 年河北省太行山区春播组区域试验，平均亩产 803.6 千克；2013 年同组区域试验，平均亩产 735.9 千克。2014 年生产试验，平均亩产 746.8 千克。

**特征特性：**幼苗叶鞘深紫色。成株株型紧凑，株高292厘米，穗位112厘米，生育期117天左右。雄穗分枝8～10个，花药淡红色，花丝淡红色。果穗圆筒形，穗轴白色，穗长19.0厘米，穗行数18行，秃尖0.4厘米。籽粒黄色、马齿型，千粒重381.6克，出籽率87.1％。2014年农业部谷物品质监督检验测试中心测定，粗蛋白质（干基）8.34％，粗脂肪（干基）4.53％，粗淀粉（干基）75.34％，赖氨酸（干基）0.31％。抗病性：吉林省农业科学院植物保护研究所鉴定，2012年，高抗茎腐病，中抗弯孢叶斑病、丝黑穗病、玉米螟，感大斑病；2013年，高抗茎腐病，抗丝黑穗病，中抗弯孢叶斑病、玉米螟，感大斑病。

**栽培技术要点：**该品种喜肥水，适宜种植密度为3 500～4 000株/亩，追肥宜前轻后重，重施大喇叭口肥，抽雄前需浇足水。

**推广意见：**建议在河北省太行山区春播玉米区春播种植。

## 41. 明科玉6号

**审定编号：**冀审玉2016033号

**试验名称：**科试787

**选育单位：**江苏明天种业科技股份有限公司

**报审单位：**江苏明天种业科技股份有限公司

**品种来源：**2010年用组合HK171×HK426育成

**审定时间：**2016年5月

**产量表现：**2013年河北省太行山区春播组区域试验，平均亩产729.7千克；2014年同组区域试验，平均亩产774.0千克。2015年生产试验，平均亩产746.3千克。

**特征特性：**幼苗叶鞘紫色。成株株型半紧凑，株高250厘米，穗位93厘米，全株叶片数20片左右，生育期116天左右。雄穗分枝8～12个，花药浅紫色，花丝绿色。果穗筒形，穗轴白色，穗长19.7厘米，穗行数16行左右，秃尖0.4厘米。籽粒黄色、马齿型，千粒重407.7克，出籽率86.3％。2015年农业部谷物品质监督检验测试中心测定，粗蛋白质（干基）9.07％，粗脂肪（干基）

3.66%，粗淀粉（干基）71.10%，赖氨酸（干基）0.31%。抗病虫性：吉林省农业科学院植物保护研究所鉴定，2013年，中抗茎腐病、玉米螟，感大斑病、丝黑穗病、弯孢菌叶斑病；2014年，抗茎腐病，中抗大斑病、丝黑穗病、玉米螟，感弯孢菌叶斑病。

**栽培技术要点：**适宜播期为4月下旬至5月中旬，5厘米地温稳定通过12℃日期即可播种，适宜密度为3 500株/亩。重施基肥，亩施优质腐熟农家肥2 000千克或三元复合肥25千克作底肥，拔节孕穗期亩追施尿素30千克。适当蹲苗，5～6片叶定苗，定苗后及时中耕培土，防除杂草。注意防治病虫害。

**推广意见：**建议在河北省太行山区春播玉米区春播种植。

## 42. 石玉11号

**审定编号：**冀审玉2016034号

**试验名称：**石玉春12－1156

**选育单位：**石家庄市农林科学研究院

**报审单位：**石家庄市农林科学研究院

**品种来源：**2009年用组合海115×WT－56育成

**审定时间：**2016年5月

**产量表现：**2013年河北省太行山区春播组区域试验，平均亩产713.2千克；2014年同组区域试验，平均亩产768.4千克。2015年生产试验，平均亩产760.5千克。

**特征特性：**幼苗叶鞘紫色。成株株型半紧凑，株高263厘米，穗位104厘米，全株叶片数19～21片，生育期116天左右。雄穗分枝15～20个，花药浅紫色，花丝浅紫色。果穗筒形，穗轴白色，穗长19.5厘米，穗行数16行左右，秃尖0.3厘米。籽粒黄色、半马齿型，千粒重403.0克，出籽率85.8%。2015年农业部谷物品质监督检验测试中心测定，粗蛋白质（干基）9.63%，粗脂肪（干基）3.62%，粗淀粉（干基）75.56%，赖氨酸（干基）0.29%。抗病虫性：吉林省农业科学院植物保护研究所鉴定，2013年，高抗丝黑穗病，抗茎腐病，感大斑病、弯孢菌叶斑病、玉米螟；2014

年，抗茎腐病，中抗大斑病、丝黑穗病、玉米螟，高感弯孢菌叶斑病。

**栽培技术要点：**适宜播期为 4 月 20 日以后，5 厘米地温稳定通过 12 ℃日期即可播种，适宜密度为 3 500 株/亩。造墒播种，保证一播全苗。亩施磷酸二铵 25 千克、硫酸钾 10 千克、硫酸锌 1.5 千克作底肥，大喇叭口期亩追施尿素 20 千克，中后期根据长势可追施尿素 5～10 千克。注意防治病虫害。

**推广意见：**建议在河北省太行山区春播玉米区春播种植。

## 43. 奔诚 15

**审定编号：**冀审玉 2016035 号

**试验名称：**奔诚 15 号

**选育单位：**河北奔诚种业有限公司

**报审单位：**河北奔诚种业有限公司

**品种来源：**2010 年用组合 P11－06×N396－62 育成

**审定时间：**2016 年 5 月

**产量表现：**2013 年河北省太行山区春播组区域试验，平均亩产 710.3 千克；2014 年同组区域试验，平均亩产 758.9 千克。2015 年生产试验，平均亩产 731.5 千克。

**特征特性：**幼苗叶鞘紫色。成株株型紧凑，株高 275 厘米，穗位 101 厘米，全株叶片数 20 片，生育期 117 天左右。雄穗分枝 10～11 个，花药紫色，花丝紫色。果穗筒形，穗轴红色，穗长 20.9 厘米，穗行数 16 行左右，秃尖 1.0 厘米。籽粒黄色、半马齿型，千粒重 387.1 克，出籽率 85.9%。2015 年农业部谷物品质监督检验测试中心测定，粗蛋白质（干基）7.95%，粗脂肪（干基）3.32%，粗淀粉（干基）75.66%，赖氨酸（干基）0.28%。抗病虫性：吉林省农业科学院植物保护研究所鉴定，2013 年，高抗茎腐病，抗丝黑穗病，中抗弯孢菌叶斑病、玉米螟，感大斑病；2014 年，高抗茎腐病，中抗大斑病、丝黑穗病、弯孢菌叶斑病、玉米螟。

**栽培技术要点：** 适宜播期为4月下旬至5月中上旬，5厘米地温稳定通过12℃日期即可播种，适宜密度为3 500株/亩。基肥亩施优质农家肥2 000千克、硫酸钾10千克、磷酸二铵20千克，大喇叭口期亩追施尿素15千克。注意防治地下害虫。

**推广意见：** 建议在河北省太行山区春播玉米区春播种植。

## 44. 中科玉505

**审定编号：** 冀审玉20170077

**选育单位：** 北京联创种业股份有限公司

**报审单位：** 北京联创种业股份有限公司

**品种来源：** 由组合CT1668×CT3354选育而成

**审定时间：** 2017年4月

**产量表现：** 2014年河北省太行山区春播组区域试验，平均亩产787.1千克；2015年同组区域试验，平均亩产780.1千克。2016年生产试验，平均亩产674.9千克。

**特征特性：** 幼苗叶鞘紫色。成株株型半紧凑，株高269厘米，穗位97厘米，全株叶片数20～21片，生育期115天左右。雄穗分枝3～8个，花药紫色，花丝浅紫色。果穗筒形，穗轴红色，穗长20.3厘米，穗行数16行左右，秃尖1.2厘米。籽粒黄色、半马齿型，千粒重390.3克，出籽率83.8%。品质：2016年河北省农作物品种品质检测中心测定，蛋白质（干基）9.72%，脂肪（干基）3.06%，淀粉（干基）73.76%，赖氨酸（干基）0.23%。抗病虫性：吉林省农业科学院植物保护研究所鉴定，2014年，高抗丝黑穗病、茎腐病，中抗弯孢菌叶斑病、玉米螟，感大斑病；2015年，高抗茎腐病，抗丝黑穗病，中抗大斑病、弯孢菌叶斑病、玉米螟。

**栽培技术要点：** 太行山区适宜播期为5月中下旬，适宜密度为3 500株/亩。亩施优质农家肥2 000千克或三元复合肥40千克作底肥，13～14片可见叶时配合中耕培土亩追施尿素25千克。大喇叭口期用Bt生物颗粒杀虫剂或巴丹可溶性粉剂丢心防治玉米螟。

**推广意见：** 适宜在河北省保定、石家庄、邢台、邯郸等4个市的太行山区春播玉米区春播种植。

## 45. 冀丰179

**审定编号：** 冀审玉20170078

**选育单位：** 河北省农林科学院粮油作物研究所

**报审单位：** 河北省农林科学院粮油作物研究所

**品种来源：** 由组合PW17×M9选育而成

**审定时间：** 2017年4月

**产量表现：** 2014年河北省太行山区春播组区域试验，平均亩产751.3千克；2015年同组区域试验，平均亩产756.4千克。2016年生产试验，平均亩产669.0千克。

**特征特性：** 幼苗叶鞘浅紫色。成株株型紧凑，株高290厘米，穗位107厘米，全株叶片数21片，生育期115天左右。雄穗分枝6～8个，花药浅紫色，花丝浅紫色。果穗筒形，穗轴红色，穗长20.5厘米，穗行数16行左右，秃尖1.5厘米。籽粒黄色、半马齿型，千粒重398.2克，出籽率82.7%。品质：2016年河北省农作物品种品质检测中心测定，蛋白质（干基）9.65%，脂肪（干基）2.93%，淀粉（干基）74.22%，赖氨酸（干基）0.22%。抗病虫性：吉林省农业科学院植物保护研究所鉴定，2014年，高抗丝黑穗病，中抗茎腐病、玉米螟，感大斑病、弯孢菌叶斑病；2015年，高抗茎腐病，中抗丝黑穗病、玉米螟，感大斑病、弯孢菌叶斑病。

**栽培技术要点：** 太行山区适宜播期为5月中下旬，适宜密度为3 500株/亩。亩施复合肥15～20千克作底肥，大喇叭口期亩追施尿素25千克。播前浇足底墒水，确保苗全，遇天旱及时浇水，一般浇水2～3次。

**推广意见：** 适宜在河北省保定、石家庄、邢台、邯郸等4个市的太行山区春播玉米区春播种植。

## 46. 诚信16号

**审定编号：** 冀审玉20170079

**选育单位：** 山西诚信种业有限公司

**报审单位：** 山西诚信种业有限公司

**品种来源：** 由组合 C0314×W91 选育而成

**审定时间：** 2017 年 4 月

**产量表现：** 2014 年河北省太行山区春播组区域试验，平均亩产 747.8 千克；2015 年同组区域试验，平均亩产 736.1 千克。2016 年生产试验，平均亩产 688.7 千克。

**特征特性：** 幼苗叶鞘紫色。成株株型半紧凑，株高 292 厘米，穗位 110 厘米，全株叶片数 20～21 片，生育期 114 天左右。雄穗分枝 3～6 个，花药黄色，花丝黄白色。果穗筒形，穗轴红色，穗长 19.7 厘米，穗行数 16 行左右，秃尖 0.8 厘米。籽粒黄色、马齿型，千粒重 362.5 克，出籽率 82.9%。品质：2016 年河北省农作物品种品质检测中心测定，蛋白质（干基）9.66%，脂肪（干基）4.28%，淀粉（干基）72.24%，赖氨酸（干基）0.22%。抗病虫性：吉林省农业科学院植物保护研究所鉴定，2014 年，抗丝黑穗病，中抗茎腐病、玉米螟，感大斑病，高感弯孢菌叶斑病；2015 年，抗茎腐病，中抗丝黑穗病、玉米螟，感大斑病、弯孢菌叶斑病。

**栽培技术要点：** 太行山区适宜播期为 5 月中下旬，适宜密度为 3 500 株/亩。亩施优质农家肥 3 000～4 000 千克作底肥，拔节期亩追施尿素 40 千克。

**推广意见：** 适宜在河北省保定、石家庄、邢台、邯郸等 4 个市的太行山区春播玉米区春播种植。

## 47. 科腾 615

**审定编号：** 冀审玉 20170080

**选育单位：** 河北省农林科学院粮油作物研究所、河北科腾生物科技有限公司

**报审单位：** 河北省农林科学院粮油作物研究所、河北科腾生物科技有限公司

**品种来源：** 由组合 R16×Y68 选育而成

**审定时间：** 2017 年 4 月

**产量表现：** 2014 年河北省太行山区春播组区域试验，平均亩产 715.3 千克；2015 年同组区域试验，平均亩产 724.6 千克。2016 年生产试验，平均亩产 673.7 千克。

**特征特性：** 幼苗叶鞘紫色。成株株型半紧凑，株高 284 厘米，穗位 107 厘米，全株叶片数 20～21 片，生育期 115 天左右。雄穗分枝 6～10 个，花药浅紫色，花丝浅紫色。果穗筒形，穗轴红色，穗长 20.5 厘米，穗行数 14 行左右，秃尖 1.4 厘米。籽粒黄色、半马齿型，千粒重 411.8 克，出籽率 82.3%。品质：2016 年河北省农作物品种品质检测中心测定，蛋白质（干基）10.79%，脂肪（干基）3.42%，淀粉（干基）72.11%，赖氨酸（干基）0.22%。抗病虫性：吉林省农业科学院植物保护研究所鉴定，2014 年，高抗丝黑穗病，中抗弯孢菌叶斑病、茎腐病、玉米螟，感大斑病；2015 年，高抗丝黑穗病、茎腐病，中抗大斑病、弯孢菌叶斑病、玉米螟。

**栽培技术要点：** 太行山区适宜播期为 5 月中下旬，适宜密度为 3 500 株/亩。亩施优质农家肥 2 000～3 000 千克或复合肥 20～25 千克作底肥，大喇叭口期亩追施尿素 25～30 千克；也可在播种前一次性施用玉米专用肥 50 千克。播种前采用药剂包衣或在幼苗三至五叶期喷药，用以消灭灰飞虱、蓟马、黏虫等虫害，防治丝黑穗病和地下虫害。注意防治玉米螟。

**推广意见：** 适宜在河北省保定、石家庄、邢台、邯郸等 4 个市的太行山区春播玉米区春播种植。

## 48. 农艺 1 号

**审定编号：** 冀审玉 20170081

**选育单位：** 河北农艺种业有限公司

**报审单位：** 河北农艺种业有限公司

**品种来源：** 由组合怀系 4 号×R68 选育而成

**审定时间：** 2017年4月

**产量表现：** 2014年河北省太行山区春播组区域试验，平均亩产755.0千克；2015年同组区域试验，平均亩产717.1千克。2016年生产试验，平均亩产670.2千克。

**特征特性：** 幼苗叶鞘浅紫色。成株株型半紧凑，株高248厘米，穗位98厘米，全株叶片数20片左右。生育期116天左右。雄穗分枝6～8个，花药黄色，花丝浅紫色。果穗筒形，穗轴红色，穗长18.6厘米，穗行数18行左右，秃尖1.0厘米。籽粒黄色、半马齿型，千粒重350.8克，出籽率82.2%。品质：2016年河北省农作物品种品质检测中心测定，蛋白质（干基）10.33%，脂肪（干基）4.44%，淀粉（干基）73.57%，赖氨酸（干基）0.23%。抗病虫性：吉林省农业科学院植物保护研究所鉴定，2014年，高抗丝黑穗病，抗茎腐病，中抗玉米螟，感大斑病、弯孢菌叶斑病；2015年，高抗茎腐病，中抗弯孢菌叶斑病、玉米螟，感丝黑穗病、大斑病。

**栽培技术要点：** 太行山区适宜播期为5月中下旬，适宜密度为3 500株/亩。肥水管理以促为主，施足底肥，重施穗肥，酌施粒肥。及时防治病虫害，适时晚收。

**推广意见：** 适宜在河北省保定、石家庄、邢台、邯郸等4个市的太行山区春播玉米区春播种植。

## 49. 石玉12号

**审定编号：** 冀审玉20170082

**选育单位：** 石家庄市农林科学研究院

**报审单位：** 石家庄市农林科学研究院

**品种来源：** 由组合SH107×SH631选育而成

**审定时间：** 2017年4月

**产量表现：** 2015年河北省太行山区春播组区域试验，平均亩产746.6千克；2016年同组区域试验，平均亩产697.6千克。2016年生产试验，平均亩产684.2千克。

**特征特性：**幼苗叶鞘浅紫色。成株株型半紧凑，株高 250 厘米，穗位 104 厘米，全株叶片数 20 片左右，生育期 116 天左右。雄穗分枝 18～20 个，花药黄色，花丝浅紫色。果穗筒形，穗轴白色，穗长 18.8 厘米，穗行数 16 行左右，秃尖 0.5 厘米。籽粒黄色、半马齿型，千粒重 396.2 克，出籽率 81.9%。品质：2016 年河北省农作物品种品质检测中心测定，蛋白质（干基）9.71%，脂肪（干基）4.22%，淀粉（干基）72.60%，赖氨酸（干基）0.23%。抗病虫性：吉林省农业科学院植物保护研究所鉴定，2015 年，抗丝黑穗病、茎腐病，中抗弯孢菌叶斑病、玉米螟，感大斑病；2016 年，高抗茎腐病，抗弯孢菌叶斑病，中抗丝黑穗病、玉米螟，感大斑病。

**栽培技术要点：**太行山区适宜播期为 5 月下旬至 6 月上旬，适宜密度为 3 500 株/亩。磷、钾肥和锌肥全部作为底肥施用，氮肥底施 40%，大喇叭口期和灌浆期追施 60%。前期注意防旱，中后期注意排涝。在玉米展开叶达到 9 片左右时，喷施玉米健壮素；用 70%甲基硫菌灵防治大斑病、小斑病，90%敌百虫或辛硫磷加水稀释防治地老虎，大喇叭口期用 25%溴氰菊酯防治玉米螟。适时晚收，利于充分灌浆增产。

**推广意见：**适宜在河北省石家庄、邢台、邯郸等 3 个市的太行山区春播玉米区春播种植。注意防倒伏。

## 50. 万盛 22

**审定编号：**冀审玉 20170083

**选育单位：**河北万盛种业有限公司

**报审单位：**河北万盛种业有限公司

**品种来源：**由组合 JN20×JN01 选育而成

**审定时间：**2017 年 4 月

**产量表现：**2015 年河北省太行山区春播组区域试验，平均亩产 744.6 千克；2016 年同组区域试验，平均亩产 680.1 千克。2016 年生产试验，平均亩产 685.4 千克。

**特征特性：**幼苗叶鞘浅紫色。成株株型半紧凑，株高 283 厘米，穗位 117 厘米，全株叶片数 20 片左右，生育期 118 天左右。雄穗分枝 6～10 个，花药浅紫色，花丝浅紫色。果穗筒形，穗轴白色，穗长 20.5 厘米，穗行数 16 行左右，秃尖 0.7 厘米。籽粒黄色、半马齿型，千粒重 361.8 克，出籽率 82.1%。品质：2016 年河北省农作物品种品质检测中心测定，蛋白质（干基）8.77%，脂肪（干基）4.20%，淀粉（干基）72.42%，赖氨酸（干基）0.23%。抗病虫性：吉林省农业科学院植物保护研究所鉴定，2015 年，高抗丝黑穗病，抗茎腐病，中抗玉米螟，感弯孢菌叶斑病、大斑病；2016 年，高抗茎腐病，抗大斑病、丝黑穗病、玉米螟，中抗弯孢菌叶斑病。

**栽培技术要点：**太行山区适宜播期为 5 月中下旬，适宜密度为 3 500 株/亩。亩施磷酸二铵 20 千克、钾肥 15 千克作底肥，小喇叭口期亩追施尿素 20～25 千克。适时晚收，以利高产。

**推广意见：**适宜在河北省保定、石家庄、邢台、邯郸等 4 个市的太行山区春播玉米区春播种植。

## 51. 统率 001

**审定编号：**冀审玉 20170084

**选育单位：**石家庄市统帅农业科技有限公司

**报审单位：**石家庄市统帅农业科技有限公司

**品种来源：**由组合 QY131×QY132 选育而成

**审定时间：**2017 年 4 月

**产量表现：**2015 年河北省太行山区春播组区域试验，平均亩产 741.1 千克；2016 年同组区域试验，平均亩产 677.7 千克。2016 年生产试验，平均亩产 670.9 千克。

**特征特性：**幼苗叶鞘紫色。成株株型半紧凑，株高 275 厘米，穗位 102 厘米，全株叶片数 19～21 片。生育期 118 天左右。雄穗分枝 11～15 个，花药黄色，花丝绿色。果穗筒形，穗轴白色，穗长 19.6 厘米，穗行数 18 行左右，秃尖 1.1 厘米。籽粒黄色、半马齿型，千粒重 356.0 克，出籽率 81.6%。品质：2016 年河北省农作物品种品质检测中心测定，蛋白质（干基）9.40%，脂肪（干基）4.03%，淀粉（干基）72.62%，赖氨酸（干基）0.22%。抗病虫性：吉林省农业科学院植物保护研究所鉴定，2015 年，高抗茎腐病，中抗弯孢菌叶斑病、玉米螟，感大斑病、丝黑穗病；2016 年，高抗丝黑穗病、茎腐病，抗弯孢菌叶斑病，感大斑病、玉米螟。

**栽培技术要点：**太行山区适宜播期为 5 月中下旬，适宜密度为 3 500 株/亩。重施基肥，亩施优质农家肥 2 000 千克或三元复合肥 25 千克作底肥，拔节孕穗期，亩追施尿素 30 千克。适当蹲苗，5～6 片可见叶时定苗，定苗后及时中耕培土，防除杂草。注意防治病虫害。

**推广意见：**适宜在河北省保定、石家庄、邢台、邯郸等 4 个市的太行山区春播玉米区春播种植。

## 52. 农单 145

**审定编号：**冀审玉 20170085

**选育单位：**河北农业大学

**报审单位：**河北农业大学

**品种来源：**由组合农系 376×PH6WC 选育而成

**审定时间：**2017 年 4 月

**产量表现：**2015 年河北省太行山区春播组区域试验，平均亩产 734.3 千克；2016 年同组区域试验，平均亩产 671.9 千克。2016 年生产试验，平均亩产 686.3 千克。

**特征特性：**幼苗叶鞘紫色。成株株型半紧凑，株高 274 厘米，穗位 101 厘米，全株叶片数 17～19 片。生育期 115 天左右。雄穗分枝 5～8 个，花药紫色，花丝浅紫色。果穗筒形，穗轴红色，穗长 18.6 厘米，穗行数 18 行左右，秃尖 1.2 厘米。籽粒黄色、半马齿型，千粒重 374.6 克，出籽率 81.6%。品质：2016 年河北省农作物品种品质检测中心测定，蛋白质（干基）10.09%，脂肪（干基）3.97%，淀粉（干基）72.93%，赖氨酸（干基）0.23%。抗病虫性：吉林省农业科学院植物保护研究所鉴定，2015年，高抗茎腐病，中抗大斑病、丝黑穗病、弯孢菌叶斑病、玉米螟；2016年，高抗茎腐病，抗弯孢菌叶斑病、玉米螟，中抗大斑病、丝黑穗病。

**栽培技术要点：**太行山区适宜播期为5月中下旬，适宜密度为3 500株/亩。在施足底肥的基础上，前期控制肥水，以促根稳茎，重施穗肥。播种2～3天内用甲草胺或乙草胺及时封闭地面，苗期可进行一次中耕，如有杂草，及时用除草剂清除。

**推广意见：**适宜在河北省保定、石家庄、邢台、邯郸等4个市的太行山区春播玉米区春播种植。

## 53. 合玉966

**审定编号：**冀审玉20170086

**选育单位：**河北天利和农业科技有限公司

**报审单位：**河北天利和农业科技有限公司

**品种来源：**由组合M66－56×G38－23选育而成

**审定时间：**2017年4月

**产量表现：**2015年河北省太行山区春播组区域试验，平均亩产725.8千克；2016年同组区域试验，平均亩产686.6千克。2016年生产试验，平均亩产695.0千克。

**特征特性：**幼苗叶鞘紫色。成株株型紧凑，株高256厘米，穗位107厘米，全株叶片数21～22片。生育期116天左右。雄穗分枝7～11个，花药黄色，花丝绿色。果穗筒形，穗轴白色，穗长17.9厘米，穗行数16行左右，秃尖0.1厘米。籽粒黄色、半马齿型，千粒重360.3克，出籽率83.2%。品质：2016年河北省农作物品种品质检测中心测定，蛋白质（干基）9.62%，脂肪（干基）4.72%，淀粉（干基）72.57%，赖氨酸（干基）0.22%。抗病虫性：吉林省农业科学院植物保护研究所鉴定，2015年，高抗茎腐病，抗玉米螟，中抗大斑病，感弯孢菌叶斑病、丝黑穗病；2016年，高抗茎腐病，抗大斑病，中抗弯孢菌叶斑病、玉米螟，感丝黑穗病。

**栽培技术要点：**太行山区适宜播期为5月中下旬，适宜密度为3 500株/亩。重施底肥，亩施优质农家肥2 000千克或三元复合肥25千克作底肥，拔节后期亩追施尿素20～30千克。苗期适当蹲苗，5～6片可见叶时定苗，及时中耕培土，防治杂草。后期注意防治病虫害。

**推广意见：**适宜在河北省保定、石家庄、邢台、邯郸等4个市的太行山区春播玉米区春播种植。

## (三) 承德春播组

### 54. 承玉35

**审定编号：**冀审玉2015016号

**试验名称：**承937

**选育单位：**承德裕丰种业有限公司

**报审单位：**承德裕丰种业有限公司

**品种来源：**2011年用承系110－3×承系162育成

**审定时间：**2015年5月

**产量表现：**2012年承德春播中熟组区域试验，平均亩产861.5千克；2013年同组区域试验，平均亩产793.3千克。2014年生产试验，平均亩产918.8千克。

**特征特性：**幼苗叶鞘浅紫色。成株株型紧凑，株高310厘米，穗位112厘米，全株叶片数22片左右。生育期129天左右。雄穗分枝7～11个，护颖绿色，花药紫色，花丝浅紫色。果穗筒形，穗轴白色，穗长18.4厘米，穗行数18行，秃尖1.8厘米。籽粒黄色、半马齿型，千粒重338.0克，出籽率79.1%。2014年农业部谷物品质监督检验测试中心测定，粗蛋白质（干基）9.98%，粗脂肪（干基）4.91%，粗淀粉（干基）72.21%，赖氨酸（干基）0.30%。抗病性：吉林省农业科学院植物保护研究所鉴定，2012年，抗茎腐病，中抗弯孢叶斑病、丝黑穗病，感大斑病、玉米螟；

2013年，高抗茎腐病，抗丝黑穗病，中抗玉米螟，感大斑病、弯孢叶斑病。

**栽培技术要点：** 适宜播期为4月下旬至5月上旬，适宜密度为4 000株/亩左右。播种时亩施磷酸二铵15千克作种肥，13片叶左右亩追施尿素30～40千克。在生育过程中（特别是孕穗吐丝期）遇干旱要及时浇水。在果穗苞叶变黄、松散，籽粒呈黄色、马齿型、乳线消失时收获。

**推广意见：** 建议在河北省承德市中南部春播种植。

## 55. 玉188

**审定编号：** 冀审玉2015017号

**试验名称：** 宽诚11－3

**选育单位：** 河北省宽城种业有限责任公司

**报审单位：** 河北省宽城种业有限责任公司

**品种来源：** 2009年用K305×K9875育成

**审定时间：** 2015年5月

**产量表现：** 2012年承德春播中熟组区域试验，平均亩产898.3千克；2013年同组区域试验，平均亩产767.7千克。2014年同组生产试验，平均亩产941.7千克。

**特征特性：** 成株株型紧凑，株高329厘米，穗位126厘米，全株叶片数21片左右，生育期129天左右。雄穗分枝7～14个，花药绿色，花丝绿色。果穗筒形，穗轴白色，穗长18.6厘米，穗行数18行，秃尖1.6厘米。籽粒黄色、马齿型，千粒重402.0克，出籽率82.9%。2014年农业部谷物品质监督检验测试中心测定，粗蛋白质（干基）11.19%，粗脂肪（干基）4.93%，粗淀粉（干基）72.09%，赖氨酸（干基）0.32%。抗病性：吉林省农业科学院植物保护研究所鉴定，2012年，高抗丝黑穗病，中抗茎腐病、玉米螟，感大斑病、弯孢叶斑病；2013年，高抗丝黑穗病，中抗大斑病、茎腐病，感弯孢叶斑病、玉米螟。

**栽培技术要点：** 适宜播期为6月26日之前，适宜密度为

4 000～4 500 株/亩。亩施磷酸二铵或玉米专用复合肥 25 千克作基肥，拔节后亩追施尿素 20 千克。苗期注意防治黏虫，喇叭口期及时防治玉米螟。

**推广意见：** 建议在河北省承德市中南部春播种植。

## 56. 金联华 619

**审定编号：** 冀审玉 2015018 号

**试验名称：** SA102801

**选育单位：** 承德金联华种业有限公司

**报审单位：** 承德金联华种业有限公司

**品种来源：** 2009 年用 SM11－1×ZG10 育成

**审定时间：** 2015 年 5 月

**产量表现：** 2012 年承德春播中熟组区域试验，平均亩产 849.5 千克；2013 年同组区域试验，平均亩产 775.4 千克。2014 年生产试验，平均亩产 904.2 千克。

**特征特性：** 幼苗叶鞘深紫色。成株株型半紧凑，株高 310 厘米，穗位 106 厘米，全株叶片数 20 片左右，生育期 130 天左右。雄穗分枝 9～15 个，花药浅紫色，花丝绿色。果穗筒形，穗轴粉色，穗长 20.9 厘米，穗行数 18 行，秃尖 2.3 厘米。籽粒黄色、半马齿型，千粒重 343.0 克，出籽率 84.6%。2014 年农业部谷物品质监督检验测试中心测定，粗蛋白质（干基）10.65%，粗脂肪（干基）3.33%，粗淀粉（干基）73.31%，赖氨酸（干基）0.29%。抗病性：吉林省农业科学院植物保护研究所鉴定，2012 年，高抗丝黑穗病，抗茎腐病，中抗大斑病，感弯孢叶斑病、玉米螟；2013 年，高抗丝黑穗病、茎腐病，感大斑病、弯孢叶斑病、玉米螟。

**栽培技术要点：** 适宜播期为 4 月中下旬，适宜密度为 4 000 株/亩左右。施足底肥，播种时亩施种肥磷酸二铵 20 千克或三元复合肥 15 千克，大喇叭口期亩追施尿素 25 千克或碳酸氢铵 70 千克。及时中耕除草，三叶期进行间苗，五叶期进行定苗。

**推广意见：** 建议在河北省承德市中南部春播种植。

## 57. 禾源9号

**审定编号：** 冀审玉2015019号

**选育单位：** 承德新禾源种业有限公司

**报审单位：** 承德新禾源种业有限公司

**品种来源：** 2007年用（C-9×H100）×WW04育成

**审定时间：** 2015年5月

**产量表现：** 2012年承德春播极早熟组区域试验，平均亩产488.0千克；2013年同组区域试验，平均亩产612.7千克。2014年生产试验，平均亩产677.7千克。

**特征特性：** 成株株型平展，株高228厘米，穗位65厘米，全株叶片数18片，生育期117天左右。雄穗分枝3～11个，花药绿色，花丝绿色。果穗锥形，穗轴红色，穗长18.0厘米，穗行数16行，秃尖1.5厘米。籽粒黄色、马齿型，千粒重263.0克，出籽率82.1%。2014年农业部谷物品质监督检验测试中心测定，粗蛋白质（干基）11.29%，粗脂肪（干基）4.68%，粗淀粉（干基）70.90%，赖氨酸（干基）0.33%。抗病性：吉林省农业科学院植物保护研究所鉴定，2012年，高抗丝黑穗病，抗茎腐病，中抗玉米螟，感大斑病、弯孢叶斑病；2013年，抗丝黑穗病，中抗弯孢叶斑病、茎腐病，感大斑病、玉米螟。

**栽培技术要点：** 适宜播期为4月下旬至5月上中旬，注意墒情，确保全苗，适宜种植密度4 500株/亩左右，覆膜可5 000株/亩。种肥每亩可选复合肥20千克，磷酸二铵15～20千克。注意早施肥，在玉米10叶期，亩追施尿素25～30千克，大喇叭口期再追施尿素。播种后早定苗，适时中耕培土、施肥、灌水，大喇叭口期防治玉米螟。

**推广意见：** 建议在河北省承德市北部春播种植。

## 58. 瑞美166

**审定编号：** 冀审玉2015020号

**试验名称：** SF080017

**选育单位：** 铁岭市银州区德汇农作物研究所

**报审单位：** 铁岭市银州区德汇农作物研究所

**品种来源：** 2007年用M11×F727育成

**审定时间：** 2015年5月

**产量表现：** 2012年承德春播极早熟组区域试验，平均亩产478.7千克；2013年同组区域试验，平均亩产613.4千克。2014年生产试验，平均亩产678.7千克。

**特征特性：** 幼苗叶鞘浅紫色。成株株型平展，株高193厘米，穗位64厘米，全株叶片数18片左右，生育期115天左右。雄穗分枝2～12个，花药绿色，花丝绿色。果穗锥形，穗轴粉色，穗长17.2厘米，穗行数14行，秃尖0.7厘米。籽粒黄色、偏硬粒型，千粒重274.0克，出籽率82.8%。2014年农业部谷物品质监督检验测试中心测定，粗蛋白质（干基）11.21%，粗脂肪（干基）5.02%，粗淀粉（干基）70.52%，赖氨酸（干基）0.31%。抗病性：吉林省农业科学院植物保护研究所鉴定，2012年，抗丝黑穗病，中抗茎腐病，感大斑病、弯孢叶斑病、玉米螟；2013年，抗茎腐病，中抗弯孢叶斑病、丝黑穗病，感大斑病、玉米螟。

**栽培技术要点：** 适宜播期为4月中下旬，适宜密度为4 500株/亩左右。施足底肥，播种时亩施种肥磷酸二铵20千克或三元复合肥15千克，大喇叭口期亩追施尿素25千克或碳酸氢铵70千克。及时中耕除草，三叶期间苗，五叶期定苗。

**推广意见：** 建议在河北省承德市北部春播种植。

## 59. 承玉36

**审定编号：** 冀审玉2016040号

**试验名称：** 承015

**选育单位：** 承德裕丰种业有限公司

**报审单位：** 承德裕丰种业有限公司

**品种来源：** 2010年用组合承系181×承系182育成

**审定时间：** 2016 年 5 月

**产量表现：** 2013 年承德春播中熟组区域试验，平均亩产 816.4 千克；2014 年同组区域试验，平均亩产 952.7 千克。2015 年生产试验，平均亩产 957.4 千克。

**特征特性：** 株型紧凑，株高 318 厘米，穗位 119 厘米，生育期 131 天左右。雄穗分枝 7 个，花药紫色，花丝绿色。果穗筒形，穗长 19.2 厘米，穗行数 18 行左右，秃尖 0.8 厘米。籽粒黄色、马齿型，穗轴红色，千粒重 382 克，出籽率 80.2%。2015 年农业部谷物品质监督检验测试中心测定结果，水分 9.4%，粗蛋白质（干基）10.25%，粗脂肪（干基）3.92%，粗淀粉（干基）74.41%，赖氨酸（干基）0.33%。抗病虫性：2013 年吉林省农业科学院植物保护研究所抗病鉴定结果，高抗丝黑穗病、茎腐病，中抗弯孢叶斑病、玉米螟，感大斑病。2014 年吉林省农业科学院植物保护研究所抗病鉴定结果，高抗丝黑穗病，抗茎腐病，中抗大斑病、弯孢叶斑病，感玉米螟。

**栽培技术要点：** 适宜密度为 4 000 株/亩左右，适宜播期为 4 月下旬至 5 月上旬。足墒播种，随播种亩施磷酸二铵 15 千克，大喇叭口期亩追施尿素 40 千克。播种后出苗前，均匀喷施玉米田专用除草剂封闭除草。

**推广意见：** 建议在河北省承德市中南部春播种植。

## 60. 承单 812

**审定编号：** 冀审玉 2016041 号

**选育单位：** 河北省承德市农业科学研究所

**报审单位：** 河北省承德市农业科学研究所

**品种来源：** 2010 年用组合承 103×承系 92 育成

**审定时间：** 2016 年 5 月

**产量表现：** 2013 年承德春播中熟组区域试验，平均亩产 774.1 千克；2014 年同组区域试验，平均亩产 935.1 千克。2015 年生产试验，平均亩产 928.4 千克。

**特征特性：**株型紧凑，株高 307 厘米，穗位 117 厘米。生育期 128 天左右。雄穗分枝 8～16 个，花药浅紫色，花丝浅紫色。果穗筒形，穗长 20.1 厘米，穗行数 16 行左右，秃尖 0.7 厘米。籽粒黄色、半马齿型，穗轴红色，千粒重 390 克，出籽率 82.6%。2015 年农业部谷物品质监督检验测试中心测定结果，水分 9.4%，粗蛋白质（干基）9.31%，粗脂肪（干基）4.27%，粗淀粉（干基）74.82%，赖氨酸（干基）0.34%。抗病虫性：2013 年吉林省农业科学院植物保护研究所抗病鉴定结果，高抗丝黑穗病，中抗茎腐病，感大斑病、玉米螟，高感弯孢叶斑病。2014 年吉林省农业科学院植物保护研究所抗病鉴定结果，高抗丝黑穗病、茎腐病，中抗弯孢叶斑病、玉米螟，感大斑病。

**栽培技术要点：**适宜密度为 4 000 株/亩左右。适宜播期为 4 月中下旬至 5 月上旬。亩施磷酸二铵 20 千克，缓控释肥 40 千克作种肥，不使用缓控释肥时，亩施氮磷钾复合肥 15 千克作种肥，随播种施入。未使用缓控释肥一次底施的，在玉米 10 展叶期，亩追施尿素 30～40 千克，一次性开沟覆土追施。播后 5 天内使用苗前除草剂，土壤墒情适宜时，进行封闭除草，注意防止除草剂药害。籽粒乳线消失后适时收获。

**推广意见：**建议在河北省承德市中南部春播种植。

## 61. 隆骅 601

**审定编号：**冀审玉 2016042 号

**试验名称：**LH001

**选育单位：**隆化县隆骅种业有限公司

**报审单位：**隆化县隆骅种业有限公司

**品种来源：**2007 年用组合 L145×H502 育成

**审定时间：**2016 年 5 月

**产量表现：**2013 年承德春播中熟组区域试验，平均亩产 776.1 千克；2014 年同组区域试验，平均亩产 950.2 千克。2015 年生产试验，平均亩产 925.8 千克。

**特征特性：** 幼苗叶鞘紫色。成株株型半紧凑，株高315厘米，穗位115厘米，生育期128天左右。雄穗分枝4～9个，花药紫色，花丝浅紫色。果穗筒形，穗长19.4厘米，穗行数16行左右，秃尖0.8厘米。籽粒黄色、马齿型，穗轴红色，千粒重355克，出籽率82.7%。2015年农业部谷物品质监督检验测试中心测定结果，水分9.4%，粗蛋白质（干基）10.03%，粗脂肪（干基）3.67%，粗淀粉（干基）75.20%，赖氨酸（干基）0.34%。抗病虫性：2013年吉林省农业科学院植物保护研究所抗病鉴定结果，高抗丝黑穗病，中抗弯孢叶斑病、茎腐病、玉米螟，感大斑病。2014年吉林省农业科学院植物保护研究所抗病鉴定结果，抗丝黑穗病，中抗茎腐病、玉米螟，感大斑病、弯孢叶斑病。

**栽培技术要点：** 4月下旬适时抢墒播种，适宜密度为4 000株/亩左右。亩施有机肥2 000千克或亩施磷酸二铵或三元复合肥20千克作底肥。拔节孕穗期重施氮肥一次，亩追施尿素30千克。结合中耕除草，三叶期间苗，五叶期定苗。后期注意排涝和防治斑病。

**推广意见：** 建议在河北省承德市中南部春播种植。

## 62. 瑞美216

**审定编号：** 冀审玉2016043号

**试验名称：** SAZ11147

**选育单位：** 铁岭市银州区德汇农作物研究所

**报审单位：** 铁岭市银州区德汇农作物研究所

**品种来源：** 2006年用组合Z150×W44育成

**审定时间：** 2016年5月

**产量表现：** 2013年承德春播早熟组区域试验，平均亩产681.1千克；2014年同组区域试验，平均亩产807.3千克。2015年生产试验，平均亩产766.4千克。

**特征特性：** 幼苗叶鞘紫色。成株株型半紧凑，株高269厘米，穗位89厘米，生育期125天左右。雄穗分枝4～14个，花药绿色，花丝绿色。果穗筒形，穗长 18.7 厘米，穗行数 16 行左右，秃尖 0.9 厘米。籽粒黄色、半马齿型，穗轴红色，千粒重 332 克，出籽率 81.3%。2015 年农业部谷物品质监督检验测试中心测定结果，水分 9.4%，粗蛋白质（干基）12.73%，粗脂肪（干基）4.07%，粗淀粉（干基）68.27%，赖氨酸（干基）0.37%。抗病虫性：2013 年吉林省农业科学院植物保护研究所抗病鉴定结果，高抗丝黑穗病，中抗玉米螟，感大斑病、弯孢叶斑病、茎腐病。2014 年吉林省农业科学院植物保护研究所抗病鉴定结果，高抗丝黑穗病，中抗茎腐病、玉米螟，感大斑病，高感弯孢叶斑病。

**栽培技术要点：** 4 月中下旬播种，适宜密度为 4 000 株/亩左右。播种时亩施磷酸二铵 20 千克或三元复合肥 15 千克作种肥，大喇叭口期亩追施尿素 25 千克或碳酸氢铵 70 千克。结合中耕除草，三叶期间苗，五叶期定苗。

**推广意见：** 建议在河北省承德市中北部春播种植。

## 63. 禾源 18 号

**审定编号：** 冀审玉 2016044 号

**选育单位：** 承德新禾源种业有限公司

**报审单位：** 承德新禾源种业有限公司

**品种来源：** 2011 年用组合 HZ005×HZ006 育成

**审定时间：** 2016 年 5 月

**产量表现：** 2013 年承德春播早熟组区域试验，平均亩产 676.9 千克；2014 年同组区域试验，平均亩产 794.7 千克。2015 年生产试验，平均亩产 762.2 千克。

**特征特性：** 幼苗叶鞘紫色。成株株型半紧凑，株高 278 厘米，穗位 92 厘米，生育期 126 天左右。雄穗分枝 6～13 个，花药绿色，花丝绿色。果穗筒形，穗长 21.2 厘米，穗行数 16 行左右，秃尖 1.6 厘米。籽粒黄色、半马齿型，穗轴红色，千粒重 313 克，出籽率 81.1%。2015 年农业部谷物品质监督检验测试中心测定结果，水分 9.2%，粗蛋白质（干基）11.54%，粗脂肪（干基）4.19%，粗淀粉（干基）70.39%，赖氨酸（干基）0.37%。抗病虫性：2013年吉林省农业科学院植物保护研究所抗病鉴定结果，抗丝黑穗病，中抗茎腐病、玉米螟，感大斑病、弯孢叶斑病。2014年吉林省农业科学院植物保护研究所抗病鉴定结果，高抗丝黑穗病，抗茎腐病，中抗玉米螟，感大斑病，高感弯孢叶斑病。

**栽培技术要点：**4月下旬至5月上旬播种，适宜密度为4 000株/亩左右。亩施复合肥20千克、磷酸二铵15～20千克作种肥。玉米10叶期亩追施尿素25～30千克，大喇叭口期再追施适量尿素。适时中耕培土、施肥、灌水，大喇叭口期注意防控玉米螟。

**推广意见：**建议在河北省承德市中北部春播种植。

## 64. 宏育416

**审定编号：**冀审玉2016045号

**选育单位：**吉林市宏业种子有限公司

**报审单位：**王秀芹

**品种来源：**2006年用组合K10×W9813育成

**审定时间：**2016年5月

**产量表现：**2013年承德春播早熟组区域试验，平均亩产670.1千克；2014年同组区域试验，平均亩产759.2千克。2015年生产试验，平均亩产713.9千克。

**特征特性：**成株株型紧凑，株高289厘米，穗位87厘米，生育期127天左右。雄穗分枝5～14个，花药浅紫色，花丝绿色。果穗筒形，穗长20.0厘米，穗行数14～16行左右，秃尖0.8厘米。籽粒黄色、半马齿型，穗轴红色，千粒重337克，出籽率80.1%。2015年农业部谷物品质监督检验测试中心测定结果，水分9.2%，粗蛋白质（干基）12.65%，粗脂肪（干基）4.50%，粗淀粉（干基）69.25%，赖氨酸（干基）0.36%。抗病虫性：2013年吉林省农业科学院植物保护研究所抗病鉴定结果，高抗丝黑穗病，抗茎腐病，中抗大斑病，感弯孢叶斑病、玉米螟。2014年吉林省农业科学院植物保护研究所抗病鉴定结果，高抗茎腐病，抗丝黑穗病，中抗大斑病、弯孢叶斑病、玉米螟。

**栽培技术要点：**4月下旬至5月上旬播种，适宜密度为4 000株/亩左右。亩施优质农家肥1 300～1 500千克作基肥，播种时亩施三元复合肥50千克，四叶期至拔节期亩施尿素10～20千克，大喇叭口期重施穗肥，亩施尿素20～30千克。及时中耕除草，注意防治病虫害。适时收获。

**推广意见：**建议在河北省承德市中北部春播种植。

## 65. 鹏诚198

**审定编号：**冀审玉2016046号

**试验名称：**W1204

**选育单位：**黑龙江鹏程农业发展有限公司

**报审单位：**黑龙江鹏程农业发展有限公司

**品种来源：**2009年用组合J788×3－11－31育成

**审定时间：**2016年5月

**产量表现：**2013年承德春播中早熟组区域试验，平均亩产679.9千克；2014年同组区域试验，平均亩产773.6千克。2015年生产试验，平均亩产711.0千克。

**特征特性：**幼苗叶鞘紫色。成株株型紧凑，株高252厘米，穗位81厘米，生育期125天左右。雄穗分枝6～8个，花药紫色，花丝紫色。果穗筒形，穗长18.8厘米，穗行数14行左右，秃尖0.3厘米。籽粒黄色、偏硬粒型，穗轴红色，千粒重316克，出籽率81.3%。2015年农业部谷物品质监督检验测试中心测定结果，水分9.3%，粗蛋白质（干基）11.56%，粗脂肪（干基）3.55%，粗淀粉（干基）72.16%，赖氨酸（干基）0.34%。抗病虫性：2013年吉林省农业科学院植物保护研究所抗病鉴定结果，高抗丝黑穗病，中抗茎腐病，感大斑病、玉米螟，高感弯孢叶斑病。2014年吉林省农业科学院植物保护研究所抗病鉴定结果，抗丝黑穗病，中抗弯孢叶斑病、茎腐病，感大斑病、玉米螟。

**栽培技术要点：**适宜密度为4 500株/亩左右。亩施农家肥

5 000～6 000 千克、玉米专用复合肥 50 千克作种肥，在大喇叭口期亩追施尿素 15 千克。

**推广意见：**建议在河北省承德市中北部春播种植。

## 66. 捷奥 737

**审定编号：**冀审玉 2016047 号

**试验名称：**LH390

**选育单位：**隆化达旺绿色农业发展有限公司

**报审单位：**隆化达旺绿色农业发展有限公司

**品种来源：**2004 年用组合 D128×D312 育成

**审定时间：**2016 年 5 月

**产量表现：**2013 年承德春播中早熟组区域试验，平均亩产 678.1 千克；2014 年同组区域试验，平均亩产 766.6 千克。2015 年生产试验，平均亩产 678.2 千克。

**特征特性：**幼苗叶鞘浅紫色。成株株型紧凑，株高 296 厘米，穗位 103 厘米，生育期 126 天左右。雄穗分枝 3～8 个，花药浅紫色，花丝浅紫色。果穗锥形，穗长 19.8 厘米，穗行数 14～16 行左右，无秃尖。籽粒黄色、半马齿型，穗轴红色，千粒重 320 克，出籽率 80.3%。2015 年农业部谷物品质监督检验测试中心测定结果，水分 9.0%，粗蛋白质（干基）11.63%，粗脂肪（干基）4.47%，粗淀粉（干基）71.02%，赖氨酸（干基）0.35%。抗病虫性：2013 年吉林省农业科学院植物保护研究所抗病鉴定结果，高抗茎腐病，中抗玉米螟，感大斑病、弯孢叶斑病、丝黑穗病。2014 年吉林省农业科学院植物保护研究所抗病鉴定结果，高抗丝黑穗病，抗茎腐病，中抗弯孢叶斑病、玉米螟，感大斑病。

**栽培技术要点：**4 月下旬至 5 月上旬播种，适宜密度为 4 000 株/亩左右。亩施优质腐熟农家肥 2 500～3 000 千克、复合肥 23～30 千克、锌肥 1 千克作底肥，大喇叭口期亩追施尿素 25～30 千克。及时间定苗，中耕除草。

**推广意见：**建议在河北省承德市中北部春播种植。

## 67. 承科1号

**审定编号：** 冀审玉20170098

**选育单位：** 山东金农种业有限公司

**报审单位：** 山东金农种业有限公司

**品种来源：** 由组合F37×F76选育而成

**审定时间：** 2017年4月

**产量表现：** 2014年承德市春播中熟组区域试验，平均亩产951.2千克；2015年同组区域试验，平均亩产980.5千克。2016年生产试验，平均亩产806.1千克。

**特征特性：** 幼苗叶鞘紫色。成株株型紧凑，株高295厘米，穗位112厘米，全株叶片数20片，生育期131天左右。雄穗分枝6～10个，花药绿色，花丝浅紫色。果穗筒形，穗轴红色，穗长19.0厘米，穗行数18行左右，秃尖1.5厘米。籽粒黄色、马齿型，千粒重370.0克，出籽率83.7%。品质：2016年河北省农作物品种品质检测中心测定，粗蛋白（干基）10.92%，粗脂肪（干基）3.34%，粗淀粉（干基）73.06%，赖氨酸（干基）0.34%。抗病虫性：吉林省农业科学院植物保护研究所鉴定，2014年，中抗弯孢叶斑病、茎腐病、玉米螟，感大斑病、丝黑穗病；2015年，高抗茎腐病，中抗弯孢叶斑病、玉米螟，感大斑病、丝黑穗病。

**栽培技术要点：** 适宜播期为4月下旬至5月上旬，适宜密度为4 500株/亩。播种时亩施复合肥或玉米专用肥15千克左右作底肥，拔节前亩追施尿素30千克左右。

**推广意见：** 适宜在河北省承德市中南部春播种植。

## 68. F3588

**审定编号：** 冀审玉20170099

**选育单位：** 宽城新育种业有限公司

**报审单位：** 宽城新育种业有限公司

**品种来源：** 由组合F36458×F987598选育而成

**审定时间：** 2017年4月

**产量表现：** 2014年承德市春播中熟组区域试验，平均亩产956.7千克；2015年同组区域试验，平均亩产972.0千克。2016年生产试验，平均亩产783.0千克。

**特征特性：** 幼苗叶鞘紫色。成株株型半紧凑，株高291厘米，穗位118厘米，全株叶片数21片，生育期132天左右。雄穗分枝9～15个，花药浅紫色，花丝绿转浅紫色。果穗筒形，穗轴红色，穗长19.3厘米，穗行数16行左右，秃尖0.5厘米。籽粒黄色、马齿型，千粒重391.0克，出籽率80.9%。品质：2016年河北省农作物品种品质检测中心测定，粗蛋白（干基）11.16%，粗脂肪（干基）3.24%，粗淀粉（干基）72.90%，赖氨酸（干基）0.30%。抗病虫性：吉林省农业科学院植物保护研究所鉴定，2014年，高抗茎腐病，中抗大斑病、丝黑穗病、玉米螟，感弯孢叶斑病；2015年，高抗茎腐病，中抗大斑病，抗玉米螟，感弯孢叶斑病、丝黑穗病。

**栽培技术要点：** 适宜播期为4月下旬至5月上旬，适宜密度为4 500株/亩。亩施玉米专用复合肥20千克、磷酸二铵15千克作底肥，拔节期亩追施尿素30千克。

**推广意见：** 适宜在河北省承德市中南部春播种植。

## 69. 承单813

**审定编号：** 冀审玉20170100

**选育单位：** 河北省承德市农业科学研究所

**报审单位：** 河北省承德市农业科学研究所

**品种来源：** 由组合承106×承156选育而成

**审定时间：** 2017年4月

**产量表现：** 2014年承德市春播中熟组区域试验，平均亩产949.2千克；2015年同组区域试验，平均亩产977.3千克。2016年生产试验，平均亩产776.5千克。

**特征特性：** 幼苗叶鞘紫色。成株株型紧凑，株高323厘米，穗位 122 厘米，全株叶片数 20～21 片，生育期 131 天左右。雄穗分枝 3～9 个，花药浅紫色，花丝紫色。果穗筒形，穗轴红色，穗长 20.2 厘米，穗行数 16～18 行，秃尖 0.8 厘米。籽粒黄色、半马齿型，千粒重 407.0 克，出籽率 82.1%。品质：2016 年河北省农作物品种品质检测中心测定，粗蛋白（干基）10.44%，粗脂肪（干基）3.38%，粗淀粉（干基）73.27%，赖氨酸（干基）0.25%。抗病虫性：吉林省农业科学院植物保护研究所鉴定，2014 年，高抗丝黑穗病、茎腐病，中抗玉米螟，感大斑病、弯孢叶斑病；2015 年，高抗丝黑穗病、茎腐病，中抗大斑病、玉米螟，感弯孢叶斑病。

**栽培技术要点：**适宜播期为 4 月下旬至 5 月上旬，适宜密度为 4 000 株/亩左右。播种时亩施氮磷钾复合肥 15 千克作种肥，小喇叭口期亩追施尿素 30～40 千克。及时中耕除草。

**推广意见：**适宜在河北省承德市中南部春播种植。

## 70. M2527

**审定编号：**冀审玉 20170101

**选育单位：**承德圣禾田种业有限公司

**报审单位：**承德圣禾田种业有限公司

**品种来源：**由组合 C25×C27 选育而成

**审定时间：**2017 年 4 月

**产量表现：**2014 年承德市春播早熟组区域试验，平均亩产 797.3 千克；2015 年同组区域试验，平均亩产 706.8 千克。2016 年生产试验，平均亩产 810.5 千克。

**特征特性：**幼苗叶鞘浅紫色。成株株型紧凑，株高 266 厘米，穗位 94 厘米，全株叶片数 21 片，生育期 128 天左右。雄穗分枝 7～16 个，花药黄色，花丝绿色。果穗长筒形，穗轴粉红色，穗长 19.3 厘米，穗行数 16～18 行，秃尖 0.2 厘米。籽粒黄色、马齿型，千粒重 288.0 克，出籽率 80.6%。品质：2016 年河北省农作物品种品质检测中心测定，粗蛋白（干基）9.60%，粗脂肪（干基）3.07%，粗淀粉（干基）74.20%，赖氨酸（干基）0.25%。抗病虫性：吉林省农业科学院植物保护研究所鉴定，2014 年，高抗茎腐病，中抗大斑病、玉米螟，抗丝黑穗病，感弯孢叶斑病；2015 年，中抗玉米螟，抗弯孢叶斑病、丝黑穗病、茎腐病，感大斑病。

**栽培技术要点：**适宜播期为 4 月下旬至 5 月上旬，适宜密度为 4 000 株/亩左右。亩施磷酸二铵 10～15 千克作底肥，亩追施尿素 30 千克。大喇叭口期注意防治大斑病。

**推广意见：**适宜在河北省承德市中北部春播种植。

## 71. 德研 8 号

**审定编号：**冀审玉 20170102

**选育单位：**武威市德威种业科技有限责任公司

**报审单位：**武威市德威种业科技有限责任公司

**品种来源：**由组合 F275×F105 选育而成

**审定时间：**2017 年 4 月

**产量表现：**2014 年承德市春播早熟组区域试验，平均亩产 820.3 千克；2015 年同组区域试验，平均亩产 711.1 千克。2016 年生产试验，平均亩产 790.9 千克。

**特征特性：**幼苗叶鞘浅紫色。成株株型半紧凑，株高 274 厘米，穗位 103 厘米，全株叶片数 18～19 片，生育期 128 天左右。雄穗分枝 5～9 个，花药绿色，花丝绿色。果穗筒形，穗轴红色，穗长 18.6 厘米，穗行数 18 行左右，秃尖 0.5 厘米。籽粒黄色、半马齿型，千粒重 274.0 克，出籽率 80.6%。品质：2016 年河北省农作物品种品质检测中心测定，粗蛋白（干基）9.28%，粗脂肪（干基）3.88%，粗淀粉（干基）74.81%，赖氨酸（干基）0.26%。抗病虫性：吉林省农业科学院植物保护研究所抗病鉴定，2014 年，高抗丝黑穗病，中抗弯孢叶斑病，抗茎腐病，感大斑病、玉米螟；2015 年，抗丝黑穗病、茎腐病，中抗弯孢叶斑病、玉米螟，感大斑病。

**栽培技术要点：**适宜播期为4月下旬至5月上旬，适宜密度为4 500株/亩。播种时亩施复合肥或玉米专用肥30千克左右作底肥，拔节期亩追施尿素20千克左右。

**推广意见：**适宜在河北省承德市中北部春播种植。

## 72. 佳试22

**审定编号：**冀审玉20170103

**选育单位：**围场满族蒙古族自治县佳禾种业有限公司

**报审单位：**围场满族蒙古族自治县佳禾种业有限公司

**品种来源：**由组合佳788×C294选育而成

**审定时间：**2017年4月

**产量表现：**2014年承德市春播中早熟组区域试验，平均亩产799.1千克；2015年同组区域试验，平均亩产675.6千克。2016年生产试验，平均亩产766.5千克。

**特征特性：**幼苗叶鞘浅紫色。成株株型紧凑，株高249厘米，穗位69厘米，全株叶片数18片，生育期127天左右。雄穗分枝5～7个，花药紫色，花丝紫色。果穗锥形，穗轴红色，穗长18.7厘米，穗行数14行左右，秃尖0.1厘米。籽粒黄色、半马齿型，千粒重321.0克，出籽率80.4%。品质：2016年河北省农作物品种品质检测中心测定，粗蛋白（干基）9.73%，粗脂肪（干基）3.38%，粗淀粉（干基）71.58%，赖氨酸（干基）0.23%。抗病虫性：吉林省农业科学院植物保护研究所抗病鉴定，2014年，高抗丝黑穗病，中抗大斑病、弯孢叶斑病、茎腐病、玉米螟。2015年，高抗丝黑穗病，抗茎腐病、玉米螟，中抗弯孢叶斑病，感大斑病。

**栽培技术要点：**适宜播期为4月下旬至5月上旬，适宜密度为5 000株/亩。施足底肥，合理追肥。及时中耕除草，防治病虫害。

**推广意见：**适宜在河北省承德市中北部春播种植。

## 73. 承禾6号

**审定编号：**冀审玉20170104

**选育单位：** 承德新禾源种业有限公司

**报审单位：** 承德新禾源种业有限公司

**品种来源：** 由组合 W12－01×ww－04 选育而成

**审定时间：** 2017 年 4 月

**产量表现：** 2014 年承德市春播中早熟组区域试验，平均亩产 818.5 千克；2015 年同组区域试验，平均亩产 680.6 千克。2016 年生产试验，平均亩产 754.3 千克。

**特征特性：** 幼苗叶鞘紫色。成株株型半紧凑，株高 266 厘米，穗位 92 厘米，全株叶片数 18～20 片，生育期 128 天左右。雄穗分枝 4～9 个，花药绿色，花丝绿色。果穗锥形，穗轴红色，穗长 21.1 厘米，穗行数 16 行左右，秃尖 0.8 厘米。籽粒黄色、半马齿型，千粒重 318.0 克，出籽率 79.8%。品质：2016 年河北省农作物品种品质检测中心测定，粗蛋白（干基）11.05%，粗脂肪（干基）2.94%，粗淀粉（干基）70.23%，赖氨酸（干基）0.31%。抗病虫性：吉林省农业科学院植物保护研究所抗病鉴定，2014 年，高抗丝黑穗病、茎腐病，中抗弯孢叶斑病、玉米螟，感大斑病；2015 年，高抗丝黑穗病，抗茎腐病，中抗玉米螟，感大斑病、弯孢叶斑病。

**栽培技术要点：** 适宜播期为 4 月下旬至 5 月上旬，适宜密度为 4 500～5 000 株/亩。亩施复合肥 20 千克、磷酸二铵 15～20 千克作种肥，小喇叭口期亩追施尿素 25～30 千克。及时中耕除草，大喇叭口期注意防治玉米螟。

**推广意见：** 适宜在河北省承德市中北部春播种植。

## 74. A3678

**审定编号：** 冀审玉 20170105

**选育单位：** 中种国际种子有限公司

**报审单位：** 中种国际种子有限公司

**品种来源：** 由组合 MEK2967×W3594Z 选育而成

**审定时间：** 2017 年 4 月

**产量表现：** 2014 年承德市春播极早熟组区域试验，平均亩产 719.7 千克；2015 年同组区域试验，平均亩产 698.8 千克。2016 年生产试验，平均亩产 759.6 千克。

**特征特性：** 幼苗叶鞘紫色。成株株型半紧凑，株高 266 厘米，穗位 86 厘米，全株叶片数 17～18 片，生育期 124 天左右。雄穗分枝 3～14 个，花药紫色，花丝绿色。果穗筒形，穗轴红色，穗长 18.9 厘米，穗行数 16 行左右，秃尖 0.2 厘米。籽粒黄色、马齿型，千粒重 288.0 克，出籽率 84.3％。品质：2016 年河北省农作物品种品质检测中心测定，粗蛋白（干基）8.29％，粗脂肪（干基）3.39％，粗淀粉（干基）74.99％，赖氨酸（干基）0.26％。抗病虫性：吉林省农业科学院植物保护研究所抗病鉴定，2014 年，高抗丝黑穗病，抗茎腐病，中抗大斑病、玉米螟，感弯孢叶斑病；2015 年，抗玉米螟，中抗弯孢叶斑病、丝黑穗病、茎腐病，感大斑病。

**栽培技术要点：** 适宜播期为 4 月下旬至 5 月上旬，适宜密度为 4 500～5 000 株/亩。施肥以氮肥为主，配合磷钾肥，追肥在拔节期和大喇叭口期分两次施入，或者在小喇叭口期一次性追施。苗期注意防治地下害虫，大喇叭口期丢心防治玉米螟。

**推广意见：** 适宜在河北省承德市北部春播种植。

## 75. 先达 201

**审定编号：** 冀审玉 20170106

**选育单位：** 三北种业有限公司

**报审单位：** 三北种业有限公司

**品种来源：** 由组合 NP2052×1134 选育而成

**审定时间：** 2017 年 4 月

**产量表现：** 2014 年承德市春播极早熟组区域试验，平均亩产 709.3 千克；2015 年同组区域试验，平均亩产 691.6 千克。2016 年生产试验，平均亩产 747.8 千克。

**特征特性：** 幼苗叶鞘浅紫色。成株株型平展，株高 236 厘米，穗位76厘米，全株叶片数18片，生育期123天左右。雄穗分枝6～11个，花药浅紫色，花丝绿色。果穗长锥形，穗轴红色，穗长20.1厘米，穗行数14～16行，秃尖0.2厘米。籽粒黄色、半马齿型，千粒重291.0克，出籽率82.0%。品质：2016年河北省农作物品种品质检测中心测定，粗蛋白（干基）11.53%，粗脂肪（干基）4.46%，粗淀粉（干基）70.93%，赖氨酸（干基）0.28%。抗病虫性：吉林省农业科学院植物保护研究所抗病鉴定，2014年，高抗丝黑穗病，中抗茎腐病，感大斑病、弯孢叶斑病、玉米螟；2015年，抗茎腐病、玉米螟，中抗弯孢叶斑病、丝黑穗病，感大斑病。

**栽培技术要点：**适宜播期为4月下旬，适宜密度为4 500～5 000株/亩。播种时亩施磷酸二铵20千克或三元复合肥15千克作种肥，大喇叭口期亩追施尿素25千克或碳酸氢铵70千克。及时中耕除草、间定苗。

**推广意见：**适宜在河北省承德市北部春播种植。

## (四) 张家口春播组

### 76. 金科248

**审定编号：**冀审玉2015015号

**试验名称：**BD12

**选育单位：**河北金科种业有限公司秦皇岛分公司

**报审单位：**河北金科种业有限公司秦皇岛分公司

**品种来源：**2009年用234×L153育成

**审定时间：**2015年5月

**产量表现：**2012年张家口春播晚熟组区域试验，平均亩产783.7千克；2013年同组区域试验，平均亩产855.9千克。2014年生产试验，平均亩产846.5千克。

**特征特性：**幼苗叶鞘浅紫色。成株株型半紧凑，株高292厘米，穗位124厘米，全株叶片数21片左右，生育期133天左右。

雄穗分枝10～12个，花药浅紫色，花丝浅粉色。果穗筒形，穗轴白色，穗长20.4厘米，穗行数16～18行，秃尖0.6厘米。籽粒黄色、半马齿型，千粒重366.0克，出籽率85.8%。2014年河北省农作物品种品质检测中心测定，粗蛋白质（干基）6.40%，粗脂肪（干基）4.13%，粗淀粉（干基）73.52%，赖氨酸（干基）0.22%。抗病性：吉林省农业科学院植物保护研究所鉴定，2013年，高抗茎腐病，抗丝黑穗病，中抗大斑病，感弯孢叶斑病、玉米螟；2014年，高抗茎腐病，中抗大斑病、弯孢叶斑病、丝黑穗病、玉米螟。

**栽培技术要点：**适宜播期为4月下旬至5月中旬。适宜密度为3 000～3 500株/亩。播种时施足底肥，并在大喇叭口期追肥（注意氮磷钾合理搭配）。

**推广意见：**建议在河北省张家口坝下丘陵及河川晚熟区春播种植。

## 77. 丰田101

**审定编号：**冀审玉2016048号

**试验名称：**丰田66

**选育单位：**赤峰市丰田科技种业有限责任公司

**报审单位：**赤峰市丰田科技种业有限责任公司

**品种来源：**2010年用组合F1417×T904育成

**审定时间：**2016年5月

**产量表现：**2013年张家口春播早熟组区域试验，平均亩产786.3千克；2014年同组区域试验，平均亩产706.9千克。2015年生产试验，平均亩产754.5千克。

**特征特性：**幼苗叶鞘紫色。株高280厘米，穗位107厘米，生育期127天左右。雄穗分枝4～7个，花药黄色，花丝紫色。果穗筒形，穗长19.7厘米，穗行数16～18行左右，秃尖0.8厘米。籽粒黄色、马齿型，穗轴红色，千粒重351克，出籽率84.5%。2015年河北省农作物品种品质检测中心测定结果，粗蛋白质（干基）7.89%，粗脂肪（干基）3.98%，粗淀粉（干基）73.35%，赖氨酸（干基）0.22%。抗病虫性：2014年吉林省农业科学院植物保护研究所抗病鉴定结果，抗茎腐病，中抗丝黑穗病、大斑病、弯孢叶斑病，感玉米螟；2015年吉林省农业科学院植物保护研究所抗病鉴定结果，抗玉米螟，中抗茎腐病、大斑病、丝黑穗病，感弯孢叶斑病。

**栽培技术要点：**当地5～10厘米耕层温度稳定通过8～10℃时适时早播，适宜密度为4 000株/亩左右。可使用一次性施肥，也可以亩施磷酸二铵10千克作底肥，拔节期亩追施尿素30千克。3叶间苗，5～6叶定苗。有条件地区在大喇叭口期再亩追施尿素10千克。适时收获。

**推广意见：**建议在河北省张家口坝下丘陵及河川早熟区春播种植。

## 78. 万佳669

**审定编号：**冀审玉2016049号

**试验名称：**万佳13－4

**选育单位：**万全县万佳种业有限公司

**报审单位：**万全县万佳种业有限公司

**品种来源：**2009年用组合万3351×BX育成

**审定时间：**2016年5月

**产量表现：**2013年张家口春播早熟组区域试验，平均亩产772.1千克；2014年同组区域试验，平均亩产689.8千克。2015年生产试验，平均亩产788.0千克。

**特征特性：**幼苗叶鞘紫色。株高274厘米，穗位109厘米，生育期126天左右。雄穗分枝7～12个，花药黄色，花丝粉色。果穗锥形，穗长19.3厘米，穗行数16～18行左右，秃尖0.8厘米。籽粒黄色、硬粒型，穗轴白色，千粒重401克，出籽率82.7%。2015年河北省农作物品种品质检测中心测定结果，粗蛋白质（干基）8.83%，粗脂肪（干基）4.13%，粗淀粉（干基）74.80%，赖氨酸（干基）0.19%。抗病虫性：2014年吉林省农业科学院植物保护研究所抗病鉴定结果，高抗茎腐病、丝黑穗病，中抗大斑病、弯孢叶斑病、玉米螟；2015年吉林省农业科学院植物保护研究所抗病鉴定结果，抗丝黑穗病，中抗茎腐病、玉米螟，感大斑病、弯孢叶斑病。

**栽培技术要点：**5厘米地温稳定通过12℃为最佳播期，适宜密度为4 000株/亩左右。适当蹲苗，5～6片可见叶时定苗，定苗后及时中耕培土，防除杂草。增施有机底肥，重施大喇叭口肥。

**推广意见：**建议在河北省张家口坝下丘陵及河川早熟区春播种植。

## 79. 中种8号

**审定编号：**冀审玉2016050号

**选育单位：**中国种子集团有限公司

**报审单位：**中国种子集团有限公司

**品种来源：**2004年用组合CR2919×CRE2育成

**审定时间：**2016年5月

**产量表现：**2013年张家口春播早熟组区域试验，平均亩产778.9千克；2014年同组区域试验，平均亩产711.4千克。2015年生产试验，平均亩产776.2千克。

**特征特性：**幼苗叶鞘紫色。株高275厘米，穗位114厘米，生育期126天左右。雄穗分枝5～13个，花药浅紫色，花丝浅紫色。果穗筒形，穗长17.9厘米，穗行数16～18行左右，秃尖0.3厘米。籽粒黄色、偏马齿型，穗轴红色，千粒重340克，出籽率85.7%。2015年河北省农作物品种品质检测中心测定结果，粗蛋白质（干基）7.98%，粗脂肪（干基）3.80%，粗淀粉（干基）76.61%，赖氨酸（干基）0.17%。抗病虫性：2014年吉林省农业科学院植物保护研究所抗病鉴定结果，抗茎腐病、丝黑穗病，中抗弯孢叶斑病、玉米螟，感大斑病；2015年吉林省农业科学院植物保护研究所抗病鉴定结果，抗茎腐病、玉米螟，中抗弯孢叶斑病、丝黑穗病，感大斑病。

**栽培技术要点：** 4月中下旬适期早播，适宜密度为4 000株/亩左右。追肥在拔节期和大喇叭口期两次追入，或者在小喇叭口期一次性追施。及时防治病虫害。

**推广意见：** 建议在河北省张家口坝下丘陵及河川早熟区春播种植。

## 80. 泰合896

**审定编号：** 冀审玉2016051号

**试验名称：** KTW896

**选育单位：** 河北科泰种业有限公司

**报审单位：** 河北科泰种业有限公司

**品种来源：** 2011年用组合W8993×昌7-2育成

**审定时间：** 2016年5月

**产量表现：** 2013年张家口春播早熟组区域试验，平均亩产836.4千克；2014年同组区域试验，平均亩产859.5千克。2015年生产试验，平均亩产872.4千克。

**特征特性：** 幼苗叶鞘浅紫色。成株株型紧凑，株高267厘米，穗位121厘米，生育期128天左右。雄穗分枝11～17个，花药浅紫色，花丝浅紫色。果穗筒形，穗长19.2厘米，穗行数16～18行左右，秃尖0.7厘米。籽粒黄色、马齿型，穗轴白色，千粒重354克，出籽率88.1%。2015年河北省农作物品种品质检测中心测定结果，粗蛋白质（干基）7.31%，粗脂肪（干基）3.98%，粗淀粉（干基）72.05%，赖氨酸（干基）0.19%。抗病虫性：2014年吉林省农业科学院植物保护研究所抗病鉴定结果，高抗茎腐病，抗丝黑穗病，中抗大斑病、玉米螟，感弯孢叶斑病；2015年吉林省农业科学院植物保护研究所抗病鉴定结果，抗丝黑穗病、茎腐病，中抗大斑病、玉米螟，感弯孢叶斑病。

**栽培技术要点：** 地温稳定通过12℃时为最佳播期，适宜密度为4 000株/亩。亩施纯氮20～25千克，并配适量磷钾肥和硼锌微量元素。拔节后加强中耕培土，大喇叭口期重施氮肥，增施钾肥，灌浆期亩施氮肥 8～10 千克。苗期注意防治地下害虫，中后期注意防治病虫草害。

**推广意见：**建议在河北省张家口坝下丘陵及河川晚熟区春播种植。

## （五）唐山春播组

### 81. 凯元 3073

**审定编号：**冀审玉 20170092

**选育单位：**乐亭县凯元种业有限公司

**报审单位：**乐亭县凯元种业有限公司

**品种来源：**由组合 P1375－1×K5212－4 选育而成

**审定时间：**2017 年 4 月

**产量表现：**2014 年唐山区域春播 3 300 株密度组区域试验，平均亩产 773.0 千克；2015 年同组区域试验，平均亩产 763.0 千克。2016 年生产试验，平均亩产 737.9 千克。

**特征特性：**幼苗叶鞘紫色。成株株型半紧凑，株高 277 厘米，穗位 112 厘米，全株叶片数 21～22 片，生育期 114 天左右。雄穗分枝 6～8 个，花药黄色，花丝浅紫色。果穗筒形，穗轴红色，穗长 19.8 厘米，穗行数 16 行左右，秃尖 1.0 厘米。籽粒黄色、半马齿型，千粒重 409.7 克，出籽率 86.4%。品质：2016 年河北省农作物品种品质检测中心测定，蛋白质（干基）11.08%，淀粉（干基）70.60%，脂肪（干基）3.58%，赖氨酸（干基）0.28%。抗病性：吉林省农业科学院植物保护研究所鉴定，2014 年，高抗茎腐病，中抗大斑病、玉米螟，感弯孢菌叶斑病、丝黑穗病；2015 年，抗丝黑穗病、茎腐病、玉米螟，感大斑病、弯孢菌叶斑病。

**栽培技术要点：**适宜播期为 4 月下旬至 5 月上旬，适宜密度为 3 300 株/亩。亩施优质农家肥 1 000～1 500 千克作底肥，氮、磷、钾复合肥 10 千克作种肥，拔节期亩追施尿素 5～10 千克，大喇叭口期亩追施尿素 15～20 千克。注意防治玉米螟。

**推广意见：**适宜在河北省唐山市春播玉米区春播种植。

## 82. 先玉 045

**审定编号：**冀审玉 20170093

**选育单位：**铁岭先锋种子研究有限公司

**报审单位：**铁岭先锋种子研究有限公司

**品种来源：**由组合 PH1DP8×PHRKB 选育而成

**审定时间：**2017 年 4 月

**产量表现：**2014 年唐山区域春播 3 300 株密度组区域试验，平均亩产 816.4 千克；2015 年同组区域试验，平均亩产 789.1 千克。2016 年生产试验，平均亩产 746.9 千克。

**特征特性：**幼苗叶鞘紫色。成株株型半紧凑，株高 294 厘米，穗位 107 厘米，全株叶片数 20 片左右，生育期 116 天左右。雄穗分枝 4～8 个，花药黄色，花丝绿色。果穗筒形，穗轴红色，穗长 20.2 厘米，穗行数 16 行左右，秃尖 0.9 厘米。籽粒黄色、马齿型，千粒重 410.9 克，出籽率 89.2%。品质：2016 年河北省农作物品种品质检测中心测定，蛋白质（干基）10.35%，淀粉（干基）74.04%，脂肪（干基）3.18%，赖氨酸（干基）0.25%。抗病性：吉林省农业科学院植物保护研究所鉴定，2014 年，感大斑病、丝黑穗病、玉米螟，高感茎腐病、弯孢菌叶斑病；2015 抗丝黑穗病、茎腐病，中抗玉米螟，感大斑病、弯孢菌叶斑病。

**栽培技术要点：**适宜播期为 4 月下旬至 5 月中旬，适宜密度为 3 300 株/亩。磷肥钾肥和其他缺素肥料作为基肥一次施入，播种时亩施磷酸二铵 5～10 千克作种肥，氮肥按基肥、拔节肥、花粒肥三次施入。及时间苗定苗和中耕除草，防治病虫害。

**推广意见：**适宜在河北省唐山市春播玉米区春播种植。

## 83. 富中 15 号

**审定编号：**冀审玉 20170094

**选育单位：** 河北富中种业有限公司

**报审单位：** 河北富中种业有限公司

**品种来源：** 由组合富 620×富 254 选育而成

**审定时间：** 2017 年 4 月

**产量表现：** 2015 年唐山区域春播 3 300 株密度组区域试验，平均亩产 815.4 千克；2016 年同组区域试验，平均亩产 709.8 千克。2016 年生产试验，平均亩产 719.3 千克。

**特征特性：** 幼苗叶鞘紫色。成株株型紧凑，株高 289 厘米，穗位 98 厘米，全株叶片数 20～22 片，生育期 115 天左右。雄穗分枝 7～13 个，花药黄色，花丝浅粉色。果穗筒形，穗轴红色，穗长 19.8 厘米，穗行数 18 行左右，秃尖 0.8 厘米。籽粒黄色、半马齿型，千粒重 359.4 克，出籽率 89.1%。品质：2016 年河北省农作物品种品质检测中心检测，蛋白质（干基）10.68%，淀粉（干基）71.11%，脂肪（干基）3.81%，赖氨酸（干基）0.29%。抗病性：吉林省农业科学院植物保护研究所鉴定，2015 年，高抗丝黑穗病，抗茎腐病，中抗大斑病、玉米螟，感弯孢叶斑病；2016 年，高抗茎腐病，抗大斑病、丝黑穗病，中抗弯孢叶斑病、玉米螟。

**栽培技术要点：** 适宜播期为 4 月下旬至 5 月中旬，适宜密度为 3 300株/亩。亩施磷酸二铵 30 千克、钾肥 5 千克、锌肥 1.5 千克作底肥，亩追施尿素 25 千克。

**推广意见：** 适宜在河北省唐山市春播玉米区春播种植。

## 84. 宏辉一号

**审定编号：** 冀审玉 20170095

**选育单位：** 高广辉、王继红、郭强

**报审单位：** 高广辉、王继红、郭强

**品种来源：** 由组合 S426×S160 选育而成

**审定时间：** 2017 年 4 月

**产量表现：** 2015 年唐山区域春播 3 300 株密度组区域试验，平均亩产 782.3 千克；2016 年同组区域试验，平均亩产 749.6 千克。

2016年生产试验，平均亩产716.4千克。

**特征特性：**幼苗叶鞘紫色。成株株型半紧凑，株高306厘米，穗位121厘米，全株叶片数22～23片，生育期115天左右。雄穗分枝5～16个，花药紫色，花丝绿色。果穗筒形，穗轴红色，穗长20.6厘米，穗行数20行左右，秃尖1.1厘米。籽粒黄色、半马齿型，千粒重294.5克，出籽率87.9%。品质：2016年河北省农作物品种品质检测中心检测，蛋白质（干基）10.37%，淀粉（干基）71.98%，脂肪（干基）5.02%，赖氨酸（干基）0.26%。抗病性：吉林省农业科学院植物保护研究所鉴定，2015年，高抗丝黑穗病、茎腐病，抗玉米螟，中抗大斑病、弯孢叶斑病；2016年，高抗茎腐病，抗大斑病，中抗弯孢叶斑病、丝黑穗病、玉米螟。

**栽培技术要点：**适宜播期为4月下旬至5月中旬，适宜密度为3 300～3 500株/亩。播种时可采用种子包衣剂拌种或药剂拌种防治地下害虫。

**推广意见：**适宜在河北省唐山市春播玉米区春播种植。

## 85. 金科K98

**审定编号：**冀审玉20170096

**选育单位：**秦皇岛市渤海湾玉米研究所

**报审单位：**秦皇岛市渤海湾玉米研究所

**品种来源：**由组合234×G87选育而成

**审定时间：**2017年4月

**产量表现：**2015年唐山区域春播2 800株密度组区域试验，平均亩产762.2千克；2016年同组区域试验，平均亩产705.3千克。2016年生产试验，平均亩产705.7千克。

**特征特性：**幼苗叶鞘浅紫色。成株株型半紧凑，株高291厘米，穗位118厘米，全株叶片数22片，生育期118天左右。雄穗分枝16～20个，花药紫色，花丝浅紫色。果穗筒形，穗轴白色，穗长20.7厘米，穗行数18行左右，秃尖1.6厘米。籽粒黄色、半马齿型，千粒重369.0克，出籽率87.0%。品质：2016年河北省农作物品种品质检测中心检测，蛋白质（干基）11.15%，淀粉（干基）70.26%，脂肪（干基）4.31%，赖氨酸（干基）0.29%。抗病性：吉林省农业科学院植物保护研究所鉴定，2015年，高抗丝黑穗病、茎腐病，中抗大斑病、玉米螟，感弯孢叶斑病；2016年，抗茎腐病、玉米螟，中抗大斑病、丝黑穗病，感弯孢叶斑病。

**栽培技术要点：**适宜播期为4月下旬至5月中旬，适宜密度为2 800～3 000株/亩。施足底肥，合理追肥。

**推广意见：**适宜在河北省唐山市春播玉米区春播种植。

# 二、普通玉米夏播组

## 86. 锦农 88

**审定编号：** 冀审玉 2015001 号

**试验名称：** J1106

**选育单位：** 石家庄市藁城区金诺农业科技园

**报审单位：** 石家庄市藁城区金诺农业科技园

**品种来源：** 2008 年用 JN01×JN650 育成

**审定时间：** 2015 年 5 月

**产量表现：** 2012 年河北省夏播高密组区域试验，平均亩产 780.1 千克；2013 年同组区域试验，平均亩产 646.5 千克。2014 年生产试验，平均亩产 743.0 千克。

**特征特性：** 幼苗叶鞘紫色。成株株型紧凑，株高 280 厘米，穗位 122 厘米，全株叶片数 20 片左右，生育期 103 天左右。雄穗分枝 3～6 个，护颖绿色，花药浅紫色，花丝红色。果穗筒形，穗轴白色，穗长 17.4 厘米，穗行数 16 行，秃尖 0.6 厘米。籽粒黄色、半马齿型，千粒重 370.9 克，出籽率 87.6%。2014 年农业部谷物品质监督检验测试中心测定，粗蛋白质（干基）8.84%，粗脂肪（干基）4.70%，粗淀粉（干基）74.82%，赖氨酸（干基）0.29%。抗病性：河北省农林科学院植物保护研究所鉴定，2012 年，抗小斑病、茎腐病，中抗大斑病、矮花叶病；2013 年，抗小斑病，中抗大斑病、矮花叶病，感茎腐病。

**栽培技术要点：** 适宜密度为 4 500 株/亩左右。施肥应重施底肥，亩施磷酸二铵 20 千克、钾肥 15 千克，小喇叭口期亩追施尿素 20～25 千克。生长中期浇好灌浆水。

**推广意见：** 建议在河北省唐山、廊坊市及其以南的夏播玉米区夏播种植。

## 87. 沧玉 76

**审定编号：** 冀审玉 2015002 号

**选育单位：** 河北沧玉种业科技有限公司

**报审单位：** 河北沧玉种业科技有限公司

**品种来源：** 2010 年用 C1058×CB128 育成

**审定时间：** 2015 年 5 月

**产量表现：** 2012 年河北省夏播高密组区域试验，平均亩产 780.0 千克；2013 年同组区域试验，平均亩产 664.2 千克。2014 年生产试验，平均亩产 747.1 千克。

**特征特性：** 幼苗叶鞘紫色。成株株型紧凑，株高 267 厘米，穗位 114 厘米，生育期 103 天左右。雄穗分枝 9～11 个，护颖绿色，花药黄色，花丝红色。果穗筒形，穗轴红色，穗长 18.6 厘米，穗行数 16 行，秃尖 1.1 厘米。籽粒黄色、半马齿型，千粒重 351.4 克，出籽率 87.7%。2014 年农业部谷物品质监督检验测试中心测定，粗蛋白质（干基）9.95%，粗脂肪（干基）3.98%，粗淀粉（干基）75.31%，赖氨酸（干基）0.29%。抗病性：河北省农林科学院植物保护研究所鉴定，2012 年，高抗矮花叶病，中抗大斑病、小斑病，感茎腐病；2013 年，抗小斑病、矮花叶病，中抗大斑病，感茎腐病。

**栽培技术要点：** 适宜播期为 5 月 25 日至 6 月 25 日，适宜密度为 4 000～4 500 株/亩，高水肥田块可适当增加密度，低水肥田块可适当减少密度。播种时注意足墒下种，保证一播全苗，苗齐苗壮，三叶期间苗，四叶期定苗。采取分期施肥方式，少施提苗肥，重施穗肥，亩施尿素 30～40 千克，后期注意防旱排涝。苗期注意防治蓟马、棉铃虫、菜青虫等虫害，大喇叭口期用辛硫磷颗粒防治玉米螟，遇旱及时浇水，及时中耕除草，保证生育期无草荒。玉米籽粒乳线消失出现黑层后适时收获。

**推广意见：** 建议在河北省唐山、廊坊市及其以南的夏播玉米区夏播种植。

## 88. 永研1101

**审定编号：**冀审玉2015003号

**选育单位：**永年县农作物研究所

**报审单位：**永年县农作物研究所

**品种来源：**2010年用YFF－19－2×YF－A33－2育成

**审定时间：**2015年5月

**产量表现：**2012年河北省夏播高密组区域试验，平均亩产776.5千克；2013年同组区域试验，平均亩产645.7千克。2014年生产试验，平均亩产726.7千克。

**特征特性：**幼苗叶鞘紫色。成株株型紧凑，株高262厘米，穗位106厘米，全株叶片数22片左右，生育期103天左右。雄穗分枝8～10个，花药紫色，花丝浅红色。果穗锥形，穗轴白色，穗长18.4厘米，穗行数14行，秃尖0.8厘米。籽粒黄色、半马齿型，千粒重394.3克，出籽率87.5%。2014年农业部谷物品质监督检验测试中心测定，粗蛋白质（干基）9.42%，粗脂肪（干基）4.32%，粗淀粉（干基）75.10%，赖氨酸（干基）0.29%。抗病性：河北省农林科学院植物保护研究所鉴定，2012年，抗大斑病、小斑病，中抗矮花叶病，感茎腐病；2013年，高抗矮花叶病，中抗大斑病、小斑病，感茎腐病。

**栽培技术要点：**麦收后尽快抢茬早播，适宜密度为4 500株/亩左右。播种时每亩施磷酸二铵20千克，追肥数量少时（每亩25千克尿素）宜在拔节后一次追肥，追肥数量多时（每亩50千克尿素）宜在拔节期和大喇叭口期分两次进行追施。天旱时注意及时浇水。

**推广意见：**建议在河北省唐山、廊坊市及其以南的夏播玉米区夏播种植。

## 89. 源育19

**审定编号：**冀审玉2015004号

**试验名称：** 源玉 901

**选育单位：** 石家庄高新区源申科技有限公司

**报审单位：** 石家庄高新区源申科技有限公司

**品种来源：** 2009 年用 YS003×YS004 育成

**审定时间：** 2015 年 5 月

**产量表现：** 2012 年河北省夏播高密组区域试验，平均亩产 777.4 千克；2013 年同组区域试验，平均亩产 651.0 千克。2014 年生产试验，平均亩产 727.9 千克。

**特征特性：** 幼苗叶鞘略显紫色。成株株型紧凑，株高 248 厘米，穗位 113 厘米，全株叶片数 21 片左右，生育期 103 天左右。雄穗分枝 9～11 个，护颖绿色，花药黄色，花丝浅紫色。果穗筒形，穗轴白色，穗长 16.9 厘米，穗行数 16 行，秃尖 0.3 厘米。籽粒黄色、半马齿型，千粒重 353.8 克，出籽率 88.7%。2014 年农业部谷物品质监督检验测试中心测定，粗蛋白质（干基）9.45%，粗脂肪（干基）4.31%，粗淀粉（干基）75.60%，赖氨酸（干基）0.29%。抗病性：河北省农林科学院植物保护研究所鉴定，2012 年，高抗矮花叶病，抗小斑病，中抗茎腐病，感大斑病；2013 年，抗矮花叶病，中抗大斑病、小斑病，感茎腐病。

**栽培技术要点：** 适宜播期为 6 月 5～20 日，适宜密度为4 000～4 500 株/亩，播种前亩施复合肥 40 千克作底肥，喇叭口期亩追施尿素 30 千克，或播种前亩施缓释肥 50 千克，喇叭口期喷施叶面肥。遇干旱及时浇水。播种前用种衣剂包衣防治地下害虫，喇叭口期用呋喃丹或辛硫磷颗粒防治玉米螟。

**推广意见：** 建议在河北省唐山、廊坊市及其以南的夏播玉米区夏播种植。

## 90. 洪福 88

**审定编号：** 冀审玉 2015005 号

**试验名称：** 粟试 42185

**选育单位：** 河北粟神种子科技有限公司、河北富中种业有限

公司

**报审单位：**河北粟神种子科技有限公司、河北富中种业有限公司

**品种来源：**2008年用SQ42×FZ185育成

**审定时间：**2015年5月

**产量表现：**2012年河北省夏播高密组区域试验，平均亩产762.2千克；2013年同组区域试验，平均亩产648.4千克。2014年生产试验，平均亩产723.8千克。

**特征特性：**幼苗叶鞘浅紫色。成株株型紧凑，株高264厘米，穗位105厘米，全株叶片数20～21片，叶色绿色，生育期103天左右。雄穗分枝8～10个，护颖绿色，花药黄色，花丝浅紫色。果穗长筒形，穗轴白色，穗长18.1厘米，穗行数14行，秃尖0.6厘米。籽粒黄色、半马齿型，千粒重378.3克，出籽率87.0%。2014年农业部谷物品质监督检验测试中心测定，粗蛋白质（干基）8.58%，粗脂肪（干基）3.19%，粗淀粉（干基）75.74%，赖氨酸（干基）0.28%。抗病性：河北省农林科学院植物保护研究所鉴定，2012年，中抗大斑病、小斑病、茎腐病、矮花叶病；2013年，抗矮花叶病，中抗大斑病、小斑病，感茎腐病。

**栽培技术要点：**适宜密度为4 500株/亩左右，播种时亩施三元复合肥30千克，硫酸锌2千克。三叶期间苗，五叶期定苗。在大喇叭口期亩追施尿素30千克。遇旱浇水，保证灌浆期水分供应。苗期注意防治蓟马，在大喇叭口期用呋喃丹等颗粒剂防治玉米螟。玉米苞叶发黄，籽粒乳线消失、黑层出现后收获。

**推广意见：**建议在河北省唐山、廊坊市及其以南的夏播玉米区夏播种植。

## 91. 正弘八号

**审定编号：**冀审玉2015006号

**试验名称：**正弘685

**选育单位：**石家庄正弘农业科技开发有限公司

**报审单位：**石家庄正弘农业科技开发有限公司

**品种来源：**2008 年用 ZH1103×ZH629 育成

**审定时间：**2015 年 5 月

**产量表现：**2012 年河北省夏播低密组区域试验，平均亩产 755.5 千克；2013 年同组区域试验，平均亩产 670.2 千克。2014 年生产试验，平均亩产 733.8 千克。

**特征特性：**幼苗叶鞘浅紫色。成株株型紧凑，株高 262 厘米，穗位 121 厘米，全株叶片数 19～21 片，生育期 106 天左右。雄穗分枝 11～17 个，护颖绿色，花药黄色，花丝浅紫色。果穗筒形，穗轴白色，穗长 17.9 厘米，穗行数 16 行，秃尖 0.3 厘米。籽粒黄色、半马齿型，千粒重 335.1 克，出籽率 87.0%。2014 年农业部谷物品质监督检验测试中心测定，粗蛋白质（干基）10.35%，粗脂肪（干基）4.70%，粗淀粉（干基）74.04%，赖氨酸（干基）0.32%。抗病性：河北省农林科学院植物保护研究所鉴定，2012 年，高抗矮花叶病，中抗小斑病、茎腐病，感大斑病；2013 年，抗大斑病，中抗小斑病、矮花叶病，感茎腐病。

**栽培技术要点：**适宜播期为 6 月 15 日以前，可露地平播，也可贴茬播种，适宜密度为 4 000 株/亩左右，掌握薄地宜稀、肥地宜密的原则。亩施 15 千克左右磷酸二铵作种肥，大喇叭口期亩追施尿素 30～40 千克，肥水管理掌握前控后促的原则。田间管理注意及时防治地下害虫及蚜虫、玉米螟。玉米籽粒出现黑层、乳线完全消失后及时收获。

**推广意见：**建议在河北省唐山、廊坊市及其以南的夏播玉米区夏播种植。

## 92. 华农 138

**审定编号：**冀审玉 2015007 号

**选育单位：**北京华农伟业种子科技有限公司

**报审单位：**北京华农伟业种子科技有限公司

**品种来源：**2007 年用 B105×京 66 育成

**审定时间：** 2015年5月

**产量表现：** 2012年河北省夏播低密组区域试验，平均亩产751.9千克；2013年同组区域试验，平均亩产640.5千克。2014年生产试验，平均亩产716.3千克。

**特征特性：** 幼苗叶鞘浅紫色。成株株型半紧凑，株高291厘米，穗位106厘米，全株叶片数19片左右，生育期105天左右。雄穗分枝5～6个，护颖紫色，花药浅紫色，花丝浅紫色。果穗长筒形，穗轴红色，穗长18.7厘米，穗行数16行，秃尖1.3厘米。籽粒黄色、半马齿型，千粒重386.1克，出籽率88.0%。2013年农业部谷物品质监督检验测试中心测定，粗蛋白质（干基）9.29%，粗脂肪（干基）3.78%，粗淀粉（干基）72.17%，赖氨酸（干基）0.30%。抗病性：河北省农林科学院植物保护研究所鉴定，2012年，高抗矮花叶病，中抗茎腐病，感大斑病、小斑病；2013年，抗小斑病、茎腐病，中抗大斑病，感矮花叶病。

**栽培技术要点：** 适宜密度为4 000～4 500株/亩。亩施农家肥2 000～3 000千克或N、P、K三元复合肥30千克作基肥，大喇叭口期亩追施尿素30千克左右。在幼苗长到4～6片叶时，进行间苗定苗。采用种子包衣防治地下害虫，注意防治玉米螟。

**推广意见：** 建议在河北省唐山、廊坊市及其以南的夏播玉米区夏播种植。

## 93. 金瑞88

**审定编号：** 冀审玉2015008号

**试验名称：** 金瑞61号

**选育单位：** 河北金瑞驰种业有限公司

**报审单位：** 河北冀农种业有限责任公司

**品种来源：** 2010年用M411×L512育成

**审定时间：** 2015年5月

**产量表现：** 2012年河北省夏播早熟组区域试验，平均亩产722.7千克；2013年同组区域试验，平均亩产615.2千克。2014

年生产试验，平均亩产 727.2 千克。

**特征特性：** 幼苗叶鞘紫红色。成株株型紧凑，株高 257 厘米，穗位 100 厘米，全株叶片数 20～21 片，生育期 104 天左右。雄穗分枝 12～15 个，护颖青色略带浅紫，花药黄色，花丝浅粉色。果穗筒形，穗轴白色，穗长 18.0 厘米，穗行数 14 行，秃尖 0.4 厘米。籽粒黄色、马齿型，千粒重 348.6 克，出籽率 86.1%。2014 年农业部谷物品质监督检验测试中心测定，粗蛋白质（干基）9.46%，粗脂肪（干基）4.54%，粗淀粉（干基）74.87%，赖氨酸（干基）0.29%。抗病性：河北省农林科学院植物保护研究所鉴定，2012 年，高抗大斑病，中抗茎腐病，感小斑病、弯孢叶斑病；2013 年，抗大斑病，中抗小斑病、茎腐病，高感弯孢叶斑病。

**栽培技术要点：** 适宜播期为 6 月 10～15 日，适宜密度为 4 000～4 200 株/亩。拔节后注意肥水管理。

**推广意见：** 建议在河北省唐山、廊坊市，保定北部和沧州北部，夏播玉米区夏播种植。

## 94. 纪元 168

**审定编号：** 冀审玉 2015009 号

**试验名称：** 廊玉 11－1

**选育单位：** 河北新纪元种业有限公司

**报审单位：** 河北新纪元种业有限公司

**品种来源：** 2009 年用廊系-1×廊系 74－6 育成

**审定时间：** 2015 年 5 月

**产量表现：** 2012 年河北省夏播早熟组区域试验，平均亩产 727.3 千克；2013 年同组区域试验，平均亩产 627.5 千克。2014 年生产试验，平均亩产 709.9 千克。

**特征特性：** 幼苗叶鞘紫色。成株株型半紧凑，株高 250 厘米，穗位 100 厘米，生育期 102 天左右。雄穗分枝 9 个左右，护颖绿色，花药黄色，花丝红色。果穗中间型，穗轴红色，穗长 18.5 厘米，穗行数 14 行，秃尖 1.2 厘米。籽粒黄色、半马齿型，千粒重

385.6克，出籽率85.7%。2014年农业部谷物品质监督检验测试中心测定，粗蛋白质（干基）10.29%，粗脂肪（干基）3.72%，粗淀粉（干基）74.02%，赖氨酸（干基）0.30%。抗病性：河北省农林科学院植物保护研究所鉴定，2012年，抗大斑病，中抗小斑病、茎腐病，高感弯孢叶斑病；2013年，抗大斑病，中抗小斑病、茎腐病，高感弯孢叶斑病。

**栽培技术要点：** 适宜密度为4 000株/亩左右。施足底肥，玉米生长前期注重蹲苗，少浇水。孕穗期和灌浆时期适时施肥、浇水。

**推广意见：** 建议在河北省唐山、廊坊市，保定北部和沧州北部，夏播玉米区夏播种植。

## 95. 农单113

**审定编号：** 冀审玉2015010号

**选育单位：** 河北农业大学

**报审单位：** 河北农业大学

**品种来源：** 2008年用农系9695×农系198育成

**审定时间：** 2015年5月

**产量表现：** 2012年河北省夏播早熟组区域试验，平均亩产733.2千克；2013年同组区域试验，平均亩产610.4千克。2014年生产试验，平均亩产671.9千克。

**特征特性：** 幼苗叶鞘深紫色。成株株型半紧凑，株高274厘米，穗位121厘米，全株叶片数18～20片，生育期101天左右。雄穗分枝13～15个，护颖绿色，花药黄色，花丝粉色。果穗筒形，穗轴红色，穗长18.4厘米，穗行数14行，秃尖0.7厘米。籽粒黄色、半硬粒型，千粒重351.2克，出籽率86.7%。2014年农业部谷物品质监督检验测试中心测定，粗蛋白质（干基）10.01%，粗脂肪（干基）4.50%，粗淀粉（干基）74.69%，赖氨酸（干基）0.32%。抗病性：河北省农林科学院植物保护研究所鉴定，2012年，中抗大斑病、小斑病、茎腐病，高感弯孢叶斑病；2013年，中抗大斑病、小斑病，感茎腐病，高感弯孢叶斑病。

**栽培技术要点：**适宜播期为6月中旬，适宜密度为4 200～4 500株/亩。施足底肥，亩施优质的控释复合肥40～50千克，注意N、P、K配合使用，后期不再追肥。及时定苗，苗期注意蹲苗。生长期注意病虫害防治。9月下旬到10月初适时收获。

**推广意见：**建议在河北省唐山、廊坊市，保定北部和沧州北部，夏播玉米区夏播种植。

## 96. 科试616

**审定编号：**冀审玉2015011号

**选育单位：**河北科润农业技术研究所

**报审单位：**河北科润农业技术研究所

**品种来源：**2001年用K11×HK66育成

**审定时间：**2015年5月

**产量表现：**2012年河北省极早熟组区域试验，平均亩产613.9千克；2013年同组区域试验，平均亩产540.5千克。2014年生产试验，平均亩产545.0千克。

**特征特性：**幼苗叶鞘紫色。成株株型紧凑，株高228厘米，穗位88厘米，全株叶片数19片左右，生育期92天左右。雄穗分枝11～15个，护颖绿色，花药浅紫色，花丝浅紫色。果穗锥形，穗轴白色，穗长16.5厘米，穗行数14行，秃尖1.2厘米。籽粒黄白色、硬粒型，千粒重341.8克，出籽率82.4%。2014年农业部谷物品质监督检验测试中心测定，粗蛋白质（干基）10.43%，粗脂肪（干基）3.87%，粗淀粉（干基）73.48%，赖氨酸（干基）0.31%。抗病性：河北省农林科学院植物保护研究所鉴定，2012年，抗矮花叶病，感大斑病、小斑病、弯孢叶斑病、茎腐病；2013年，高抗茎腐病，抗大斑病，中抗小斑病、矮花叶病，高感弯孢叶斑病。

**栽培技术要点：**适宜密度为4 500～5 000株/亩，播深一般在4～5厘米。5～6片可见叶时定苗，定苗后及时中耕培土，防除杂草。重施基肥，亩施优质腐熟农家肥2 000千克或三元复合肥25

千克作底肥，在拔节孕穗期重施氮肥一次，亩追施尿素 30 千克。注意防治病虫害。

**推广意见：**建议在河北省邯郸、邢台、石家庄、衡水市，保定南部和沧州南部，夏播玉米区 7 月 10 日左右晚播种植。

## 97. 京科 193

**引种编号：**冀引玉 2015001 号

**选育单位：**北京市农林科学院玉米研究中心

**品种来源：**用组合 DH07019×京 24Ht 育成

**审定情况：**2013 年北京市审定（京审玉 2013003）

**产量表现：**2013 年河北省秦唐廊夏播组引种试验，平均亩产 621.0 千克；2014 年同组引种试验，平均亩产 698.8 千克。

**特征特性：**该品种株型半紧凑，株高 269 厘米，穗位 101 厘米，生育期 103 天，和对照相同。花丝紫色，花药浅紫色，雄穗分枝 8～10 个，果穗筒形，穗轴红色，籽粒黄色、半硬粒型，穗长 17.8 厘米，穗行数 12～16 行，秃尖 0.8 厘米，千粒重 390 克，出籽率 82.6%。两年试验平均倒伏率 1.8%，倒折率 3.7%。经农业部农产品质量检验测试中心测定，籽粒（干基）含粗蛋白 8.99%，粗脂肪 3.76%，粗淀粉 74.85%，赖氨酸 0.30%，容重 740 克/升。抗病虫性：河北省农林科学院植物保护研究所抗病性鉴定，2013 年，抗丝黑穗病，中抗小斑病、大斑病、茎腐病；2014 年，抗大斑病、高温矮花叶病，中抗小斑病，感茎腐病。

**栽培技术要点：**最佳种植密度 4 000 株/亩，适时播种，套种或直播均可。肥水管理上以促为主，施好基肥、种肥，重施穗肥，酌施粒肥。及时防治病虫害，适时晚收产量更高。

**推广意见：**建议在河北省秦皇岛、唐山、廊坊市夏播玉米区夏播种植。

## 98. 纪元 158

**引种编号：**冀引玉 2015002 号

**选育单位：** 河北新纪元种业有限公司

**品种来源：** 用组合廊系-58×廊系16白育成

**审定情况：** 2012年天津市审定（津审玉2012002）

**产量表现：** 2013年河北省秦唐廊夏播组引种试验，平均亩产576.3千克；2014年同组引种试验，平均亩产683.0千克。

**特征特性：** 该品种株型半紧凑，株高255厘米，穗位112厘米，生育期105天，比对照晚熟2天。花丝粉色，花药紫色，雄穗分枝16个，果穗筒形，穗轴白色，穗长17.8厘米，秃尖长1.0厘米，穗行数14～16行，籽粒黄色、半马齿型，千粒重371.7克，出籽率86.3%。两年试验平均倒伏率1.1%，倒折率为0。经农业部谷物及制品质量监督检验测试中心（哈尔滨）分析，粗蛋白（干基）7.56%，粗脂肪（干基）3.76%，粗淀粉（干基）75.55%，赖氨酸（干基）0.24%，容重708克/升。抗病虫性：河北省农林科学院植物保护研究所抗病鉴定，2013年，中抗小斑病、大斑病，感茎腐病、丝黑穗病；2014年，高抗高温矮花叶病，中抗小斑病、大斑病、茎腐病。

**栽培技术要点：** 选择中上等肥水条件的地块种植，夏播在6月中旬播种，种植密度为4 000～4 500株/亩。播种时亩施复合肥或磷酸二铵20千克作底肥，大喇叭口期亩追施尿素40～50千克，大喇叭口前少浇水，宜墩苗，灌浆期亩追施尿素20千克，中后期要适时浇水，防止玉米后期缺肥、果穗顶部灌浆不足。在玉米吐丝前注意防治玉米螟（用2.5%溴氰菊酯3 000倍液或20%甲氰菊酯乳油3 000倍液），其他管理同常规。

**推广意见：** 建议在河北省秦皇岛、唐山、廊坊市夏播玉米区夏播种植。

## 99. 葫新128

**引种编号：** 冀引玉2015003号

**选育单位：** 葫芦岛市农业新品种科技开发有限公司

**品种来源：** 用组合G291×G261育成

**审定情况：**2012年天津市审定（津审玉2012003）

**产量表现：**2013年河北省秦唐廊夏播组引种试验，平均亩产555.8千克；2014年同组引种试验，平均亩产673.6千克。

**特征特性：**该品种株型紧凑，株高252厘米，穗位101厘米，生育期105天，比对照晚熟2天。花丝绿色，花药黄色，雄穗分枝7～9个，果穗筒形，穗轴白色，籽粒黄色、半马齿型，穗长18.4厘米，穗行数12～14行，秃尖长0.6厘米，千粒重370.1克，出籽率85.0%。两年试验平均倒伏率0.7%，倒折率为0。经农业部谷物及制品质量监督检验测试中心（沈阳）测定：粗蛋白（干基）8.43%，粗脂肪（干基）4.48%，粗淀粉（干基）73.87%，赖氨酸（干基）0.28%，容重754克/升。抗病虫性：河北省农林科学院植物保护研究所抗病鉴定，2013年，抗小斑病，中抗大斑病，感茎腐病、丝黑穗病；2014年，中抗小斑病、大斑病、高温矮花叶病，感茎腐病。

**栽培技术要点：**播期为6月10～25日，适宜密度为4 000～4 500株/亩。播种前施足底肥或种肥，并做到氮、磷、钾配合施用，在大喇叭口期一次性追肥25千克左右。加强田间管理，及时防治病虫害。

**推广意见：**建议在河北省秦皇岛、唐山、廊坊市夏播玉米区夏播种植。

## 100. 兰德玉六

**审定编号：**冀审玉2016001号

**选育单位：**河北兰德泽农种业有限公司

**报审单位：**河北兰德泽农种业有限公司

**品种来源：**2012年用组合T62×C13育成

**审定时间：**2016年5月

**产量表现：**2013年河北省夏播高密组区域试验，平均亩产645.8千克；2014年同组区域试验，平均亩产767.0千克。2015年生产试验，平均亩产729.2千克。

**特征特性：** 幼苗叶鞘紫色。成株株型紧凑，株高 261 厘米，穗位 108 厘米，生育期 105 天左右。雄穗分枝 6～8 个，花药黄色，花丝粉色。果穗圆筒形，穗轴白色，穗长 18.4 厘米，穗行数 16 行左右，秃尖 0.6 厘米。籽粒黄色、马齿型，千粒重 362.3 克，出籽率 87.6%。2015 年农业部谷物品质监督检验测试中心测定，粗蛋白质（干基）10.04%，粗脂肪（干基）3.60%，粗淀粉（干基）74.97%，赖氨酸（干基）0.28%。抗病虫性：河北省农林科学院植物保护研究所鉴定，2013 年，抗大斑病、矮花叶病，中抗小斑病，感茎腐病；2014 年，高抗矮花叶病，抗小斑病、大斑病，感茎腐病。

**栽培技术要点：** 麦收后尽快抢茬早播，适宜密度为 4 500 株/亩左右，采用等行距 60 厘米，株距 25 厘米的种植方式。亩施磷酸二铵 20 千克作种肥，追肥数量少时，宜在拔节期和大喇叭口期进行二次追施。天旱时注意及时浇水，适时晚收。

**推广意见：** 建议在河北省唐山、廊坊市及其以南的夏播玉米区夏播种植。

## 101. 东玉 158

**审定编号：** 冀审玉 2016002 号

**试验名称：** 东玉 5453

**选育单位：** 河北东昌种业有限公司

**报审单位：** 河北东昌种业有限公司

**品种来源：** 2009 年用组合 D541×D33 育成

**审定时间：** 2016 年 5 月

**产量表现：** 2013 年河北省夏播超密组区域试验，平均亩产 661.1 千克；2014 年同组区域试验，平均亩产 773.0 千克。2015 年生产试验，平均亩产 677.0 千克。

**特征特性：** 幼苗叶鞘紫色。成株株型紧凑，株高 292 厘米，穗位 113 厘米，生育期 105 天左右。雄穗分枝 3～8 个，花药红色，花丝红色。果穗筒形，穗轴红色，穗长 17.7 厘米，穗行数 14 行左右，秃尖1.1厘米。籽粒黄色、半马齿型，千粒重352.3克，出籽率87.2%。2015年农业部谷物品质监督检验测试中心测定，粗蛋白质（干基）12.20%，粗脂肪（干基）3.04%，粗淀粉（干基）73.21%，赖氨酸（干基）0.33%。抗病虫性：河北省农林科学院植物保护研究所鉴定，2013年，中抗小斑病、大斑病，感矮花叶病、茎腐病；2014年，中抗矮花叶病，感小斑病、茎腐病，高感大斑病。

**栽培技术要点：**冀中南6月25日前夏播，一般亩留苗4 800株以上，高产地块可留苗5 000株。施足底肥，并做到氮磷钾配方施肥，补施锌肥，足墒播种，以保全苗。拔节后亩追施尿素30～40千克，并保证以后不缺水。注意及时防治病虫草害。

**推广意见：**建议在河北省唐山、廊坊市及其以南的夏播玉米区夏播种植。

## 102. 邢玉10号

**审定编号：**冀审玉2016003号

**试验名称：**邢玉562

**选育单位：**邢台市农业科学研究院、河北省冀科种业有限公司

**报审单位：**邢台市农业科学研究院、河北省冀科种业有限公司

**品种来源：**2010年用组合X302×X098育成

**审定时间：**2016年5月

**产量表现：**2013年河北省夏播超密组区域试验，平均亩产669.0千克；2014年同组区域试验，平均亩产769.2千克。2015年生产试验，平均亩产674.0千克。

**特征特性：**幼苗叶鞘紫色。成株株型紧凑，株高300厘米，穗位117厘米，生育期106天左右。雄穗分枝7～9个，花药黄色，花丝青色。果穗筒形，穗轴红色，穗长17.9厘米，穗行数16行左右，秃尖0.9厘米。籽粒黄色、半马齿型，千粒重266.8克，出籽率86.0%。2015年农业部谷物品质监督检验测试中心测定，粗蛋白质（干基）10.56%，粗脂肪（干基）4.28%，粗淀粉（干基）

71.58%，赖氨酸（干基）0.34%。抗病虫性：河北省农林科学院植物保护研究所鉴定，2013年，中抗小斑病、大斑病、茎腐病，感矮花叶病；2014年，高抗矮花叶病，抗茎腐病，中抗小斑病，感大斑病。

**栽培技术要点：**适宜播期为6月10～15日，适宜密度为4 500～4 800株/亩。播种时亩施种肥（氮钾复合肥）20～25千克，大喇叭口期结合浇水亩追施尿素20千克；或播种同时一次性亩施高质量缓释肥40千克，苗期注意蹲苗。注意防治病虫害，重点监控二点委夜蛾和玉米螟。果穗苞叶变白，90%籽粒乳线消失时收获。

**推广意见：**建议在河北省唐山、廊坊市及其以南的夏播玉米区夏播种植。

## 103. 秀青829

**审定编号：**冀审玉2016004号

**选育单位：**河南秀青种业有限公司

**报审单位：**河南秀青种业有限公司

**品种来源：**2009年用组合X18×Q29育成

**审定时间：**2016年5月

**产量表现：**2013年河北省夏播超密组区域试验，平均亩产680.2千克；2014年同组区域试验，平均亩产780.2千克。2015年生产试验，平均亩产691.5千克。

**特征特性：**幼苗叶鞘紫色。成株株型紧凑，株高267厘米，穗位98厘米，生育期106天左右。雄穗分枝7～9个，花药黄色，花丝红色。果穗筒形，穗轴红色，穗长17.7厘米，穗行数16行左右，秃尖1.6厘米。籽粒黄色、马齿型，千粒重354.6克，出籽率87.6%。2015年农业部谷物品质监督检验测试中心测定，粗蛋白质（干基）11.10%，粗脂肪（干基）3.54%，粗淀粉（干基）72.85%，赖氨酸（干基）0.32%。抗病虫性：河北省农林科学院植物保护研究所鉴定，2013年，抗茎腐病，中抗小斑病、大斑病，高感矮花叶病；2014 年，中抗小斑病、大斑病、茎腐病、矮花叶病。

**栽培技术要点：**适宜密度为 4 500～5 000 株/亩，适合中上肥力地块种植，可平播或直播。在播种前整地时，将肥料按比例配方（氮：磷：钾=3：1：1.5～2）一次性施入，也可采用分次施肥措施。播种后可用玉米专用除草剂防治田间杂草，三四叶间苗，五六叶定苗，苗期注意适当蹲苗，注意防治病虫害。

**推广意见：**建议在河北省唐山、廊坊市及其以南的夏播玉米区夏播种植。

## 104. 东单 913

**审定编号：**冀审玉 2016005 号

**试验名称：**金 9913

**选育单位：**辽宁东亚种业有限公司

**报审单位：**辽宁东亚种业有限公司

**品种来源：**2008 年用组合 H823×L42082 育成

**审定时间：**2016 年 5 月

**产量表现：**2012 年河北省夏播超密组区域试验，平均亩产 739.4 千克；2013 年同组区域试验，平均亩产 639.4 千克。2014 年生产试验，平均亩产 727.5 千克；2015 年生产试验，平均亩产 736.7 千克。

**特征特性：**幼苗叶鞘紫色。成株株型紧凑，株高 288 厘米，穗位 98 厘米，生育期 101 天左右。雄穗分枝 5～7 个，花药浅紫色，花丝粉色。果穗筒形，穗轴红色，穗长 16.4 厘米，穗行数 18 行左右，秃尖 0.5 厘米。籽粒黄色、半马齿型，千粒重 312.1 克，出籽率 87.2%。2014 年农业部谷物品质监督检验测试中心（北京）测定，粗蛋白质（干基）9.16%，粗脂肪（干基）3.97%，粗淀粉（干基）75.54%，赖氨酸（干基）0.33%。抗病虫性：河北省农林科学院植物保护研究所鉴定，2012 年，抗矮花叶病，中抗茎腐病，感小斑病，高感大斑病；2013 年，中抗小斑病、大斑病、茎腐病，感矮花叶病。

**栽培技术要点：**6 月中上旬播种，亩保苗不低于 5 000 株。亩施复合肥 20 千克、磷酸二铵 6.5 千克作种肥，追施尿素 25 千克，孕穗期保证水肥充足。加强田间管理，及时中耕除草，三四叶间苗，五叶定苗。适时收获。

**推广意见：**建议在河北省唐山、廊坊市及其以南的夏播玉米区夏播种植。

## 105. 泓丰 818

**审定编号：**冀审玉 2016006 号

**试验名称：**XH203

**选育单位：**北京新实泓丰种业有限公司

**报审单位：**北京新实泓丰种业有限公司

**品种来源：**2009 年用组合 K4104－16×9188 育成

**审定时间：**2016 年 5 月

**产量表现：**2013 年河北省夏播高密组区域试验，平均亩产 642.2 千克；2014 年同组区域试验，平均亩产 749.7 千克。2015 年生产试验，平均亩产 701.5 千克。

**特征特性：**幼苗叶鞘紫色。成株株型半紧凑，株高 264 厘米，穗位 123 厘米，生育期 104 天左右。雄穗分枝 7～9 个，花药黄色，花丝红色。果穗筒形，穗轴白色，穗长 17.5 厘米，穗行数 16 行左右，秃尖 0.4 厘米。籽粒黄色、马齿型，千粒重 350.7 克，出籽率 87.9%。2015 年农业部谷物品质监督检验测试中心测定，粗蛋白质（干基）10.13%，粗脂肪（干基）3.77%，粗淀粉（干基）73.26%，赖氨酸（干基）0.31%。抗病虫性：河北省农林科学院植物保护研究所鉴定，2013 年，抗大斑病、矮花叶病，中抗小斑病、茎腐病；2014 年，高抗矮花叶病，抗小斑病，中抗茎腐病，感大斑病。

**栽培技术要点：**6 月中上旬播种，亩保苗 4 500 株左右。亩施复合肥 20 千克、磷酸二铵 6.5 千克作种肥，追施尿素 25 千克，孕穗期保证水肥充足。加强田间管理，及时中耕除草，三四叶期间苗，五叶期定苗。适时收获。

**推广意见：**建议在河北省唐山、廊坊市及其以南的夏播玉米区夏播种植。

## 106. 明科玉 33

**审定编号：**冀审玉 2016007 号

**试验名称：**HC1101

**选育单位：**江苏明天种业科技股份有限公司

**报审单位：**江苏明天种业科技股份有限公司

**品种来源：**2010 年用组合 H721×C706 育成

**审定时间：**2016 年 5 月

**产量表现：**2013 年河北省夏播高密组区域试验，平均亩产 673.8 千克；2014 年同组区域试验，平均亩产 763.6 千克。2015 年生产试验，平均亩产 729.3 千克。

**特征特性：**幼苗叶鞘紫色。成株株型紧凑，株高 293 厘米，穗位 115 厘米，生育期 104 天左右。雄穗分枝 4～6 个，花药黄色，花丝绿色。果穗筒形，穗轴红色，穗长 18.6 厘米，穗行数 16 行左右，秃尖 0.8 厘米。籽粒黄色、半马齿型，千粒重 359.6 克，出籽率 86.2%。2015 年农业部谷物品质监督检验测试中心测定，粗蛋白质（干基）12.58%，粗脂肪（干基）3.52%，粗淀粉（干基）72.05%，赖氨酸（干基）0.34%。抗病虫性：河北省农林科学院植物保护研究所鉴定，2013 年，抗大斑病、小斑病、矮花叶病，中抗茎腐病；2014 年，高抗矮花叶病，中抗小斑病、茎腐病，感大斑病。

**栽培技术要点：**5 月 25 日至 6 月 25 日夏播种植，适宜密度为 4 500 株/亩左右，注意足墒下种，三叶期间苗，四叶期定苗。采取分期施肥方式，少施提苗肥，重施穗肥，亩追施尿素 30～40 千克。苗期注意防治蓟马、棉铃虫、菜青虫等虫害，大喇叭口期用辛硫磷颗粒防治玉米螟。后期注意防旱排涝，及时中耕除草。玉米籽粒乳线消失出现黑层后适时收获。

**推广意见：**建议在河北省唐山、廊坊市及其以南的夏播玉米区夏播种植。

## 107. 金博士 785

**审定编号：**冀审玉 2016008 号

**试验名称：**金博士 7815

**选育单位：**河北金博士种业有限公司

**报审单位：**河北金博士种业有限公司

**品种来源：**2010 年用组合金 7288×WS7－2 育成

**审定时间：**2016 年 5 月

**产量表现：**2013 年河北省夏播高密组区域试验，平均亩产 640.4 千克；2014 年同组区域试验，平均亩产 747.7 千克。2015 年生产试验，平均亩产 721.3 千克。

**特征特性：**幼苗叶鞘浅红色。成株株型紧凑，株高 268 厘米，穗位 114 厘米，平均生育期 105 天。雄穗分枝 8～15 个，花药紫色，花丝紫红色。果穗偏筒形，穗轴白色，穗长 16.6 厘米，穗行数 16 行左右，秃尖 0.6 厘米。籽粒黄色、半马齿型，千粒重 357.7 克，出籽率 87.6%。2015 年农业部谷物品质监督检验测试中心测定，粗蛋白质（干基）10.99%，粗脂肪（干基）4.33%，粗淀粉（干基）72.92%，赖氨酸（干基）0.32%。抗病虫性：河北省农林科学院植物保护研究所鉴定，2013 年，中抗小斑病、大斑病、茎腐病、矮花叶病；2014 年，高抗茎腐病、矮花叶病，中抗小斑病，感大斑病。

**栽培技术要点：**适宜密度为 4 500 株/亩左右。中上等肥力地块种植，苗期施用磷钾肥提苗，大喇叭口期重施攻粒肥。玉米螟高发年份于喇叭口期进行药剂防治。足墒早播，适时收获。

**推广意见：**建议在河北省唐山、廊坊市及其以南的夏播玉米区夏播种植。

## 108. 裕丰 105

**审定编号：** 冀审玉 2016009 号

**试验名称：** 承 054

**选育单位：** 承德裕丰种业有限公司

**报审单位：** 承德裕丰种业有限公司

**品种来源：** 2010 年用组合承系 159×承系 188 育成

**审定时间：** 2016 年 5 月

**产量表现：** 2013 年河北省夏播高密组区域试验，平均亩产 648.9 千克；2014 年同组区域试验，平均亩产 763.1 千克。2015 年生产试验，平均亩产 702.5 千克。

**特征特性：** 幼苗绿色，基鞘紫色。成株株型紧凑，株高 263 厘米，穗位 117 厘米，平均生育期 105 天。雄穗分枝 10～14 个，花药浅紫色，花丝紫红色。果穗筒形，穗轴白色，穗长 17.9 厘米，穗行数 16 行左右，秃尖 0.3 厘米。籽粒黄色、马齿型，千粒重 340.0 克，出籽率 88.4%。2015 年农业部谷物品质监督检验测试中心测定，粗蛋白质（干基）9.26%，粗脂肪（干基）3.71%，粗淀粉（干基）75.68%，赖氨酸（干基）0.28%。抗病虫性：河北省农林科学院植物保护研究所鉴定，2013 年，中抗大斑病、小斑病、矮花叶病，感茎腐病；2014 年，高抗矮花叶病，抗大斑病，感小斑病、茎腐病。

**栽培技术要点：** 6 月中旬播种，平种或套播均可，适宜密度为 4 500 株/亩左右。随播种亩施种肥 15 千克，到 12～13 片可见叶一次性追施尿素 40 千克。足墒播种，适时收获。

**推广意见：** 建议在河北省唐山、廊坊市及其以南的夏播玉米区夏播种植。

## 109. 肃研 358

**审定编号：** 冀审玉 2016010 号

**试验名称：** 肃试 358

**选育单位：**河北肃研种业有限公司

**报审单位：**河北肃研种业有限公司

**品种来源：**2010年用组合SN103×SN921育成

**审定时间：**2016年5月

**产量表现：**2013年河北省夏播高密组区域试验，平均亩产672.5千克；2014年同组区域试验，平均亩产751.4千克。2015年生产试验，平均亩产720.6千克。

**特征特性：**幼苗叶鞘浅紫色。成株株型半紧凑，株高244厘米，穗位105厘米，平均生育期105天。雄穗分枝10～16个，花药黄色，花丝浅紫色。果穗筒形，穗轴白色，穗长17.0厘米，穗行数16行左右，秃尖0.3厘米。籽粒黄色、半马齿型，千粒重351.6克，出籽率88.6%。2015年农业部谷物品质监督检验测试中心测定，粗蛋白质（干基）9.84%，粗脂肪（干基）3.40%，粗淀粉（干基）75.45%，赖氨酸（干基）0.28%。抗病虫性：河北省农林科学院植物保护研究所鉴定，2013年，抗小斑病、矮花叶病，中抗大斑病，感茎腐病；2014年，高抗矮花叶病，中抗小斑病、大斑病，感茎腐病。

**栽培技术要点：**适宜密度为4 500株/亩左右。6月15日前露地平播或麦收后贴茬播种。肥水管理掌握前轻后重的原则，轻施提苗肥，重施大喇叭口期肥。及时防治蚜虫、玉米螟。玉米籽粒乳线消失出现黑层后及时收获。

**推广意见：**建议在河北省唐山、廊坊市及其以南的夏播玉米区夏播种植。

## 110. 邢玉11号

**审定编号：**冀审玉2016011号

**试验名称：**邢玉P44

**选育单位：**邢台市农业科学研究院、河北省冀科种业有限公司

**报审单位：**邢台市农业科学研究院、河北省冀科种业有限公司

**品种来源：**2010年用组合X302×X113育成

**审定时间：** 2016 年 5 月

**产量表现：** 2013 年河北省夏播高密组区域试验，平均亩产 668.1 千克；2014 年同组区域试验，平均亩产 791.1 千克。2015 年生产试验，平均亩产 705.7 千克。

**特征特性：** 幼苗叶鞘紫色。成株株型紧凑，株高 285 厘米，穗位 102 厘米，生育期 105 天左右。雄穗分枝 7～9 个，花药黄色，花丝绿色。果穗筒形，穗轴红色，穗长 17.7 厘米，穗行数 16 行左右，秃尖 0.9 厘米。籽粒黄色、半马齿型，千粒重 318.4 克，出籽率 88.0％。2015 年农业部谷物品质监督检验测试中心测定，粗蛋白质（干基）14.47％，粗脂肪（干基）3.04％，粗淀粉（干基）72.01％，赖氨酸（干基）0.35％。抗病虫性：河北省农林科学院植物保护研究所鉴定，2013 年，抗矮花叶病，中抗小斑病、大斑病、茎腐病；2014 年，高抗茎腐病，抗矮花叶病，感小斑病、大斑病。

**栽培技术要点：** 适宜播期为 6 月 10～15 日，适宜密度为 4 500 株/亩左右。播种时亩施种肥（氮钾复合肥）20～25 千克，大喇叭口期结合浇水亩追施尿素 20 千克；或播种同时一次性亩施高质量缓释肥 40 千克。注意防治病虫害，重点监控二点委夜蛾和玉米螟。果穗苞叶变白，90％籽粒乳线消失时收获。

**推广意见：** 建议在河北省唐山、廊坊市及其以南的夏播玉米区夏播种植。

## 111. 源丰 008

**审定编号：** 冀审玉 2016012 号

**试验名称：** 源丰 YT008

**选育单位：** 北京雨田丰源农业科学研究院、河北华丰种业开发有限公司

**报审单位：** 北京雨田丰源农业科学研究院、河北华丰种业开发有限公司

**品种来源：** 2009 年用组合 YTM308×YTF415 育成

**审定时间：**2016 年 5 月

**产量表现：**2013 年河北省夏播高密组区域试验，平均亩产 646.2 千克；2014 年同组区域试验，平均亩产 768.2 千克。2015 年生产试验，平均亩产 726.8 千克。

**特征特性：**幼苗叶鞘紫色。成株株型紧凑，株高 264 厘米，穗位 117 厘米，生育期 104 天左右。雄穗分枝 4～6 个，花药黄色，花丝紫色。果穗筒形，穗轴白色，穗长 17.8 厘米，穗行数 14 行左右，秃尖 0.3 厘米。籽粒黄色、半马齿型，千粒重 350.0 克，出籽率 87.2%。2015 年农业部谷物品质监督检验测试中心测定，粗蛋白质（干基）9.05%，粗脂肪（干基）3.19%，粗淀粉（干基）76.02%，赖氨酸（干基）0.29%。抗病虫性：河北省农林科学院植物保护研究所鉴定，2013 年，高抗矮花叶病，抗大斑病，中抗小斑病、茎腐病；2014 年，高抗小斑病、矮花叶病，抗茎腐病，高感大斑病。

**栽培技术要点：**适宜密度为 4 500 株/亩左右。亩施 50 千克长效玉米专用肥，大喇叭口期注意防治玉米螟。适时收获。

**推广意见：**建议在河北省唐山、廊坊市及其以南的夏播玉米区夏播种植。

## 112. 极峰 9 号

**审定编号：**冀审玉 2016013 号

**试验名称：**jf9

**选育单位：**河北极峰农业开发有限公司

**报审单位：**河北极峰农业开发有限公司

**品种来源：**2011 年用组合 JF037×JF7 育成

**审定时间：**2016 年 5 月

**产量表现：**2013 年河北省夏播高密组区域试验，平均亩产 639.8 千克；2014 年同组区域试验，平均亩产 793.7 千克。2015 年生产试验，平均亩产 721.5 千克。

**特征特性：**幼苗叶鞘浅紫色。成株株型半紧凑，株高 251 厘米，穗位 116 厘米，生育期 104 天左右。雄穗分枝 9～11 个，花药黄色，花丝粉红色。果穗筒形，穗轴白色，穗长 17.2 厘米，穗行数 16 行左右，秃尖 0.4 厘米。籽粒黄色、半马齿型，千粒重 339.1 克，出籽率 87.4%。2015 年农业部谷物品质监督检验测试中心测定，粗蛋白质（干基）9.17%，粗脂肪（干基）4.08%，粗淀粉（干基）74.89%，赖氨酸（干基）0.29%。抗病虫性：河北省农林科学院植物保护研究所鉴定，2013 年，抗矮花叶病，中抗小斑病、大斑病，感茎腐病；2014 年，高抗大斑病、矮花叶病，抗小斑病，中抗茎腐病。

**栽培技术要点：**6 月 7～10 日麦垄套种或贴茬直播，适宜密度为 4 500 株/亩左右。前期随播种亩施玉米专用复合肥 35～50 千克，大喇叭口期每亩补施氮肥 10～15 千克。浇好播种水、灌浆水两次关键水。注意防治病虫害，及时中耕除草。适时收获。

**推广意见：**建议在河北省唐山、廊坊市及其以南的夏播玉米区夏播种植。

## 113. 冀农 121

**审定编号：**冀审玉 2016014 号

**选育单位：**河北冀农种业有限责任公司

**报审单位：**河北冀农种业有限责任公司

**品种来源：**2011 年用组合 5854×B16 育成

**审定时间：**2016 年 5 月

**产量表现：**2013 年河北省夏播高密组区域试验，平均亩产 653.3 千克；2014 年同组区域试验，平均亩产 750.7 千克。2015 年生产试验，平均亩产 698.1 千克。

**特征特性：**幼苗叶鞘紫色。成株株型紧凑，株高 275 厘米，穗位 99 厘米。生育期 104 天左右。雄穗分枝 6～8 个，花药浅粉色，花丝浅黄色。果穗筒形，穗轴红色，穗长 17.5 厘米，穗行数 16 行左右，秃尖 1.0 厘米。籽粒黄色、马齿型，千粒重 316.0 克，出籽率 88.1%。2015 年农业部谷物品质监督检验测试中心测定，粗蛋白白质（干基）11.63%，粗脂肪（干基）3.87%，粗淀粉（干基）73.99%，赖氨酸（干基）0.31%。抗病虫性：河北省农林科学院植物保护研究所鉴定，2013 年，抗小斑病、矮花叶病，中抗大斑病，感茎腐病；2014 年，高抗小斑病、矮花叶病，中抗茎腐病，感大斑病。

**栽培技术要点：**6 月 20 日前及时播种，适宜密度为 4 500 株/亩左右。结合播种亩施玉米专用肥 30 千克，播种后及时浇水，喷洒苗期除草剂，出苗后及时间、定苗，在大喇叭口期结合浇水亩追施尿素 30 千克。玉米苞叶变白，乳线消失后及时收获。

**推广意见：**建议在河北省唐山、廊坊市及其以南的夏播玉米区夏播种植。

## 114. 众信 978

**审定编号：**冀审玉 2016015 号

**选育单位：**河北众信种业科技有限公司

**报审单位：**河北众信种业科技有限公司

**品种来源：**2010 年用组合 Z9×X78 育成

**审定时间：**2016 年 5 月

**产量表现：**2013 年河北省夏播高密组区域试验，平均亩产 652.7 千克；2014 年同组区域试验，平均亩产 758.9 千克。2015 年生产试验，平均亩产 719.3 千克。

**特征特性：**幼苗叶鞘浅紫色。成株株型紧凑，株高 261 厘米，穗位 115 厘米，生育期 104 天左右。雄穗分枝 8～11 个，花药浅紫色，花丝紫色。果穗筒形，穗轴白色，穗长 18.1 厘米，穗行数 14 行左右，秃尖 0.4 厘米。籽粒黄色、半马齿型，千粒重 355.0 克，出籽率 89.5%。2015 年农业部谷物品质监督检验测试中心测定，粗蛋白质（干基）9.18%，粗脂肪（干基）3.67%，粗淀粉（干基）75.44%，赖氨酸（干基）0.28%。抗病虫性：河北省农林科学院植物保护研究所鉴定，2013 年，高抗矮花叶病，抗小斑病，中抗大斑病，感茎腐病；2014 年，高抗小斑病、矮花叶病，抗大斑病，中抗茎腐病。

**栽培技术要点：**适宜播期为6月10～20日，适宜密度为4 500株/亩左右。追肥要以前轻、中重、后补为原则，采取稳氮、增磷、补钾的措施，底肥亩施复合肥40千克，喇叭口期亩追施尿素20千克。苗期注意防治黏虫，喇叭口期及时用药剂防治玉米螟。

**推广意见：**建议在河北省唐山、廊坊市及其以南的夏播玉米区夏播种植。

## 115. 金粒168

**审定编号：**冀审玉2016016号

**试验名称：**DJ15

**选育单位：**吉林省远科农业开发有限公司

**报审单位：**吉林省远科农业开发有限公司

**品种来源：**2011年用组合D135×D78育成

**审定时间：**2016年5月

**产量表现：**2013年河北省夏播低密组区域试验，平均亩产680.4千克；2014年同组区域试验，平均亩产763.3千克。2015年生产试验，平均亩产673.9千克。

**特征特性：**幼苗叶鞘紫色，成株株型紧凑，株高282厘米，穗位117厘米，生育期107天左右。雄穗分枝8～12个，花药绿色，花丝紫色。果穗筒形，穗轴红色，穗长19.6厘米，穗行数14行左右，秃尖0.5厘米。籽粒黄色、半马齿型，千粒重366.5克，出籽率87.6%。2015年农业部谷物品质监督检验测试中心测定，粗蛋白质（干基）10.45%，粗脂肪（干基）3.62%，粗淀粉（干基）74.16%，赖氨酸（干基）0.32%。抗病虫性：河北省农林科学院植物保护研究所鉴定，2013年，高抗茎腐病，中抗小斑病、大斑病，高感矮花叶病；2014年，高抗茎腐病，中抗大斑病、矮花叶病，感小斑病。

**栽培技术要点：**按当地种植习惯，麦收后及时播种，唐山地区不晚于6月25日，适宜密度为4 000株/亩左右。足墒播种，底肥亩施复合肥 25 千克左右，大喇叭口期亩追施尿素 25 千克。注意旱浇涝排，适时收获。

**推广意见：**建议在河北省唐山、廊坊市及其以南的夏播玉米区夏播种植。

## 116. 科兴 216

**审定编号：**冀审玉 2016017 号

**试验名称：**兴玉 4805

**选育单位：**张掖市科兴种业有限公司

**报审单位：**张掖市科兴种业有限公司

**品种来源：**2009 年用组合 LS4796×LS3001 育成

**审定时间：**2016 年 5 月

**产量表现：**2013 年河北省夏播低密组区域试验，平均亩产 680.7 千克；2014 年同组区域试验，平均亩产 748.5 千克。2015 年生产试验，平均亩产 669.6 千克。

**特征特性：**幼苗叶鞘紫色。成株株型紧凑，株高 266 厘米，穗位 119 厘米，生育期 105 天左右。雄穗分枝 4～6 个，花药黄色，花丝紫色。果穗筒形，穗轴白色，穗长 18.9 厘米，穗行数 14 行左右，秃尖 0.3 厘米。籽粒黄色、半马齿型，千粒重 346.3 克，出籽率 87.4%。2015 年农业部谷物品质监督检验测试中心测定，粗蛋白质（干基）9.75%，粗脂肪（干基）3.41%，粗淀粉（干基）74.92%，赖氨酸（干基）0.30%。抗病虫性：河北省农林科学院植物保护研究所鉴定，2013 年，高抗矮花叶病，抗茎腐病，中抗小斑病、大斑病；2014 年，高抗小斑病、矮花叶病，中抗茎腐病，感大斑病。

**栽培技术要点：**适宜密度为 4 000 株/亩左右。播前精细整地，亩施 50 千克长效玉米专用肥。大喇叭口期注意防治玉米螟。黑层形成 7 天后收获。

**推广意见：**建议在河北省唐山、廊坊市及其以南的夏播玉米区夏播种植。

## 117. LS838

**审定编号：** 冀审玉 2016018 号

**选育单位：** 河北科奥种业有限公司

**报审单位：** 河北科奥种业有限公司

**品种来源：** 2010 年用组合 LS1008×LS438 育成

**审定时间：** 2016 年 5 月

**产量表现：** 2013 年河北省夏播低密组区域试验，平均亩产 668.3 千克；2014 年同组区域试验，平均亩产 756.9 千克。2015 年生产试验，平均亩产 667.8 千克。

**特征特性：** 幼苗叶鞘紫色。成株株型半紧凑，株高 295 厘米，穗位 110 厘米，生育期 105 天左右。雄穗分枝 10～14 个，花药淡紫色，花丝紫红色。果穗筒形，穗轴红色，穗长 19.0 厘米，穗行数 16 行左右，秃尖 1.5 厘米。籽粒黄色、半马齿型，千粒重 344.9 克，出籽率 87.8%。2015 年农业部谷物品质监督检验测试中心测定，粗蛋白质（干基）11.05%，粗脂肪（干基）3.21%，粗淀粉（干基）74.30%，赖氨酸（干基）0.35%。抗病虫性：河北省农林科学院植物保护研究所鉴定，2013 年，抗小斑病，中抗大斑病、茎腐病、矮花叶病；2014 年，中抗小斑病、茎腐病、矮花叶病，高感大斑病。

**栽培技术要点：** 6 月 15 日前播种，适宜密度为 4 000 株/亩左右。苗期少施肥，大喇叭口期重施肥，同时注意防治玉米螟、蓟马等虫害。玉米籽粒乳线消失出现黑层后收获。

**推广意见：** 建议在河北省唐山、廊坊市及其以南的夏播玉米区夏播种植。

## 118. 明科玉 77

**审定编号：** 冀审玉 2016019 号

**试验名称：** 金苹果 C03

**选育单位：** 江苏明天种业科技股份有限公司

**报审单位：**江苏明天种业科技股份有限公司

**品种来源：**2010年用组合C2858×C7161育成

**审定时间：**2016年5月

**产量表现：**2013年河北省夏播低密组区域试验，平均亩产639.0千克；2014年同组区域试验，平均亩产766.0千克。2015年生产试验，平均亩产671.8千克。

**特征特性：**幼苗叶鞘紫色。成株株型紧凑，株高273厘米，穗位113厘米，平均生育期107天左右。雄穗分枝9～11个，花药黄色，花丝红色。果穗筒形，穗轴白色，穗长18.7厘米，穗行数14行左右，秃尖0.2厘米。籽粒黄色、半马齿型，千粒重376.2克，出籽率86.8%。2015年农业部谷物品质监督检验测试中心测定，粗蛋白质（干基）10.19%，粗脂肪（干基）3.69%，粗淀粉（干基）74.37%，赖氨酸（干基）0.28%。抗病虫性：河北省农林科学院植物保护研究所鉴定，2013年，抗小斑病、矮花叶病，中抗大斑病、茎腐病；2014年，高抗矮花叶病，抗大斑病，中抗小斑病、茎腐病。

**栽培技术要点：**适宜密度为4 000株/亩左右。足墒播种，三叶期间苗，四叶期定苗。少施提苗肥，重施穗肥，亩施尿素30～40千克。注意防治蓟马、棉铃虫、菜青虫等虫害，大喇叭口期用辛硫磷颗粒防治玉米螟。玉米籽粒乳线消失出现黑层后适时收获。

**推广意见：**建议在河北省唐山、廊坊市及其以南的夏播玉米区夏播种植。

## 119. 先玉1266

**审定编号：**冀审玉2016020号

**选育单位：**铁岭先锋种子研究有限公司

**报审单位：**铁岭先锋种子研究有限公司

**品种来源：**2011年用组合PH1CPS×PH1N2F育成

**审定时间：**2016年5月

**产量表现：**2013年河北省夏播低密组区域试验，平均亩产

674.1 千克；2014 年同组区域试验，平均亩产 748.4 千克。2015 年生产试验，平均亩产 652.2 千克。

**特征特性：** 幼苗叶鞘紫色。成株株型半紧凑，株高 297 厘米，穗位 107 厘米，生育期 105 天左右。雄穗分枝 5～12 个，花药浅紫色，花丝浅红色。果穗圆筒形，穗轴浅红色，穗长 19.8 厘米，穗行数 16 行左右，秃尖 0.9 厘米。籽粒黄色、半马齿型，千粒重 339.5 克，出籽率 87.8%。2015 年农业部谷物品质监督检验测试中心测定，粗蛋白质（干基）10.94%，粗脂肪（干基）4.10%，粗淀粉（干基）73.94%，赖氨酸（干基）0.29%。抗病虫性：河北省农林科学院植物保护研究所鉴定，2013 年，抗小斑病，中抗大斑病、茎腐病，高感矮花叶病；2014 年，抗小斑病，中抗茎腐病、矮花叶病，感大斑病。

**栽培技术要点：** 5 月下旬至 6 月上旬播种，适时早播，适宜密度为 4 000 株/亩左右。亩施农家肥 1 500 千克、磷酸二铵 15～20 千克、钾肥 10～15 千克、氮肥 10 千克作底肥。抽雄期结合灌水第二次施肥，亩施氮肥 20 千克。灌浆前期结合灌水第三次施肥，亩施氮肥 20 千克。

**推广意见：** 建议在河北省唐山、廊坊市及其以南的夏播玉米区夏播种植。

## 120. 沪丰 1518

**审定编号：** 冀审玉 2016021 号

**试验名称：** 羲玉 998

**选育单位：** 河北沪丰种业有限公司

**报审单位：** 河北沪丰种业有限公司

**品种来源：** 2010 年用组合 J118×F68 育成

**审定时间：** 2016 年 5 月

**产量表现：** 2012 年河北省夏播低密组区域试验，平均亩产 742.3 千克；2013 年同组区域试验，平均亩产 637.6 千克。2015 年生产试验，平均亩产 648.2 千克。

**特征特性：**幼苗叶鞘浅紫色。成株株型紧凑，株高 266 厘米，穗位 118 厘米，生育期 105 天左右。雄穗分枝 8～12 个，花药紫色，花丝红色。果穗筒形，穗轴红色，穗长 18.7 厘米，穗行数 16 行左右，秃尖 0.6 厘米。籽粒黄色、半马齿型，千粒重 355.7 克，出籽率 85.6%。2015 年农业部谷物品质监督检验测试中心测定，粗蛋白质（干基）8.84%，粗脂肪（干基）4.14%，粗淀粉（干基）75.50%，赖氨酸（干基）0.27%。抗病虫性：河北省农林科学院植物保护研究所鉴定，2012 年，抗大斑病、矮花叶病，中抗小斑病，感茎腐病；2013 年，抗小斑病，中抗大斑病、茎腐病、矮花叶病。

**栽培技术要点：**6 月 10～15 日播种，适宜密度为 4 000 株/亩左右。亩施复合肥 30～40 千克，拔节期亩追施尿素 10～15 千克，大喇叭口期亩追施尿素 30 千克，追肥后结合天气状况及时灌水。苗期注意防治病虫害。适时收获。

**推广意见：**建议在河北省唐山、廊坊市及其以南的夏播玉米区夏播种植。

## 121. 机玉 88

**审定编号：**冀审玉 2016022 号

**试验名称：**石科玉 503

**选育单位：**河南亿佳和农业科技有限公司

**报审单位：**河南亿佳和农业科技有限公司

**品种来源：**2011 年用组合 HP0351×HC7206 育成

**审定时间：**2016 年 5 月

**产量表现：**2013 年河北省夏播早熟组区域试验，平均亩产 614.8 千克；2014 年同组区域试验，平均亩产 754.3 千克。2015 年生产试验，平均亩产 709.7 千克。

**特征特性：**幼苗叶鞘紫色。成株株型紧凑，株高 270 厘米，穗位 118 厘米。生育期 106 天左右。雄穗分枝 7～9 个，花药紫色，花丝浅紫色。果穗筒形，穗轴白色，穗长 17.8 厘米，穗行数 14 行左右，秃尖 0.5 厘米。籽粒黄色、半马齿型，千粒重 358.1 克，出籽率 86.4%。2015 年农业部谷物品质监督检验测试中心测定，粗蛋白质（干基）8.60%，粗脂肪（干基）3.81%，粗淀粉（干基）75.45%，赖氨酸（干基）0.27%。抗病虫性：河北省农林科学院植物保护研究所鉴定，2013 年，抗小斑病，中抗大斑病、茎腐病，高感弯孢叶斑病；2014 年，抗小斑病、大斑病、茎腐病、弯孢叶斑病。

**栽培技术要点：**5 月 25 日至 6 月 25 日夏玉米区种植，适宜密度为 4 200 株/亩左右。足墒播种，三叶期间苗，四叶期定苗。少施提苗肥，重施穗肥，每亩施尿素 30～40 千克。苗期注意防治蓟马、棉铃虫、菜青虫等虫害，大喇叭口期用辛硫磷颗粒丢心防治玉米螟。玉米籽粒乳线消失出现黑层后适时收获。

**推广意见：**建议在河北省唐山、廊坊市，保定北部和沧州北部，夏播玉米区夏播种植。

## 122. 富中 8 号

**审定编号：**冀审玉 2016023 号

**试验名称：**唐 11－D8

**选育单位：**河北富中种业有限公司

**报审单位：**河北富中种业有限公司

**品种来源：**2011 年用组合 tf583×tf110 育成

**审定时间：**2016 年 5 月

**产量表现：**2013 年河北省夏播早熟组区域试验，平均亩产 643.3 千克；2014 年同组区域试验，平均亩产 716.6 千克。2015 年生产试验，平均亩产 672.9 千克。

**特征特性：**幼苗叶鞘深紫色。成株株型紧凑，株高 289 厘米，穗位 124 厘米，生育期 106 天左右。雄穗分枝 15～18 个，花药黄色，花丝浅红色。果穗筒形，穗轴白色，穗长 17.4 厘米，穗行数 12 行左右，秃尖 0.4 厘米。籽粒黄色、半硬粒型，千粒重 405.8 克，出籽率 84.5%。2015 年农业部谷物品质监督检验测试中心测定，粗蛋白质（干基）10.21%，粗脂肪（干基）3.02%，粗淀粉

（干基）72.27%，赖氨酸（干基）0.29%。抗病虫性：河北省农林科学院植物保护研究所鉴定，2013 年，抗小斑病、大斑病，中抗茎腐病，感弯孢叶斑病；2014 年，高抗小斑病、茎腐病、弯孢叶斑病，中抗大斑病。

**栽培技术要点：**适宜密度为 4 200 株/亩。亩施磷酸二铵 30 千克、钾肥 5 千克、锌肥 1.5 千克作底肥，追施尿素 25 千克。

**推广意见：**建议在河北省唐山、廊坊市，保定北部和沧州北部，夏播玉米区夏播种植。

## 123. 美晟 887

**审定编号：**冀审玉 2016024 号

**试验名称：**兴玉 3065

**选育单位：**定兴县玉米研究所、保定艾格瑞种业有限公司

**报审单位：**定兴县玉米研究所

**品种来源：**2009 年用组合 LS4121×LS8001 育成

**审定时间：**2016 年 5 月

**产量表现：**2013 年河北省夏播早熟组区域试验，平均亩产 610.8 千克；2014 年同组区域试验，平均亩产 736.9 千克。2015 年生产试验，平均亩产 687.2 千克。

**特征特性：**幼苗叶鞘紫色。成株株型紧凑，株高 270 厘米，穗位 105 厘米，生育期 104 天左右。雄穗分枝 4～6 个，花药黄色，花丝紫色。果穗筒形，穗轴白色，穗长 17.2 厘米，穗行数 16 行左右，秃尖 1.0 厘米。籽粒黄色、半马齿型，千粒重 358.0 克，出籽率 86.0%。2015 年农业部谷物品质监督检验测试中心测定，粗蛋白质（干基）9.16%，粗脂肪（干基）3.41%，粗淀粉（干基）74.71%，赖氨酸（干基）0.26%。抗病虫性：河北省农林科学院植物保护研究所鉴定，2013 年，抗大斑病，中抗小斑病、茎腐病，感弯孢叶斑病；2014 年，高抗茎腐病，抗大斑病，中抗小斑病，感弯孢叶斑病。

**栽培技术要点：**适宜密度为 4 200 株/亩。每亩施 50 千克长效

玉米专用肥。大喇叭口期注意防治玉米螟。籽粒乳线消失黑层出现7～10天后适时收获。

**推广意见：**建议在河北省唐山、廊坊市，保定北部和沧州北部，夏播玉米区夏播种植。

## 124. 纪元198

**审定编号：**冀审玉2016025号

**试验名称：**廊玉12-4

**选育单位：**河北新纪元种业有限公司

**报审单位：**河北新纪元种业有限公司

**品种来源：**2010年用组合廊系158×廊系-4育成

**审定时间：**2016年5月

**产量表现：**2013年河北省夏播早熟组区域试验，平均亩产602.0千克；2014年同组区域试验，平均亩产714.4千克。2015年生产试验，平均亩产676.6千克。

**特征特性：**幼苗叶鞘浅紫色。成株株型紧凑，株高273厘米，穗位117厘米，生育期106天左右。雄穗分枝5～10个，花药深黄色，花丝浅紫色。果穗柱形，穗轴白色，穗长17.5厘米，穗行数14行左右，秃尖0.3厘米。籽粒黄色、半马齿型，千粒重347.4克，出籽率86.7%。2015年农业部谷物品质监督检验测试中心测定，粗蛋白质（干基）8.68%，粗脂肪（干基）4.08%，粗淀粉（干基）74.94%，赖氨酸（干基）0.26%。抗病虫性：河北省农林科学院植物保护研究所鉴定，2013年，中抗小斑病、大斑病、茎腐病，感弯孢叶斑病；2014年，高抗茎腐病，中抗小斑病、大斑病，感弯孢叶斑病。

**栽培技术要点：**适宜密度为4 200株/亩。选择中上等肥水条件地块6月中旬播种。亩施复合肥或磷酸二铵20千克。大喇叭口前少浇水，宜蹲苗；中后期亩追施尿素30～40千克。

**推广意见：**建议在河北省唐山、廊坊市夏播玉米区夏播种植。注意防倒伏。

## 125. 早粒 1 号

**审定编号：** 冀审玉 2016026 号

**试验名称：** 兴玉 168

**选育单位：** 定兴县玉米研究所、北京广源旺禾种业有限公司

**报审单位：** 定兴县玉米研究所

**品种来源：** 2010 年用组合 DM54×ZS1031 育成

**审定时间：** 2016 年 5 月

**产量表现：** 2013 年河北省夏播极早熟组区域试验，平均亩产 540.2 千克；2014 年同组区域试验，平均亩产 541.6 千克。2015 年生产试验，平均亩产 543.6 千克。

**特征特性：** 幼苗叶鞘紫色。成株株型紧凑，株高 274 厘米，穗位 89 厘米，生育期 91 天左右。雄穗分枝 5～7 个，花药绿色，花丝绿色。果穗筒形，穗轴红色，穗长 15.8 厘米，穗行数 16 行左右，秃尖 0.8 厘米。籽粒黄色、半马齿型，千粒重 264.0 克，出籽率 83.7%。2015 年农业部谷物品质监督检验测试中心测定，粗蛋白质（干基）10.79%，粗脂肪（干基）3.49%，粗淀粉（干基）71.94%，赖氨酸（干基）0.32%。抗病虫性：河北省农林科学院植物保护研究所鉴定，2013 年，中抗小斑病、大斑病、矮花叶病，感茎腐病、弯孢叶斑病；2014 年，高抗矮花叶病，抗小斑病，中抗大斑病、茎腐病。

**栽培技术要点：** 适宜密度为 4 500 株/亩。亩施复合肥 30 千克作底肥，追肥以前轻、中重、后补为原则，采取稳氮、增磷、补钾的措施。5～6 片可见叶时定苗，定苗后及时中耕培土，防治杂草，注意防治病虫害。

**推广意见：** 建议在河北省邯郸、邢台、石家庄、衡水市，保定南部和沧州南部，夏播玉米区 7 月 10 日左右晚播种植。

## 126. 怀玉 208

**引种编号：** 冀引玉 2016001 号

**选育单位：**河南怀川种业有限责任公司

**品种来源：**用组合 HT112 ×H2172 育成

**审定情况：**2013 年河南省审定（豫审玉 2013008）

**产量表现：**2014 年河北省夏播高密组引种试验，平均亩产 715.0 千克；2015 年同组引种试验，平均亩产 726.0 千克。

**特征特性：**该品种株型半紧凑，叶色浓绿，芽鞘浅紫色，株高 281 厘米，穗位 125 厘米，生育期 106 天左右。雄穗分枝 13 个，花药黄色，花丝浅紫色。果穗锥形，穗轴白色，穗长 17.2 厘米，穗行数 16 行左右，秃尖 0.3 厘米。籽粒黄色、半马齿型，千粒重 343.3 克，出籽率 87.2%。两年试验平均倒伏率 0.7%，倒折率 1.4%。农业部农产品质量监督检验测试中心（郑州）检测，粗蛋白质 10.33%，粗脂肪 4.68%，粗淀粉 75.89%，赖氨酸 0.30%，容重 757 克/升。抗病虫性：河北省农林科学院植物保护研究所鉴定，2014 年，高抗矮花叶病，抗茎腐病，中抗小斑病、大斑病；2015 年，抗小斑病、穗腐病、粗缩病，中抗弯孢叶斑病、茎腐病，高感瘤黑粉病。

**栽培技术要点：**适宜密度为 4 000～4 500 株/亩。足墒播种，亩施复合肥 7.5～10 千克做种肥，大喇叭口前期亩追施尿素 30～40 千克，遇旱及时浇水，注意防治玉米螟。成熟时及时收获。

**推广意见：**建议在河北省唐山、廊坊市及其以南的夏播玉米区夏播种植。

## 127. 金研 919

**引种编号：**冀引玉 2016002 号

**选育单位：**新乡市粒丰农科有限公司、新疆金博种业中心

**品种来源：**用组合 LN136 ×LN659 育成

**审定情况：**2011 年河南省审定（豫审玉 2011006）

**产量表现：**2014 年河北省夏播高密组引种试验，平均亩产 708.5 千克；2015 年同组引种试验，平均亩产 732.5 千克。

**特征特性：**该品种株型紧凑，幼苗叶鞘浅紫色，株高 278 厘

米，穗位124厘米，生育期108天左右。雄穗分枝数中上等，雄穗颖片绿色，花药黄色，花丝浅紫色。果穗中间型，穗轴白色，穗长16.5厘米，穗行数18行左右，秃尖0.7厘米。籽粒黄色、马齿型，千粒重319.3克，出籽率86.3%。两年试验平均倒伏率1.8%，倒折率2.4%。农业部农产品质量监督检验测试中心（郑州）检测，粗蛋白质11.28%，粗脂肪4.64%，粗淀粉71.74%，赖氨酸0.293%，容重738克/升。抗病虫性：河北省农林科学院植物保护研究所鉴定，2014年，高抗小斑病、茎腐病、矮花叶病，抗大斑病；2015年，高抗粗缩病，抗小斑病、穗腐病，感弯孢叶斑病、茎腐病，高感瘤黑粉病。

**栽培技术要点：**适宜6月15日前抢时早播，适宜密度4 000～4 500株/亩左右。播种前增施有机肥，播种时亩施氮磷钾复合肥30千克，大喇叭口期亩追施尿素40千克，注意防治玉米螟。适时收获。

**推广意见：**建议在河北省唐山、廊坊市及其以南的夏播玉米区夏播种植。

## 128. 科试119

**审定编号：**冀审玉20170001

**选育单位：**河北缘生农业开发有限公司

**报审单位：**河北缘生农业开发有限公司

**品种来源：**由组合KX44×R72106选育而成

**审定时间：**2017年4月

**产量表现：**2014年河北省夏播超密组区域试验，平均亩产805.9千克；2015年同组区域试验，平均亩产761.7千克。2016年生产试验，平均亩产683.1千克。

**特征特性：**幼苗叶鞘紫色。成株株型紧凑，株高278厘米，穗位121厘米，全株叶片数20片，生育期107天左右。雄穗分枝7～10个，花药浅紫色，花丝红色。果穗筒形，穗轴红色，穗长17.5厘米，穗行数18行左右，秃尖0.7厘米。籽粒浅红色、马齿型，千粒重 306.2 克，出籽率 87.6%。品质：2016 年河北省农作物品种品质检测中心测定，蛋白质 8.74%，脂肪 3.64%，淀粉 74.50%，赖氨酸 0.22%。抗病性：河北省农林科学院植物保护研究所鉴定，2014 年，抗矮花叶病，中抗大斑病、茎腐病，感小斑病；2015 年，抗弯孢叶斑病、穗腐病、粗缩病，中抗茎腐病，感小斑病，高感瘤黑粉病。

**栽培技术要点：**适宜播期为 6 月 25 日前，适宜密度为 5 000 株/亩。播种深度一般掌握在 5 厘米左右，在幼苗长到 5～6 片叶时定苗，定苗后中耕培土，防除杂草。重施基肥，亩施三元复合肥 25 千克作底肥，在拔节孕穗期重施氮肥一次，亩追施尿素 30 千克。注意防治病虫害。

**推广意见：**适宜在河北省唐山、廊坊市及其以南的夏播玉米区夏播种植。

## 129. 蠡玉 111

**审定编号：**冀审玉 20170002

**选育单位：**石家庄蠡玉科技开发有限公司

**报审单位：**石家庄蠡玉科技开发有限公司

**品种来源：**由组合 L517×L1225 选育而成

**审定时间：**2017 年 4 月

**产量表现：**2014 年河北省夏播超密组区域试验，平均亩产 755.0 千克；2015 年同组区域试验，平均亩产 745.8 千克。2016 年生产试验，平均亩产 659.0 千克。

**特征特性：**幼苗叶鞘紫色。成株株型紧凑，株高 291 厘米，穗位 105 厘米，全株叶片数 19 片左右，生育期 107 天左右。雄穗分枝 8 个左右，花药绿色，花丝浅紫色。果穗长筒形，穗轴红色，穗长 17.5 厘米，穗行数 16 行左右，秃尖 1.4 厘米。籽粒黄色、半马齿型，千粒重 349.3 克，出籽率 85.6%。品质：2016 年河北省农作物品种品质检测中心测定，蛋白质 8.57%，脂肪 4.02%，淀粉 73.62%，赖氨酸 0.24%。抗病性：河北省农林科学院植物保护研究所鉴定，2014年，高抗小斑病，抗茎腐病，感矮花叶病，高感大斑病；2015年，高抗弯孢叶斑病，抗穗腐病，中抗小斑病、茎腐病，感瘤黑粉病、粗缩病。

**栽培技术要点：**适宜播期为6月10～20日，适宜密度为5 000株/亩。追肥以前轻、中重、后补为原则，采取稳氮、增磷、补钾的措施，底肥亩施复合肥40千克，喇叭口期亩追施尿素20千克。种子包衣防治地下害虫，苗期注意防治黏虫，喇叭口期及时用药防治玉米螟。

**推广意见：**适宜在河北省唐山、廊坊市及其以南的夏播玉米区夏播种植。

## 130. 明天695

**审定编号：**冀审玉20170003

**选育单位：**江苏明天种业科技股份有限公司

**报审单位：**江苏明天种业科技股份有限公司

**品种来源：**由组合11F34×DZ72选育而成

**审定时间：**2017年4月

**产量表现：**2014年河北省夏播超密组区域试验，平均亩产771.0千克；2015年同组区域试验，平均亩产744.0千克。2016年生产试验，平均亩产681.4千克。

**特征特性：**幼苗叶鞘紫色。成株株型紧凑，株高277厘米，穗位110厘米，全株叶片数21片，生育期109天左右。雄穗分枝8～12个，花药绿色，花丝先青后紫。果穗筒形，穗轴粉红色，穗长18.5厘米，穗行数14行左右，秃尖0.9厘米。籽粒黄色、马齿型，千粒重370.1克，出籽率85.0%。品质：2016年河北省农作物品种品质检测中心测定，蛋白质9.15%，脂肪3.74%，淀粉72.98%，赖氨酸0.23%。抗病性：河北省农林科学院植物保护研究所鉴定，2014年，抗小斑病，中抗大斑病、茎腐病，感矮花叶病；2015年，高抗粗缩病，抗小斑病、穗腐病，中抗弯孢叶斑病、茎腐病，高感瘤黑粉病。

**栽培技术要点：** 适宜播期为6月25日前，麦收后尽快抢茬播种，适宜密度为5 000株/亩。按照当地种植方式平播或套种，采取等行距60厘米或宽窄行80厘米×40厘米种植。足墒播种，保证苗全、苗齐、苗壮，底肥亩施45%以上含量复混肥25千克左右，大喇叭口期亩追施尿素25千克。注意旱浇涝排，完熟收获。

**推广意见：** 适宜在河北省唐山、廊坊市及其以南的夏播玉米区夏播种植。

## 131. 金博士705

**审定编号：** 冀审玉20170004

**选育单位：** 河北金博士种业有限公司

**报审单位：** 河北金博士种业有限公司

**品种来源：** 由组合JW785×G125选育而成

**审定时间：** 2017年4月

**产量表现：** 2014年河北省夏播超密组区域试验，平均亩产769.5千克；2015年同组区域试验，平均亩产715.9千克。2016年生产试验，平均亩产658.1千克。

**特征特性：** 幼苗叶鞘浅红色。成株株型紧凑，株高274厘米，穗位109厘米，全株叶片数19～21片，生育期109天左右。雄穗分枝6～8个，花药浅紫色，花丝浅紫色。果穗筒形，穗轴红色，穗长18.0厘米，穗行数16行左右，秃尖0.4厘米。籽粒黄色、半马齿型，千粒重319.8克，出籽率85.8%。品质：2016年河北省农作物品种品质检测中心测定，蛋白质9.41%，脂肪3.69%，淀粉72.86%，赖氨酸0.22%。抗病性：河北省农林科学院植物保护研究所鉴定，2014年，高抗茎腐病，中抗小斑病、大斑病、矮花叶病；2015年，抗粗缩病，中抗小斑病、弯孢叶斑病、茎腐病，感穗腐病，高感瘤黑粉病。

**栽培技术要点：** 适宜播期为6月中旬，适宜密度为4 500～5 000株/亩。采用种子包衣或是在幼苗三至五叶期喷药预防灰飞虱、蓟马、黏虫等虫害，从而预防粗缩病的发生保证幼苗正常生长。底肥以农家肥为主，亩施尿素 20 千克、磷酸二铵 20 千克；追肥以氮肥为主，分别于小喇叭口期和大喇叭口期亩追施尿素 15 千克。

**推广意见：**适宜在河北省唐山、廊坊市及其以南的夏播玉米区夏播种植。

## 132. 金诚 12

**审定编号：**冀审玉 20170005

**选育单位：**河南金苑种业股份有限公司、河北科泰种业有限公司

**报审单位：**河南金苑种业股份有限公司、河北科泰种业有限公司

**品种来源：**由组合 JC1001×JC1501 选育而成

**审定时间：**2017 年 4 月

**产量表现：**2014 年河北省夏播超密组区域试验，平均亩产 769.5 千克；2015 年同组区域试验，平均亩产 733.8 千克。2016 年生产试验，平均亩产 672.1 千克。

**特征特性：**幼苗叶鞘紫色。成株株型紧凑，株高 278 厘米，穗位 104 厘米，全株叶片数 19～20 片，生育期 107 天左右。雄穗分枝 10～14 个，花药浅紫色，花丝紫红色。果穗筒形，穗轴红色，穗长 16.8 厘米，穗行数 16 行左右，秃尖 1.2 厘米。籽粒黄色、半马齿型，千粒重 320.5 克，出籽率 88.2%。品质：2016 年河北省农作物品种品质检测中心测定，蛋白质 10.59%，脂肪 3.74%，淀粉 73.92%，赖氨酸 0.22%。抗病性：河北省农林科学院植物保护研究所鉴定，2014 年，高抗茎腐病、矮花叶病，感小斑病、大斑病；2015 年，抗弯孢叶斑病、穗腐病，中抗小斑病、茎腐病、粗缩病，高感瘤黑粉病。

**栽培技术要点：**适宜播期为 6 月中旬，适宜密度为 4 500～5 000株/亩。肥料注重前轻后重。浇足底墒水，后期根据降水情况决定灌水次数。注意防治苗期害虫，保证苗齐苗壮，大喇叭口期注

意防治玉米螟。

**推广意见：**适宜在河北省唐山、廊坊市及其以南的夏播玉米区夏播种植。

## 133. 极峰35号

**审定编号：**冀审玉20170006

**选育单位：**河北极峰农业开发有限公司、张掖市中天农业科技有限公司

**报审单位：**河北极峰农业开发有限公司

**品种来源：**由组合FL13×J845选育而成

**审定时间：**2017年4月

**产量表现：**2014年河北省夏播超密组区域试验，平均亩产812.6千克；2015年同组区域试验，平均亩产760.2千克。2016年生产试验，平均亩产668.7千克。

**特征特性：**幼苗叶鞘浅紫色。成株株型半紧凑，株高276厘米，穗位122厘米，全株叶片数20片，生育期108天左右。雄穗分枝7～9个，花药浅紫色，花丝红色。果穗筒形，穗轴粉色，穗长17.2厘米，穗行数16行左右，秃尖1.1厘米。籽粒黄色、半马齿型，千粒重362.2克，出籽率87.3%。品质：2016年河北省农作物品种品质检测中心测定，蛋白质10.29%，脂肪3.94%，淀粉72.64%，赖氨酸0.22%。抗病性：河北省农林科学院植物保护研究所鉴定，2014年，抗小斑病、矮花叶病，中抗大斑病、茎腐病；2015年，中抗小斑病、弯孢叶斑病、茎腐病、穗腐病，感粗缩病，高感瘤黑粉病。

**栽培技术要点：**适宜播期为6月上旬，适宜密度为5 000株/亩。播种时亩施复合肥35～50千克作底肥，大喇叭口期亩追施氮肥10～15千克。注意防治地下害虫，大喇叭口期丢心防治虫害，及时中耕除草。

**推广意见：**适宜在河北省唐山、廊坊市及其以南的夏播玉米区夏播种植。

## 134. MC817

**审定编号：**冀审玉 20170007

**选育单位：**北京市农林科学院玉米研究中心

**报审单位：**北京顺鑫农科种业科技有限公司

**品种来源：**由组合京 72464×京 2418 选育而成

**审定时间：**2017 年 4 月

**产量表现：**2014 年河北省夏播超密组区域试验，平均亩产 786.8 千克；2015 年同组区域试验，平均亩产 728.9 千克。2016 年生产试验，平均亩产 655.1 千克。

**特征特性：**幼苗叶鞘紫色。成株株型紧凑，株高 276 厘米，穗位 107 厘米，全株叶片数 20 片，生育期 106 天左右。雄穗分枝4～7 个，花药淡紫色，花丝淡红色。果穗偏锥形，穗轴白色，穗长 17.3 厘米，穗行数 16 行左右，秃尖 1.0 厘米。籽粒黄色、硬粒型，千粒重 355.8 克，出籽率 86.7%。品质：2016 年河北省农作物品种品质检测中心测定，蛋白质 9.11%，脂肪 4.12%，淀粉 73.57%，赖氨酸 0.24%。抗病性：河北省农林科学院植物保护研究所鉴定，2014 年，高抗矮花叶病，中抗小斑病、大斑病、茎腐病；2015 年，抗小斑病、茎腐病、穗腐病、粗缩病，中抗弯孢叶斑病，高感瘤黑粉病。

**栽培技术要点：**适宜播期为 6 月上旬，适宜密度为 5 000 株/亩。整地覆膜时亩施玉米专用复合肥 20 千克、磷酸二铵 15 千克作底肥，拔节期亩追施尿素 40 千克。中后期注意防治红蜘蛛。

**推广意见：**适宜在河北省唐山、廊坊市及其以南的夏播玉米区夏播种植。

## 135. 沃玉 990

**审定编号：**冀审玉 20170008

**选育单位：**河北沃土种业股份有限公司

**报审单位：**河北沃土种业股份有限公司

**品种来源：** 由组合 ND325×MP1 选育而成

**审定时间：** 2017 年 4 月

**产量表现：** 2014 年河北省夏播超密组区域试验，平均亩产 790.4 千克；2015 年同组区域试验，平均亩产 737.3 千克。2016 年生产试验，平均亩产 669.9 千克。

**特征特性：** 幼苗叶鞘青色。成株株型紧凑，株高 275 厘米，穗位 105 厘米，全株叶片数 21 片，生育期 107 天左右。雄穗分枝 8 个左右，花药黄色，花丝红色。果穗筒形，穗轴白色，穗长 17.4 厘米，穗行数 16 行左右，秃尖 0.5 厘米。籽粒黄色、硬粒型，千粒重 313.0 克，出籽率 86.3%。品质：2016 年河北省农作物品种品质检测中心测定，蛋白质 10.17%，脂肪 4.24%，淀粉 72.11%，赖氨酸 0.25%。抗病性：河北省农林科学院植物保护研究所鉴定，2014 年，高抗矮花叶病，抗大斑病，中抗小斑病，感茎腐病；2015 年，抗小斑病、弯孢叶斑病、穗腐病，感茎腐病、粗缩病，高感瘤黑粉病。

**栽培技术要点：** 适宜播期为 6 月 10 日左右，适宜密度为 5 000 株/亩。科学管理，足墒播种或播后及时灌溉，重施拔节肥、适量供穗肥。注意防治地下害虫、玉米螟。

**推广意见：** 适宜在河北省唐山、廊坊市及其以南的夏播玉米区夏播种植。

## 136. 众信 516

**审定编号：** 冀审玉 20170009

**选育单位：** 河北众信种业科技有限公司

**报审单位：** 河北众信种业科技有限公司

**品种来源：** 由组合 Z3×X72 选育而成

**审定时间：** 2017 年 4 月

**产量表现：** 2014 年河北省夏播超密组区域试验，平均亩产 780.4 千克；2015 年同组区域试验，平均亩产 748.2 千克。2016 年生产试验，平均亩产 671.2 千克。

**特征特性：** 幼苗叶鞘紫色。成株株型紧凑，株高273厘米，穗位122厘米，全株叶片数20片左右，生育期108天左右。雄穗分枝5～8个，花药紫色，花丝红色。果穗筒形，穗轴红色，穗长17.4厘米，穗行数16行左右，秃尖0.6厘米。籽粒黄色、硬粒型，千粒重345.6克，出籽率86.8%。品质：2016年河北省农作物品种品质检测中心测定，蛋白质9.41%，脂肪4.36%，淀粉74.11%，赖氨酸0.22%。抗病性：河北省农林科学院植物保护研究所鉴定，2014年，高抗矮花叶病，抗小斑病，中抗大斑病、茎腐病；2015年，抗小斑病、穗腐病，中抗弯孢叶斑病、茎腐病，感粗缩病，高感瘤黑粉病。

**栽培技术要点：** 适宜播期在为6月上中旬，适宜密度为5 000株/亩。施足底肥，大喇叭口期亩追施尿素30～40千克。

**推广意见：** 适宜在河北省唐山、廊坊市及其以南的夏播玉米区夏播种植。

## 137. 五谷305

**审定编号：** 冀审玉20170010

**选育单位：** 甘肃五谷种业股份有限公司

**报审单位：** 甘肃五谷种业股份有限公司

**品种来源：** 由组合WG3258×WG6319选育而成

**审定时间：** 2017年4月

**产量表现：** 2014年河北省夏播超密组区域试验，平均亩产792.4千克；2015年同组区域试验，平均亩产731.3千克。2016年生产试验，平均亩产656.3千克。

**特征特性：** 幼苗叶鞘深紫色。成株株型紧凑，株高287厘米，穗位99厘米，全株叶片数20片，生育期107天左右。雄穗分枝3～6个，花药紫色，花丝红色。果穗筒形，穗轴红色，穗长17.5厘米，穗行数16行左右，秃尖1.5厘米。籽粒黄色、半马齿型，千粒重360.1克，出籽率86.9%。品质：2016年河北省农作物品种品质检测中心测定，蛋白质10.42%，脂肪3.43%，淀粉

73.63%，赖氨酸0.25%。抗病性：河北省农林科学院植物保护研究所鉴定，2014年，高抗矮花叶病，抗茎腐病，中抗小斑病，高感大斑病；2015年，高抗弯孢叶斑病，抗穗腐病，中抗小斑病，感茎腐病、粗缩病，高感瘤黑粉病。

**栽培技术要点：**适宜播期为6月中旬，适宜密度为4 500～5 000株/亩。播种时亩施有机肥100千克作底肥，小喇叭口期亩追施氮肥30千克以上，授粉后可亩施粒肥5千克。7月中下旬注意预防玉米螟。

**推广意见：**适宜在河北省唐山、廊坊市及其以南的夏播玉米区夏播种植。

## 138. 富中12号

**审定编号：**冀审玉20170011

**选育单位：**河北富中种业有限公司

**报审单位：**河北富中种业有限公司

**品种来源：**由组合tf78×tf824选育而成

**审定时间：**2017年4月

**产量表现：**2014年河北省夏播超密组区域试验，平均亩产771.7千克；2015年同组区域试验，平均亩产739.5千克。2016年生产试验，平均亩产683.6千克。

**特征特性：**幼苗叶鞘浅紫色。成株株型紧凑，株高275厘米，穗位117厘米，全株叶片数19～20片，生育期108天左右。雄穗分枝21个左右，花药浅黄色，花丝浅粉色。果穗筒形，穗轴红色，穗长16.5厘米，穗行数14行左右，秃尖0.4厘米。籽粒黄色、半硬粒型，千粒重386.5克，出籽率85.0%。品质：2016年河北省农作物品种品质检测中心测定，蛋白质9.92%，脂肪4.67%，淀粉72.66%，赖氨酸0.22%。抗病性：河北省农林科学院植物保护研究所鉴定，2014年，高抗茎腐病、矮花叶病，中抗小斑病，感大斑病；2015年，抗小斑病、弯孢叶斑病、穗腐病、粗缩病，中抗茎腐病，高感瘤黑粉病。

**栽培技术要点：**适宜播期为6月中旬，适宜密度为4 500～5 000株/亩。播种时亩施磷酸二铵35千克、钾肥5千克、锌肥1.5千克作底肥，亩追施尿素25千克。

**推广意见：**适宜在河北省唐山、廊坊市及其以南的夏播玉米区夏播种植。

## 139. 正弘758

**审定编号：**冀审玉20170012

**选育单位：**石家庄正弘农业科技开发有限公司

**报审单位：**石家庄正弘农业科技开发有限公司

**品种来源：**由组合ZH95×ZH91选育而成

**审定时间：**2017年4月

**产量表现：**2014年河北省夏播超密组区域试验，平均亩产781.5千克；2015年同组区域试验，平均亩产752.2千克。2016年生产试验，平均亩产685.5千克。

**特征特性：**幼苗叶鞘浅紫色。成株株型半紧凑，株高250厘米，穗位113厘米，全株叶片数19～21片，生育期108天左右。雄穗分枝12～21个，花药黄色，花丝浅紫色。果穗筒形，穗轴白色，穗长17.1厘米，穗行数16行左右，秃尖0.4厘米。籽粒黄色、半马齿型，千粒重347.3克，出籽率86.8%。品质：2016年河北省农作物品种品质检测中心测定，蛋白质8.38%，脂肪3.78%，淀粉76.00%，赖氨酸0.21%。抗病性：河北省农林科学院植物保护研究所鉴定，2014年，抗小斑病、大斑病、矮花叶病，中抗茎腐病；2015年，抗小斑病、弯孢叶斑病、穗腐病，中抗茎腐病、粗缩病，高感瘤黑粉病。

**栽培技术要点：**适宜播期为6月25日前，适宜密度为5 000株/亩左右。玉米五叶期轻施提苗肥，大喇叭口期重施肥水。苗期及时防治棉铃虫、蓟马等虫害，大喇叭口期及时防治玉米螟，花期及时防治蚜虫。

**推广意见：**适宜在河北省唐山、廊坊市及其以南的夏播玉米区夏播种植。

## 140. 巡天 1102

**审定编号：** 冀审玉 20170013

**选育单位：** 河北巡天农业科技有限公司

**报审单位：** 河北巡天农业科技有限公司

**品种来源：** 由组合 H111426×X1098 选育而成

**审定时间：** 2017 年 4 月

**产量表现：** 2014 年河北省夏播超密组区域试验，平均亩产 765.5 千克；2015 年同组区域试验，平均亩产 717.1 千克。2016 年生产试验，平均亩产 673.6 千克

**特征特性：** 幼苗叶鞘浅紫色。成株株型紧凑，株高 263 厘米，穗位 117 厘米，全株叶片数 20～21 片，生育期 109 天左右。雄穗分枝 8～13 个，花药黄色，花丝紫红色。果穗筒形，穗轴白色，穗长 16.8 厘米，穗行数 14 行左右，秃尖 0.3 厘米。籽粒黄色、马齿型，千粒重 347.4 克，出籽率 85.9%。品质：2016 年河北省农作物品种品质检测中心测定，蛋白质 8.30%，脂肪 4.41%，淀粉 75.17%，赖氨酸 0.20%。抗病性：河北省农林科学院植物保护研究所鉴定，2014 年，高抗大斑病、矮花叶病，抗小斑病、茎腐病；2015 年，高抗粗缩病，抗小斑病、弯孢叶斑病、穗腐病，感茎腐病，高感瘤黑粉病。

**栽培技术要点：** 适宜播期为 6 月中旬，适宜密度为 4 500～5 000株/亩。施足底肥，拔节期追施氮肥。大喇叭口期注意防治玉米螟。

**推广意见：** 适宜在河北省唐山、廊坊市及其以南的夏播玉米区夏播种植。

## 141. 天塔 619

**审定编号：** 冀审玉 20170014

**选育单位：** 河间市国欣农村技术服务总会、天津中天大地科技

有限公司

**报审单位：**河间市国欣农村技术服务总会

**品种来源：**由组合H51×0H1925选育而成

**审定时间：**2017年4月

**产量表现：**2015年河北省夏播超密组区域试验，平均亩产769.5千克；2016年同组区域试验，平均亩产750.5千克。2016年生产试验，平均亩产673.3千克。

**特征特性：**幼苗叶鞘紫色。成株株型半紧凑，株高256厘米，穗位101厘米，全株叶片数20片，生育期105天左右。雄穗分枝8个左右，花药紫色，花丝青色。果穗筒形，穗轴粉色，穗长17.5厘米，穗行数14行左右，秃尖0.8厘米。籽粒黄色、硬粒型，千粒重333.8克，出籽率85.5%。品质：2016年河北省农作物品种品质检测中心测定，粗蛋白质（干基）9.91%，粗脂肪（干基）3.56%，粗淀粉（干基）74.35%，赖氨酸0.22%。抗病性：河北省农林科学院植物保护研究所鉴定，2015年，高抗弯孢叶斑病，抗小斑病、穗腐病，中抗茎腐病，感粗缩病，高感瘤黑粉病；2016年，抗弯孢叶斑病、粗缩病，中抗小斑病、瘤黑粉病，感穗腐病，茎腐病田间自然发病表现为中抗。

**栽培技术要点：**适宜播期为6月20日左右，适宜密度为5 000株/亩左右。肥料重施底肥轻施追肥，80%的肥料可作底肥施入，20%的肥料在大喇叭口前期一次性追施。

**推广意见：**适宜在河北省唐山、廊坊市及其以南的夏播玉米区夏播种植。

## 142. 极峰25号

**审定编号：**冀审玉20170015

**选育单位：**河北极峰农业开发有限公司、张掖市中天农业科技有限公司

**报审单位：**河北极峰农业开发有限公司

**品种来源：**由组合FL475×J37选育而成

**审定时间：** 2017 年 4 月

**产量表现：** 2015 年河北省夏播超密组区域试验，平均亩产 746.1 千克；2016 年同组区域试验，平均亩产 757.7 千克。2016 年生产试验，平均亩产 681.2 千克。

**特征特性：** 幼苗叶鞘紫色。成株株型半紧凑，株高 242 厘米，穗位 112 厘米，全株叶片数 20 片，生育期 106 天左右。雄穗分枝 8～12 个，花药浅紫色，花丝绿色。果穗筒形，穗轴白色，穗长 17.6 厘米，穗行数 16 行左右，秃尖 0.6 厘米。籽粒黄色、半马齿型，千粒重 363.6 克，出籽率 84.5%。品质：2016 年河北省农作物品种品质检测中心测定，粗蛋白质（干基）8.05%，粗脂肪（干基）3.84%，粗淀粉（干基）74.18%，赖氨酸 0.21%。抗病性：河北省农林科学院植物保护研究所鉴定，2015 年，抗小斑病、穗腐病，中抗弯孢叶斑病、茎腐病，高感瘤黑粉病、粗缩病；2016 年，抗小斑病、弯孢叶斑病，中抗粗缩病，感穗腐病，高感瘤黑粉病，茎腐病抗性田间自然发病表现为中抗。

**栽培技术要点：** 适宜播期为 6 月 7～10 日，适宜密度为 5 000 株/亩。播种时亩施玉米专用复合肥 35～50 千克作底肥，大喇叭口期亩追施氮肥 10～15 千克左右。及时中耕除草，大喇叭口期丢心防治虫害。

**推广意见：** 适宜在河北省唐山、廊坊市及其以南的夏播玉米区夏播种植。

## 143. 乾玉 187

**审定编号：** 冀审玉 20170016

**选育单位：** 河北天和种业有限公司

**报审单位：** 河北天和种业有限公司

**品种来源：** 由组合 D585×D138 选育而成

**审定时间：** 2017 年 4 月

**产量表现：** 2015 年河北省夏播超密组区域试验，平均亩产 740.2 千克；2016 年同组区域试验，平均亩产 721.0 千克。2016

年生产试验，平均亩产 649.4 千克。

**特征特性：**幼苗叶鞘紫色。成株株型紧凑，株高 241 厘米，穗位 92 厘米，全株叶片数 20 片，生育期 106 天左右。雄穗分枝 6～11 个，花药黄色，花丝青色。果穗筒形，穗轴白色，穗长 17.3 厘米，穗行数 16 行左右，秃尖 0.7 厘米。籽粒黄色、半马齿偏硬质型，千粒重 347.0 克，出籽率 83.0%。品质：2016 年河北省农作物品种品质检测中心测定，粗蛋白质（干基）9.23%，粗脂肪（干基）4.34%，粗淀粉（干基）73.54%，赖氨酸 0.20%。抗病性：河北省农林科学院植物保护研究所鉴定，2015 年，抗小斑病，中抗弯孢叶斑病、茎腐病、穗腐病、粗缩病，感瘤黑粉病；2016 年，中抗小斑病、弯孢叶斑病、穗腐病，感瘤黑粉病，高感粗缩病，茎腐病田间自然发病表现为中抗。

**栽培技术要点：**适宜播期为 6 月 10～20 日，适宜密度为 4 500～5 000 株/亩。施足底肥，大喇叭口期亩追施尿素 10 千克，孕穗期亩追施尿素 10 千克。及时中耕除草，注意防治地下害虫。

**推广意见：**适宜在河北省唐山、廊坊市及其以南的夏播玉米区夏播种植。

## 144. 凯育 13

**审定编号：**冀审玉 20170017

**选育单位：**北京未名凯拓植物基因研究有限公司

**报审单位：**北京未名凯拓植物基因研究有限公司

**品种来源：**由组合 R58－58×K72 选育而成

**审定时间：**2017 年 4 月

**产量表现：**2015 年河北省夏播超密组区域试验，平均亩产 738.9 千克；2016 年同组区域试验，平均亩产 738.7 千克。2016 年生产试验，平均亩产 672.8 千克。

**特征特性：**幼苗叶鞘紫色。成株株型半紧凑，株高 259 厘米，穗位 100 厘米，全株叶片数 20～21 片，生育期 105 天左右。雄穗分枝 5～8 个，花药黄色，花丝青色。果穗筒形，穗轴白色，穗长

17.3 厘米，穗行数 16 行左右，秃尖 0.5 厘米。籽粒黄色、硬粒型，千粒重 341.6 克，出籽率 82.3%。品质：2016 年河北省农作物品种品质检测中心测定，粗蛋白质（干基）12.59%，粗脂肪（干基）4.32%，粗淀粉（干基）69.30%，赖氨酸 0.23%。抗病性：河北省农林科学院植物保护研究所鉴定，2015 年，抗小斑病、弯孢叶斑病、粗缩病，中抗穗腐病，感茎腐病，高感瘤黑粉病；2016 年，抗小斑病、弯孢叶斑病，中抗穗腐病，感瘤黑粉病，高感粗缩病，茎腐病田间自然发病表现为抗。

**栽培技术要点：**适宜播期为 6 月 5～25 日，适宜密度为 5 000 株/亩左右。亩施优质农家肥 2 000 千克或三元复合肥 45 千克作底肥，拔节后期亩追施尿素 20～30 千克。适当蹲苗，可见叶 5～6 片时定苗，及时中耕除草，注意防治病虫害。

**推广意见：**适宜在河北省唐山、廊坊市及其以南的夏播玉米区夏播种植。

## 145. 万盛 89

**审定编号：**冀审玉 20170018

**选育单位：**河北万盛种业有限公司

**报审单位：**河北万盛种业有限公司

**品种来源：**由组合 JNW18×JN01 选育而成

**审定时间：**2017 年 4 月

**产量表现：**2015 年河北省夏播超密组区域试验，平均亩产 732.5 千克；2016 年同组区域试验，平均亩产 733.2 千克。2016 年生产试验，平均亩产 669.5 千克

**特征特性：**幼苗叶鞘紫色。成株株型半紧凑，株高 262 厘米，穗位 108 厘米，全株叶片数 20 片左右，生育期 105 天左右。雄穗分枝 6～10 个，花药浅紫色，花丝红色。果穗筒形，穗轴白色，穗长 16.7 厘米，穗行数 18 行左右，秃尖 0.3 厘米。籽粒黄色、半马齿型，千粒重 331.9 克，出籽率 82.6%。品质：2016 年河北省农作物品种品质检测中心测定，粗蛋白质（干基）9.54%，粗脂肪

（干基）4.04%，粗淀粉（干基）71.90%，赖氨酸 0.22%。抗病性：河北省农林科学院植物保护研究所鉴定，2015 年，抗小斑病、穗腐病，中抗弯孢叶斑病、茎腐病、粗缩病，高感瘤黑粉病；2016 年，抗小斑病、粗缩病，中抗弯孢叶斑病，感穗腐病、瘤黑粉病，茎腐病田间自然发病表现为中抗。

**栽培技术要点：**适宜播期为 6 月 10～15 日，适宜密度为 5 000 株/亩左右。亩施磷酸二铵 20 千克、钾肥 15 千克作底肥，小喇叭口期亩追施尿素 20～25 千克。

**推广意见：**适宜在河北省唐山、廊坊市及其以南的夏播玉米区夏播种植。

## 146. 兴玉 2018

**审定编号：**冀审玉 20170019

**选育单位：**定兴县玉米研究所、河北国研种业有限公司

**报审单位：**定兴县玉米研究所

**品种来源：**由组合 DZ5－8－11×DM5－4 选育而成

**审定时间：**2017 年 4 月

**产量表现：**2015 年河北省夏播超密组区域试验，平均亩产 741.5 千克；2016 年同组区域试验，平均亩产 741.4 千克。2016 年生产试验，平均亩产 644.6 千克。

**特征特性：**幼苗叶鞘紫色。成株株型半紧凑，株高 261 厘米，穗位 88 厘米，全株叶片数 20 片左右，生育期 104 天左右。雄穗分枝 6～10 个，花药黄色，花丝浅紫色。果穗长筒形，穗轴红色，穗长 17.7 厘米，穗行数 18 行左右，秃尖 0.9 厘米。籽粒黄色、半硬粒型，千粒重 328.7 克，出籽率 87.2%。品质：2016 年河北省农作物品种品质检测中心测定，粗蛋白质（干基）10.84%，粗脂肪（干基）3.12%，粗淀粉（干基）73.21%，赖氨酸 0.23%。抗病性：河北省农林科学院植物保护研究所鉴定，2015 年，中抗穗腐病、粗缩病，抗小斑病、弯孢叶斑病，感茎腐病，高感瘤黑粉病；2016 年，抗弯孢叶斑病，中抗小斑病、瘤黑粉病，感穗腐病、粗

缩病，茎腐病田间自然发病表现为中抗。

**栽培技术要点：** 适宜播期为6月13日左右，适宜密度为5 000株/亩。施足底肥，大喇叭口期亩追施尿素30千克。苗期注意防治黏虫，喇叭口期注意防治玉米螟。

**推广意见：** 适宜在河北省唐山、廊坊市及其以南的夏播玉米区夏播种植。

## 147. 科试992

**审定编号：** 冀审玉20170020

**选育单位：** 河北缘生农业开发有限公司

**报审单位：** 河北缘生农业开发有限公司

**品种来源：** 由组合KX60×HK366选育而成

**审定时间：** 2017年4月

**产量表现：** 2015年河北省夏播超密组区域试验，平均亩产752.8千克；2016年同组区域试验，平均亩产738.2千克。2016年生产试验，平均亩产662.6千克。

**特征特性：** 幼苗叶鞘紫色。成株株型紧凑，株高261厘米，穗位105厘米，全株叶片数19～21片，生育期105天左右。雄穗分枝5～8个，花药浅紫色，花丝浅紫色。果穗筒形，穗轴红色，穗长16.8厘米，穗行数16行左右，秃尖1.4厘米。籽粒黄色、半马齿型，千粒重351.5克，出籽率84.8%。品质：2016年河北省农作物品种品质检测中心测定，粗蛋白质（干基）10.39%，粗脂肪（干基）2.78%，粗淀粉（干基）73.76%，赖氨酸0.22%。抗病性：河北省农林科学院植物保护研究所鉴定，2015年，抗弯孢叶斑病，中抗小斑病、穗腐病、粗缩病，感茎腐病，高感瘤黑粉病；2016年，抗弯孢叶斑病、穗腐病，中抗瘤黑粉病，感小斑病、粗缩病，茎腐病田间自然发病表现为中抗。

**栽培技术要点：** 适宜播期为6月10～20日，适宜密度为4 700～5 000株/亩。施肥采取少底肥多追肥的原则，提倡增施磷、钾肥。喇叭口期注意防治玉米螟。

**推广意见：**适宜在河北省唐山、廊坊市及其以南的夏播玉米区夏播种植。

## 148. 明天 636

**审定编号：**冀审玉 20170021

**选育单位：**江苏明天种业科技股份有限公司

**报审单位：**江苏明天种业科技股份有限公司

**品种来源：**由组合 K1205×P348 选育而成

**审定时间：**2017 年 4 月

**产量表现：**2015 年河北省夏播超密组区域试验，平均亩产 734.5 千克；2016 年同组区域试验，平均亩产 765.3 千克。2016 年生产试验，平均亩产 667.2 千克。

**特征特性：**幼苗叶鞘紫色。成株株型紧凑，株高 252 厘米，穗位 94 厘米，全株叶片数 18 片，生育期 103 天左右。雄穗分枝 5～7 个，花药浅紫色，花丝青色。果穗筒形，穗轴红色，穗长 17.9 厘米，穗行数 16 行左右，秃尖 1.2 厘米。籽粒黄色、半马齿型，千粒重 326.2 克，出籽率 86.1%。品质：2016 年河北省农作物品种品质检测中心测定，粗蛋白质（干基）9.78%，粗脂肪（干基）3.48%，粗淀粉（干基）74.10%，赖氨酸 0.21%。抗病性：河北省农林科学院植物保护研究所鉴定，2015 年，抗小斑病、弯孢叶斑病，中抗穗腐病、粗缩病，感茎腐病，高感瘤黑粉病；2016 年，抗小斑病、穗腐病、粗缩病，中抗弯孢叶斑病，感瘤黑粉病，茎腐病田间自然发病表现为中抗。

**栽培技术要点：**适宜播期为 6 月 20 日左右，适宜密度为 5 000 株/亩左右。采取分期施肥的方式，少施提苗肥，重施穗肥，亩追施尿素 20 千克。苗期注意防治蓟马、棉铃虫、菜青虫等虫害，大喇叭口期用辛硫磷颗粒丢心防治玉米螟。

**推广意见：**适宜在河北省唐山、廊坊市及其以南的夏播玉米区夏播种植。

## 149. 金奥608

**审定编号：**冀审玉20170022

**选育单位：**河北金奥兰种业有限公司

**报审单位：**河北金奥兰种业有限公司

**品种来源：**由组合H13×HK385选育而成

**审定时间：**2017年4月

**产量表现：**2014年河北省夏播高密组区域试验，平均亩产752.9千克；2015年同组区域试验，平均亩产761.2千克。2016年生产试验，平均亩产698.8千克。

**特征特性：**幼苗叶鞘紫色。成株株型紧凑，株高271厘米，穗位112厘米，全株叶片数20片，生育期105天左右。雄穗分枝8～10个，花药紫色，花丝红色。果穗筒形，穗轴红色，穗长18.5厘米，穗行数16行左右，秃尖0.6厘米。籽粒黄色、半马齿型，千粒重359.2克，出籽率87.9%。品质：2016年河北省农作物品种品质检测中心测定，蛋白质10.03%，脂肪3.87%，淀粉72.81%，赖氨酸0.23%。抗病性：河北省农林科学院植物保护研究所鉴定，2014年，高抗小斑病、矮花叶病，感大斑病、茎腐病；2015年，抗小斑病、弯孢叶斑病、穗腐病，感茎腐病、粗缩病，高感瘤黑粉病。

**栽培技术要点：**适宜播期为6月10～20日，适宜密度为4 500～4 800株/亩。施肥采取少底肥多追肥的原则，提倡增施磷钾肥。喇叭口期注意防治玉米螟。

**推广意见：**适宜在河北省唐山、廊坊市及其以南的夏播玉米区夏播种植。

## 150. 万盛69

**审定编号：**冀审玉20170023

**选育单位：**河北冠虎农业科技有限公司

**报审单位：**河北冠虎农业科技有限公司

**品种来源：**由组合 JN11×JN01 选育而成

**审定时间：**2017 年 4 月

**产量表现：**2014 年河北省夏播高密组区域试验，平均亩产 746.9 千克；2015 年同组区域试验，平均亩产 757.4 千克。2016 年生产试验，平均亩产 691.8 千克。

**特征特性：**幼苗叶鞘紫色。成株株型半紧凑，株高 270 厘米，穗位 111 厘米，全株叶片数 20 片左右，生育期 106 天左右。雄穗分枝 8～12 个，花药浅紫色，花丝红色。果穗筒形，穗轴白色，穗长 17.8 厘米，穗行数 18 行左右，秃尖 0.2 厘米。籽粒黄色、半马齿型，千粒重 335.8 克，出籽率 85.7%。品质：2016 年河北省农作物品种品质检测中心测定，蛋白质 9.59%，脂肪 4.56%，淀粉 70.85%，赖氨酸 0.24%。抗病性：河北省农林科学院植物保护研究所鉴定，2014 年，高抗茎腐病、矮花叶病，抗小斑病、大斑病；2015 年，抗小斑病、穗腐病，中抗弯孢叶斑病、茎腐病、粗缩病，高感瘤黑粉病。

**栽培技术要点：**适宜播期为 6 月 10～15 日，适宜密度为 4 500 株/亩左右。亩施磷酸二铵 20 千克、钾肥 15 千克作底肥，小喇叭口期亩追施尿素 20～25 千克。

**推广意见：**适宜在河北省唐山、廊坊市及其以南的夏播玉米区夏播种植。

## 151. 衡玉 1182

**审定编号：**冀审玉 20170024

**选育单位：**河北省农林科学院旱作农业研究所

**报审单位：**河北省农林科学院旱作农业研究所

**品种来源：**由组合 H82×H11 选育而成

**审定时间：**2017 年 4 月

**产量表现：**2014 年河北省夏播高密组区域试验，平均亩产 731.1 千克；2015 年同组区域试验，平均亩产 742.3 千克。2016 年生产试验，平均亩产 681.2 千克。

**特征特性：** 幼苗叶鞘紫色。成株株型紧凑，株高 268 厘米，穗位 109 厘米，全株叶片数 22 片，生育期 104 天左右。雄穗分枝7～12 个，花药黄色，花丝黄色。果穗筒形，穗轴红色，穗长 17.4 厘米，穗行数 16 行左右，秃尖 0.4 厘米。籽粒黄色、半马齿型，千粒重 340.7 克，出籽率 88.8%。品质：2016 年河北省农作物品种品质检测中心测定，蛋白质 10.44%，脂肪 3.52%，淀粉 72.51%，赖氨酸 0.24%。抗病性：河北省农林科学院植物保护研究所鉴定，2014 年，高抗矮花叶病，抗大斑病，感小斑病、茎腐病；2015 年，抗小斑病、弯孢叶斑病，中抗穗腐病，感茎腐病、粗缩病，高感瘤黑粉病。

**栽培技术要点：** 适宜播期为 6 月 8～20 日，适宜密度为 4 500 株/亩左右。亩施高浓度复合肥（N、P、K 总量 45%）30 千克左右作底肥，大喇叭口期亩追施尿素 25 千克左右，及时中耕除草。

**推广意见：** 适宜在河北省唐山、廊坊市及其以南的夏播玉米区夏播种植。

## 152. 邯玉 398

**审定编号：** 冀审玉 20170025

**选育单位：** 邯郸市农业科学院

**报审单位：** 邯郸市农业科学院

**品种来源：** 由组合 H39－1×H74 选育而成

**审定时间：** 2017 年 4 月

**产量表现：** 2014 年河北省夏播高密组区域试验，平均亩产 744.8 千克；2015 年同组区域试验，平均亩产 741.8 千克。2016 年生产试验，平均亩产 675.9 千克。

**特征特性：** 幼苗叶鞘紫色。成株株型紧凑，株高 288 厘米，穗位 114 厘米，全株叶片数 20 片左右，生育期 105 天左右。雄穗分枝 15～19 个，花药黄色，花丝红色。果穗筒形，穗轴红色，穗长 17.3 厘米，穗行数 16 行左右，秃尖 0.8 厘米。籽粒黄色、半马齿型，千粒重 342.4 克，出籽率 87.4%。品质：2016 年河北省农作物品种品质检测中心测定，蛋白质 10.45%，脂肪 4.02%，淀粉 72.69%，赖氨酸 0.23%。抗病性：河北省农林科学院植物保护研究所鉴定，2014 年，高抗矮花叶病，抗小斑病，中抗大斑病、茎腐病；2015 年，抗小斑病、穗腐病，中抗弯孢叶斑病，感茎腐病、粗缩病，高感瘤黑粉病

**栽培技术要点：**适宜播期为 6 月 20 日前，适宜密度为 4 500 株/亩左右。施足底肥，并做到氮磷钾配方施肥，补施锌肥，拔节后期亩追施尿素 30～40 千克。注意及时防治病虫草害。

**推广意见：**适宜在河北省唐山、廊坊市及其以南的夏播玉米区夏播种植。

## 153. D722

**审定编号：**冀审玉 20170026

**选育单位：**高碑店市科茂种业有限公司

**报审单位：**高碑店市科茂种业有限公司

**品种来源：**由组合 DM05×DF05 选育而成

**审定时间：**2017 年 4 月

**产量表现：**2014 年河北省夏播高密组区域试验，平均亩产 790.4 千克；2015 年同组区域试验，平均亩产 741.5 千克。2016 年生产试验，平均亩产 676.4 千克。

**特征特性：**幼苗叶鞘浅紫色。成株株型紧凑，株高 289 厘米，穗位 118 厘米，全株叶片数 19 片，生育期 107 天左右。雄穗分枝 10～12 个，花药浅紫色，花丝浅红色。果穗筒形，穗轴白色，穗长 19.1 厘米，穗行数 16 行左右，秃尖 0.9 厘米。籽粒黄色、半马齿型，千粒重 378.3 克，出籽率 84.8%。品质：2016 年河北省农作物品种品质检测中心测定，蛋白质 9.19%，脂肪 3.96%，淀粉 72.80%，赖氨酸 0.21%。抗病性：河北省农林科学院植物保护研究所鉴定，2014 年，高抗茎腐病、矮花叶病，抗小斑病、大斑病；2015 年，抗小斑病，中抗弯孢叶斑病、茎腐病、穗腐病、粗缩病，高感瘤黑粉病。

**栽培技术要点：**适宜播期为6月中旬，适宜密度为4 500株/亩。幼苗长到5～6片叶时，进行间苗定苗。亩施氮磷钾复合肥30千克作基肥，小喇叭口期亩追施尿素30千克。注意及时防治病虫害。

**推广意见：**适宜在河北省唐山、廊坊市及其以南的夏播玉米区夏播种植。

## 154. 金奥688

**审定编号：**冀审玉20170027

**选育单位：**河北金奥兰种业有限公司、邯郸市农业科学院、河北东昌种业有限公司

**报审单位：**河北金奥兰种业有限公司、邯郸市农业科学院、河北东昌种业有限公司

**品种来源：**由组合D45-2×D72-3选育而成

**审定时间：**2017年4月

**产量表现：**2014年河北省夏播高密组区域试验，平均亩产741.1千克；2015年同组区域试验，平均亩产718.4千克。2016年生产试验，平均亩产674.0千克。

**特征特性：**幼苗叶鞘紫色。成株株型紧凑，株高294厘米，穗位121厘米，全株叶片数20片左右，生育期106天左右。雄穗分枝12～16个，花药红色，花丝浅紫色。果穗筒形，穗轴白色，穗长17.3厘米，穗行数16行左右，秃尖0.5厘米。籽粒黄色、半马齿型，千粒重346.2克，出籽率85.7%。品质：2016年河北省农作物品种品质检测中心测定，蛋白质8.58%，脂肪4.00%，淀粉73.44%，赖氨酸0.22%。抗病性：河北省农林科学院植物保护研究所鉴定，2014年，高抗矮花叶病，中抗小斑病、大斑病、茎腐病；2015年，抗小斑病、弯孢叶斑病、穗腐病，中抗茎腐病、粗缩病，高感瘤黑粉病。

**栽培技术要点：**适宜播期为6月20日前，适宜密度为4 500株/亩左右。施足底肥，并做到氮磷钾配方施肥，补施锌肥，拔节

后期亩追施尿素 30～40 千克。及时防治病虫草害。

**推广意见：**适宜在河北省唐山、廊坊市及其以南的夏播玉米区夏播种植。

## 155. ZH968

**审定编号：**冀审玉 20170028

**选育单位：**河北万嘉种业有限公司

**报审单位：**河北万嘉种业有限公司

**品种来源：**由组合 ZH801×ZH15 选育而成

**审定时间：**2017 年 4 月

**产量表现：**2014 年河北省夏播高密组区域试验，平均亩产 754.2 千克；2015 年同组区域试验，平均亩产 746.4 千克。2016 年生产试验，平均亩产 670.6 千克。

**特征特性：**幼苗叶鞘紫红色。成株株型紧凑，株高 275 厘米，穗位 111 厘米，全株叶片数 20～21 片，生育期 106 天左右。雄穗分枝 5～6 个，花药黄色，花丝微红色。果穗锥形，穗轴白色，穗长 18.8 厘米，穗行数 14 行左右，秃尖 0.9 厘米。籽粒黄色、半马齿型，千粒重 347.4 克，出籽率 87.2%。品质：2016 年河北省农作物品种品质检测中心测定，蛋白质 10.24%，脂肪 3.54%，淀粉 72.45%，赖氨酸 0.26%。抗病性：河北省农林科学院植物保护研究所鉴定，2014 年，高抗茎腐病，抗小斑病、大斑病、矮花叶病；2015 年，抗弯孢叶斑病、穗腐病，中抗小斑病、茎腐病，感粗缩病，高感瘤黑粉病。

**栽培技术要点：**适宜播期为 6 月中旬，适宜种密度为 4 500 株/亩左右。足墒播种或播后浇蒙头水，保证一播全苗，播后趁墒及时封地面防草，拔节期亩追施尿素 30 千克，追肥后应及时浇水，抽雄前后要避免干旱。

**推广意见：**适宜在河北省唐山、廊坊市及其以南的夏播玉米区夏播种植。

## 156. 合玉 6 号

**审定编号：** 冀审玉 20170029

**选育单位：** 河北天利和农业科技有限公司

**报审单位：** 河北天利和农业科技有限公司

**品种来源：** 由组合 BXR3258－968×AH72－5 选育而成

**审定时间：** 2017 年 4 月

**产量表现：** 2014 年河北省夏播高密组区域试验，平均亩产 734.6 千克；2015 年同组区域试验，平均亩产 744.2 千克。2016 年生产试验，平均亩产 687.7 千克。

**特征特性：** 幼苗叶鞘紫色。成株株型紧凑，株高 271 厘米，穗位 109 厘米，全株叶片数 19～21 片，生育期 106 天左右。雄穗分枝 8～12 个，花药黄色，花丝绿色。果穗锥形，穗轴白色，穗长 17.6 厘米，穗行数 14 行左右，秃尖 0.1 厘米。籽粒黄色、硬粒型，千粒重 371.4 克，出籽率 85.5%。品质：2016 年河北省农作物品种品质检测中心测定，蛋白质 10.63%，脂肪 4.20%，淀粉 71.61%，赖氨酸 0.20%。抗病性：河北省农林科学院植物保护研究所鉴定，2014 年，抗小斑病、大斑病、矮花叶病，中抗茎腐病；2015 年，抗小斑病、弯孢叶斑病，中抗茎腐病、穗腐病，感瘤黑粉病、粗缩病。

**栽培技术要点：** 适宜播期为 6 月 10～25 日，适宜密度为 4 500 株/亩左右。以农家肥为主，亩施尿素 15 千克、三元复合肥 20 千克作底肥，大喇叭口期亩追施尿素 20 千克。苗期注意防治蓟马、灰飞虱等虫害。

**推广意见：** 适宜在河北省唐山、廊坊市及其以南的夏播玉米区夏播种植。

## 157. 海平 303

**审定编号：** 冀审玉 20170030

**选育单位：** 河北众信种业科技有限公司

**报审单位：**河北众信种业科技有限公司

**品种来源：**由组合 HP3254×HP6319 选育而成

**审定时间：**2017 年 4 月

**产量表现：**2014 年河北省夏播高密组区域试验，平均亩产 740.9 千克；2015 年同组区域试验，平均亩产 763.6 千克。2016 年生产试验，平均亩产 680.9 千克。

**特征特性：**幼苗叶鞘紫色。成株株型紧凑，株高 285 厘米，穗位 105 厘米，全株叶片数 21 片，生育期 105 天左右。雄穗分枝3～6 个，花药紫色，花丝红色。果穗筒形，穗轴红色，穗长 19.0 厘米，穗行数 14 行左右，秃尖 0.9 厘米。籽粒黄色、半硬粒型，千粒重 363.1 克，出籽率 88.2%。品质：2016 年河北省农作物品种品质检测中心测定，蛋白质 9.07%，脂肪 3.59%，淀粉 73.70%，赖氨酸 0.24%。抗病性：河北省农林科学院植物保护研究所鉴定，2014 年，中抗小斑病、矮花叶病，感大斑病、茎腐病；2015 年，抗弯孢叶斑病、穗腐病、粗缩病，中抗小斑病、茎腐病，高感瘤黑粉病。

**栽培技术要点：**适宜播期为 6 月中旬，适宜密度为 4 000～4 500株/亩。亩施有机肥 100 千克作底肥，小喇叭口期亩追施氮肥 30 千克以上，授粉后可亩施粒肥 5 千克。7 月中下旬注意预防玉米螟。

**推广意见：**适宜在河北省唐山、廊坊市及其以南的夏播玉米区夏播种植。

## 158. 农单 476

**审定编号：**冀审玉 20170031

**选育单位：**河北农业大学

**报审单位：**河北农业大学

**品种来源：**由组合农系 3435×PH6WC 选育而成

**审定时间：**2017 年 4 月

**产量表现：**2014 年河北省夏播高密组区域试验，平均亩产

766.0 千克；2015 年同组区域试验，平均亩产 750.2 千克。2016 年生产试验，平均亩产 694.0 千克。

**特征特性：**幼苗叶鞘紫色。成株株型紧凑，株高 309 厘米，穗位 118 厘米，全株叶片数 19 片左右，生育期 106 天左右。雄穗分枝 4～7 个，花药紫色，花丝红色。果穗筒形，穗轴红色，穗长 19.0 厘米，穗行数 16 行左右，秃尖 0.9 厘米。籽粒黄色、半马齿型，千粒重 375.3 克，出籽率 87.0%。品质：2016 年河北省农作物品种品质检测中心测定，蛋白质 10.46%，脂肪 3.95%，淀粉 71.35%，赖氨酸 0.23%。抗病性：河北省农林科学院植物保护研究所鉴定，2014 年，高抗茎腐病，中抗矮花叶病，感小斑病、大斑病；2015 年，抗小斑病、穗腐病，中抗茎腐病，感弯孢叶斑病、粗缩病，高感瘤黑粉病。

**栽培技术要点：**适宜播期为 6 月中旬，适宜密度为 4 500 株/亩。施足底肥，大喇叭口期追肥一次。及时中耕除草。

**推广意见：**适宜在河北省唐山、廊坊市及其以南的夏播玉米区夏播种植。

## 159. 鑫 1303

**审定编号：**冀审玉 20170032

**选育单位：**河北鑫农种业技术有限公司

**报审单位：**河北鑫农种业技术有限公司

**品种来源：**由组合 XN139×XN130 选育而成

**审定时间：**2017 年 4 月

**产量表现：**2014 年河北省夏播高密组区域试验，平均亩产 724.5 千克；2015 年同组区域试验，平均亩产 765.5 千克。2016 年生产试验，平均亩产 691.8 千克。

**特征特性：**幼苗叶鞘紫色。成株株型紧凑，株高 274 厘米，穗位 114 厘米，全株叶片数 19～21 片，生育期 107 天左右。雄穗分枝 10～15 个，花药粉红色，花丝红色。果穗筒形，穗轴红色，穗长 18.4 厘米，穗行数 16 行左右，秃尖 0.4 厘米。籽粒黄色、马齿型，千粒重 351.3 克，出籽率 86.7%。品质：2016 年河北省农作物品种品质检测中心测定，蛋白质 8.68%，脂肪 4.00%，淀粉 73.90%，赖氨酸 0.22%。抗病性：河北省农林科学院植物保护研究所鉴定，2014 年，高抗大斑病、矮花叶病，抗小斑病，感茎腐病；2015 年，抗小斑病、穗腐病，中抗弯孢叶斑病，感茎腐病、瘤黑粉病，高感粗缩病。

**栽培技术要点：**适宜播期为 6 月 10～20 日，适宜密度为4 000～4 500 株/亩。重施基肥，尤其注重农家肥的施用，在大喇叭口前期及时追施拔节攻穗肥。适当蹲苗，5～6 片可见叶时定苗，及时中耕培土，防除杂草。

**推广意见：**适宜在河北省唐山、廊坊市及其以南的夏播玉米区夏播种植。

## 160. 唐丰 3

**审定编号：**冀审玉 20170033

**选育单位：**河北奔诚种业有限公司

**报审单位：**河北奔诚种业有限公司

**品种来源：**由组合 13－356×11－27 选育而成

**审定时间：**2017 年 4 月

**产量表现：**2015 年河北省北部春播组区域试验，平均亩产 844.2 千克；2016 年同组区域试验，平均亩产 822.6 千克；2016 年生产试验，平均亩产 792.2 千克。

2014 年河北省夏播高密组区域试验，平均亩产 755.6 千克；2015 年同组区域试验，平均亩产 715.0 千克。2016 年生产试验，平均亩产 678.9 千克。

**特征特性：**幼苗叶鞘紫色。成株株型紧凑，株高 265 厘米左右，穗位 105 厘米左右，全株叶片数 21～22 片，雄穗分枝 6～8 个，花药紫色，花丝浅紫色。果穗筒形，穗轴红色，籽粒黄色、马齿型。

河北北部春播区生育期 128 天左右。穗长 18.6 厘米，秃尖 1.3 厘米，千粒重 359.5 克，出籽率 86.3%。品质：2016 年河北省农作物品种品质检测中心测定，蛋白质（干基）8.94%，脂肪（干基）3.83%，淀粉（干基）74.30%，赖氨酸（干基）0.21%。抗病虫性：吉林省农业科学院植物保护研究所鉴定，2015年，高抗丝黑穗病、茎腐病，抗玉米螟，中抗弯孢菌叶斑病，感大斑病；2016年，高抗丝黑穗病、茎腐病，抗大斑病，中抗弯孢菌叶斑病，感玉米螟。

河北夏播区生育期106天左右。穗长17.9厘米，穗行数18行左右，秃尖0.9厘米。千粒重340.0克，出籽率87.2%。品质：2016年河北省农作物品种品质检测中心测定，蛋白质8.06%，脂肪3.70%，淀粉75.25%，赖氨酸0.22%。抗病性：河北省农林科学院植物保护研究所鉴定，2014年，高抗矮花叶病，抗茎腐病，中抗大斑病，感小斑病；2015年，抗小斑病、弯孢叶斑病、穗腐病、粗缩病，中抗茎腐病，感瘤黑粉病。

**栽培技术要点：**北部春播区适宜播期为4月下旬至5月中旬，适宜密度为4 000株/亩。夏播适宜播期为6月中旬，适宜密度为4 500株/亩。重施基肥，亩施优质腐熟农家肥2 000千克或三元复合肥25千克作底肥，拔节孕穗期重施氮肥一次，亩追施尿素25千克。及时中耕除草，防治病虫害。

**推广意见：**适宜在河北省张家口、承德、秦皇岛、唐山、廊坊市，保定北部和沧州北部，春播玉米区春播种植；以及河北省唐山、廊坊市及其以南的夏播玉米区夏播种植。

## 161. 荃玉18

**审定编号：**冀审玉20170034

**选育单位：**安徽荃银高科种业股份有限公司

**报审单位：**安徽荃银高科种业股份有限公司

**品种来源：**由组合Qm1601×Qf1605选育而成

**审定时间：**2017年4月

**产量表现：**2014年河北省夏播高密组区域试验，平均亩产764.7千克；2015年同组区域试验，平均亩产720.6千克。2016

年生产试验，平均亩产 692.5 千克。

**特征特性：**幼苗叶鞘紫色。成株株型紧凑，株高 280 厘米，穗位 108 厘米，全株叶片数 21 片，生育期 106 天左右。雄穗分枝3～8 个，花药黄色，花丝红色。果穗筒形，穗轴红色，穗长 17.4 厘米，穗行数 18 行左右，秃尖 0.4 厘米。籽粒黄色、马齿型，千粒重 333.9 克，出籽率 86.9%。品质：2016 年河北省农作物品种品质检测中心测定，蛋白质 9.36%，脂肪 4.02%，淀粉 72.72%，赖氨酸 0.24%。抗病性：河北省农林科学院植物保护研究所鉴定，2014 年，高抗大斑病、矮花叶病，中抗茎腐病，感小斑病；2015 年，抗弯孢叶斑病、穗腐病，中抗小斑病、茎腐病，感粗缩病，高感瘤黑粉病。

**栽培技术要点：**适宜播期为 6 月中旬，适宜密度为 4 500 株/亩。亩施有机肥 2 000 千克作底肥，根据玉米长势合理追肥。大喇叭口期注意防治玉米螟。

**推广意见：**适宜在河北省唐山、廊坊市及其以南的夏播玉米区夏播种植。

## 162. 天塔 8318

**审定编号：**冀审玉 20170035

**选育单位：**河间市国欣农村技术服务总会、天津中天大地科技有限公司

**报审单位：**河间市国欣农村技术服务总会、天津中天大地科技有限公司

**品种来源：**由组合 0H88×9H318－2 选育而成

**审定时间：**2017 年 4 月

**产量表现：**2014 年河北省夏播高密组区域试验，平均亩产 761.4 千克；2015 年同组区域试验，平均亩产 756.8 千克。2016 年生产试验，平均亩产 700.1 千克。

**特征特性：**幼苗叶鞘紫色。成株株型半紧凑，株高 280 厘米，穗位 101 厘米，全株叶片数 20 片左右，生育期 104 天左右。雄穗

分枝 7～9 个，花药紫色，花丝红色。果穗筒形，穗轴红色，穗长 17.6 厘米，穗行数 16 行左右，秃尖 0.4 厘米。籽粒黄色、半硬粒型，千粒重 360.5 克，出籽率 86.8%。品质：2016 年河北省农作物品种品质检测中心测定，蛋白质 9.80%，脂肪 3.86%，淀粉 72.41%，赖氨酸 0.25%。抗病性：河北省农林科学院植物保护研究所鉴定，2014 年，抗矮花叶病，中抗小斑病、大斑病，感茎腐病；2015 年，抗小斑病、弯孢叶斑病、茎腐病、粗缩病，中抗穗腐病，感瘤黑粉病。

**栽培技术要点：**适宜播期为 6 月 15 日左右，适宜密度为 4 000～4 500 株/亩。施足底肥，根据玉米长势合理追肥。小喇叭口期注意防治玉米螟。

**推广意见：**适宜在河北省唐山、廊坊市及其以南的夏播玉米区夏播种植。

## 163. 龙华 307

**审定编号：**冀审玉 20170036

**选育单位：**河北可利尔种业有限公司

**报审单位：**河北可利尔种业有限公司

**品种来源：**由组合 LX589×LX728 选育而成

**审定时间：**2017 年 4 月

**产量表现：**2014 年河北省夏播高密组区域试验，平均亩产 735.1 千克；2015 年同组区域试验，平均亩产 720.8 千克。2016 年生产试验，平均亩产 692.6 千克。

**特征特性：**幼苗叶鞘紫色。成株株型紧凑，株高 255 厘米，穗位 100 厘米，全株叶片数 20 片左右，生育期 106 天左右。雄穗分枝 11 个，花药浅紫色，花丝粉红色。果穗筒形，穗轴白色，穗长 17.3 厘米，穗行数 16 行左右，秃尖 0.5 厘米。籽粒黄色、半马齿型，千粒重 354.3 克，出籽率 87.0%。品质：2016 年河北省农作物品种品质检测中心测定，蛋白质 7.81%，脂肪 4.24%，淀粉 73.36%，赖氨酸 0.21%。抗病性：河北省农林科学院植物保护研究所鉴定，2014 年，抗小斑病、大斑病、矮花叶病，中抗茎腐病；2015 年，抗小斑病、弯孢叶斑病、穗腐病，中抗茎腐病，感粗缩病，高感瘤黑粉病。

**栽培技术要点：** 适宜播期为 6 月 1～15 日，适宜密度为4 000～4 500株/亩。施肥采取少底肥多追肥的原则，提倡增施磷钾肥。苗期蹲苗，浇好灌浆水，喇叭口期注意防治玉米螟。

**推广意见：** 适宜在河北省唐山、廊坊市及其以南的夏播玉米区夏播种植。

### 164. 大地 916

**审定编号：** 冀审玉 20170037

**选育单位：** 石家庄大地种业有限公司

**报审单位：** 石家庄大地种业有限公司

**品种来源：** 由组合 YFF19－111×YF－33－921 选育而成

**审定时间：** 2017 年 4 月

**产量表现：** 2015 年河北省夏播高密组区域试验，平均亩产 741.9 千克；2016 年同组区域试验，平均亩产 740.4 千克。2016 年生产试验，平均亩产 694.9 千克。

**特征特性：** 幼苗叶鞘紫色。成株株型紧凑，株高 268 厘米，穗位 111 厘米，全株叶片数 22 片，生育期 106 天左右。雄穗分枝8～10 个，花药紫色，花丝浅红色。果穗锥形，穗轴白色，穗长 17.2 厘米，穗行数 16 行左右，秃尖 0.6 厘米。籽粒黄色、半马齿型，千粒重 376.4 克，出籽率 84.7%。品质：2016 年河北省农作物品种品质检测中心测定，粗蛋白质（干基）10.36%，粗脂肪（干基）3.53%，粗淀粉（干基）72.73%，赖氨酸 0.21%。抗病性：河北省农林科学院植物保护研究所鉴定，2015 年，抗小斑病、弯孢叶斑病、穗腐病，中抗茎腐病、粗缩病，高感瘤黑粉病；2016 年，抗小斑病，中抗弯孢叶斑病、穗腐病、瘤黑粉病，感粗缩病，茎腐病田间自然发病表现为抗。

**栽培技术要点：** 适宜播期为 6 月上中旬，适宜密度为 4 500

株/亩。播种前亩施磷酸二铵 20 千克作底肥，在拔节期和大喇叭口期分两次追施尿素。

**推广意见：**适宜在河北省唐山、廊坊市及其以南的夏播玉米区夏播种植。

## 165. 源育 305

**审定编号：**冀审玉 20170038

**选育单位：**石家庄高新区源申科技有限公司

**报审单位：**石家庄高新区源申科技有限公司

**品种来源：**由组合 YS2028×YS2019 选育而成

**审定时间：**2017 年 4 月

**产量表现：**2015 年河北省夏播高密组区域试验，平均亩产 733.9 千克；2016 年同组区域试验，平均亩产 730.5 千克。2016 年生产试验，平均亩产 689.1 千克。

**特征特性：**幼苗叶鞘紫色。成株株型紧凑，株高 299 厘米，穗位 112 厘米，全株叶片数 19 片左右，生育期 106 天左右。雄穗分枝 4～6 个，花药浅紫色，花丝浅紫色。果穗筒形，穗轴红色，穗长 17.9 厘米，穗行数 16 行左右，秃尖 1.1 厘米。籽粒黄色、半马齿型，千粒重 358.8 克，出籽率 85.0%。品质：2016 年河北省农作物品种品质检测中心测定，粗蛋白质（干基）9.46%，粗脂肪（干基）3.64%，粗淀粉（干基）73.27%，赖氨酸 0.21%。抗病性：河北省农林科学院植物保护研究所鉴定，2015 年，抗小斑病、弯孢叶斑病、穗腐病，中抗茎腐病，感瘤黑粉病、粗缩病；2016 年，抗弯孢叶斑病、穗腐病、粗缩病，中抗小斑病、瘤黑粉病，茎腐病田间自然发病表现为中抗。

**栽培技术要点：**适宜播期为 6 月 5～20 日，适宜密度为 4 500 株/亩。播种前亩施复合肥 40 千克作底肥，喇叭口期亩追施尿素 20 千克。喇叭口期用辛硫磷颗粒剂防治玉米螟。

**推广意见：**适宜在河北省唐山、廊坊市及其以南的夏播玉米区夏播种植。

## 166. 豫丰 98

**审定编号：**冀审玉 20170039

**选育单位：**河北绿丰种业有限公司、河南省豫丰种业有限公司

**报审单位：**河北绿丰种业有限公司、河南省豫丰种业有限公司

**品种来源：**由组合 585×22 选育而成

**审定时间：**2017 年 4 月

**产量表现：**2015 年河北省夏播高密组区域试验，平均亩产 748.9 千克；2016 年同组区域试验，平均亩产 764.0 千克。2016 年生产试验，平均亩产 689.1 千克。

**特征特性：**幼苗叶鞘紫色。成株株型紧凑，株高 289 厘米，穗位 102 厘米，全株叶片数 20～21 片，生育期 106 天左右。雄穗分枝 5～7 个，花药紫色，花丝紫色。果穗筒形，穗轴红色，穗长 18.0 厘米，穗行数 16 行左右，秃尖 1.3 厘米。籽粒黄色、马齿型，千粒重 377.0 克，出籽率 85.6%。品质：2016 年河北省农作物品种品质检测中心测定，粗蛋白质（干基）10.88%，粗脂肪（干基）2.68%，粗淀粉（干基）74.22%，赖氨酸 0.23%。抗病性：河北省农林科学院植物保护研究所鉴定，2015 年，高抗粗缩病，抗弯孢叶斑病、穗腐病，中抗小斑病、茎腐病，高感瘤黑粉病；2016 年，高抗粗缩病，抗弯孢叶斑病、穗腐病，中抗小斑病，感瘤黑粉病，茎腐病田间自然发病表现为中抗。

**栽培技术要点：**适宜播期为 6 月中旬，适宜密度为 4 500 株/亩。播种时亩施优质农家肥 1 500 千克、三元复合肥 50 千克作基肥，四叶期至拔节期亩追施尿素 8～10 千克，大喇叭口期亩追施尿素 20～25 千克。苗期注意防治蓟马、蚜虫，喇叭口期用杀虫剂防治玉米螟。

**推广意见：**适宜在河北省唐山、廊坊市及其以南的夏播玉米区夏播种植。

## 167. 兰德 218

**审定编号：**冀审玉 20170040

**选育单位：**河北兰德泽农种业有限公司、山东鑫丰种业股份有限公司

**报审单位：**河北兰德泽农种业有限公司

**品种来源：**由组合 SX1395－1×SX393－1 选育而成

**审定时间：**2017 年 4 月

**产量表现：**2015 年河北省夏播高密组区域试验，平均亩产 730.8 千克；2016 年同组区域试验，平均亩产 740.9 千克。2016 年生产试验，平均亩产 695.9 千克。

**特征特性：**幼苗叶鞘紫色。成株株型紧凑，株高 293 厘米，穗位 112 厘米，全株叶片数 19～20 片，生育期 107 天左右。雄穗分枝 7～9 个，花药浅紫色，花丝浅紫色。果穗筒形，穗轴红色，穗长 18.1 厘米，穗行数 16 行左右，秃尖 1.4 厘米。籽粒黄色、马齿型，千粒重 378.5 克，出籽率 84.9%。品质：2016 年河北省农作物品种品质检测中心测定，粗蛋白质（干基）10.70%，粗脂肪（干基）3.26%，粗淀粉（干基）73.35%，赖氨酸 0.21%。抗病性：河北省农林科学院植物保护研究所鉴定，2015 年，抗小斑病、弯孢叶斑病、穗腐病，中抗茎腐病，感粗缩病，高感瘤黑粉病；2016 年，抗弯孢叶斑病，中抗小斑病，感穗腐病、瘤黑粉病，高感粗缩病，茎腐病田间自然发病表现为中抗。

**栽培技术要点：**适宜播期为 6 月 10～20 日，适宜密度为 4 500 株/亩。播种时亩施优质农家肥 1 500 千克、三元复合肥 50 千克作基肥，四叶期至拔节期亩追施尿素 8～10 千克，大喇叭口期亩追施尿素 20～25 千克。苗期注意防治蓟马、蚜虫，喇叭口期用杀虫剂防治玉米螟。

**推广意见：**适宜在河北省唐山、廊坊市及其以南的夏播玉米区夏播种植。

## 168. 龙华 369

**审定编号：**冀审玉 20170041

**选育单位：**河北可利尔种业有限公司

**报审单位：**河北可利尔种业有限公司

**品种来源：**由组合 K19×P12 选育而成

**审定时间：**2017 年 4 月

**产量表现：**2015 年河北省夏播高密组区域试验，平均亩产 759.7 千克；2016 年同组区域试验，平均亩产 761.0 千克。2016 年生产试验，平均亩产 685.4 千克。

**特征特性：**幼苗叶鞘紫色，成株株型紧凑，株高 302 厘米，穗位 113 厘米，全株叶片数 19～21 片，生育期 106 天左右。雄穗分枝 3～5 个，花药青色，花丝紫色。果穗筒形，穗轴红色，穗长 18.1 厘米，穗行数 16 行左右，秃尖 1.3 厘米。籽粒黄色、半马齿型，千粒重 391.7 克，出籽率 85.7%。品质：2016 年河北省农作物品种品质检测中心测定，粗蛋白质（干基）11.10%，粗脂肪（干基）3.08%，粗淀粉（干基）73.41%，赖氨酸 0.24%。抗病性：河北省农林科学院植物保护研究所鉴定，2015 年，抗小斑病、穗腐病，中抗弯孢叶斑病，感茎腐病、粗缩病，高感瘤黑粉病；2016 年，抗小斑病、弯孢叶斑病，中抗穗腐病，感瘤黑粉病、粗缩病，茎腐病田间自然发病表现为抗。

**栽培技术要点：**适宜播期为 6 月 1～15 日，适宜密度为4 000～4 500株/亩。施肥采取少底肥多追肥的原则，提倡增施磷钾肥。苗期蹲苗，浇好灌浆水，喇叭口期注意防治玉米螟。

**推广意见：**适宜在河北省唐山、廊坊市及其以南的夏播玉米区夏播种植。

## 169. 冀农 858

**审定编号：**冀审玉 20170042

**选育单位：**河北冀农种业有限责任公司

**报审单位：**河北冀农种业有限责任公司

**品种来源：**由组合 JN1028×JNG4121 选育而成

**审定时间：**2017 年 4 月

**产量表现：**2015 年河北省夏播高密组区域试验，平均亩产

747.5 千克；2016 年同组区域试验，平均亩产 748.0 千克。2016 年生产试验，平均亩产 681.8 千克。

**特征特性：**幼苗叶鞘紫色。成株株型紧凑，株高 301 厘米，穗位 109 厘米，全株叶片数 20 片左右，生育期 106 天左右。雄穗分枝 5～6 个，花药紫色，花丝浅粉色。果穗长筒形，穗轴红色，穗长 18.7 厘米，穗行数 16 行左右，秃尖 1.6 厘米。籽粒黄色、马齿型，千粒重 370.8 克，出籽率 85.1%。品质：2016 年河北省农作物品种品质检测中心测定，粗蛋白质（干基）10.76%，粗脂肪（干基）3.22%，粗淀粉（干基）72.70%，赖氨酸 0.23%。抗病性：河北省农林科学院植物保护研究所鉴定，2015 年，高抗弯孢叶斑病，抗小斑病、粗缩病，中抗茎腐病、穗腐病，高感瘤黑粉病；2016 年，高抗粗缩病，抗弯孢叶斑病，中抗小斑病，感穗腐病、瘤黑粉病，茎腐病田间自然发病表现为中抗。

**栽培技术要点：**适宜播期为 6 月上中旬，适宜密度为 4 500 株/亩左右，播种时亩施玉米专用肥 40 千克作底肥。加强田间管理，防止杂草生长。

**推广意见：**适宜在河北省唐山、廊坊市及其以南的夏播玉米区夏播种植。

## 170. 正玉 16

**审定编号：**冀审玉 20170043

**选育单位：**河南正粮种业有限公司、河南登海正粮种业有限公司

**报审单位：**河南正粮种业有限公司

**品种来源：**由组合 mx35×mxb46 选育而成

**审定时间：**2017 年 4 月

**产量表现：**2014 年河北省夏播低密组区域试验，平均亩产 759.3 千克；2015 年同组区域试验，平均亩产 703.4 千克；2016 年生产试验，平均亩产 675.3 千克。

**特征特性：**幼苗叶鞘紫色。成株株型半紧凑，株高 306 厘米，

穗位 112 厘米，全株叶片数 19～20 片，生育期 107 天左右。雄穗分枝 5～7 个，花药黄色，花丝浅紫色。果穗筒形，穗轴红色，穗长 17.9 厘米，穗行数 16 行左右，秃尖 1.1 厘米。籽粒黄色、半马齿型，千粒重 358.2 克，出籽率 85.9%。品质：2016 年河北省农作物品种品质检测中心测定，蛋白质 11.51%，脂肪 3.63%，淀粉 72.77%，赖氨酸 0.24%。抗病性：河北省农林科学院植物保护研究所鉴定，2014 年，高抗矮花叶病，抗茎腐病，感小斑病，高感大斑病；2015 年，抗小斑病、弯孢叶斑病、穗腐病，中抗茎腐病，感粗缩病，高感瘤黑粉病。

**栽培技术要点：**适宜播期为 6 月 5～20 日，适宜密度为4 000～4 500株/亩。播种前亩施复合肥 40 千克作底肥，喇叭口期亩追施尿素 30 千克或亩施缓释肥 50 千克，喇叭口期喷施叶面肥。喇叭口期用辛硫磷颗粒剂丢心防治玉米螟。

**推广意见：**适宜在河北省唐山、廊坊市及其以南的夏播玉米区夏播种植。

## 171. MC703

**审定编号：**冀审玉 20170044

**选育单位：**北京市农林科学院玉米研究中心

**报审单位：**河南省现代种业有限公司

**品种来源：**由组合京 X005×京 17 选育而成

**审定时间：**2017 年 4 月

**产量表现：**2014 年河北省夏播低密组区域试验，平均亩产 763.3 千克；2015 年同组区域试验，平均亩产 700.6 千克；2016 年生产试验，平均亩产 669.5 千克。

**特征特性：**幼苗叶鞘紫色。成株株型紧凑，株高 300 厘米，穗位 114 厘米，全株叶片数 21 片，生育期 107 天左右。雄穗分枝 4 个，花药紫色，花丝淡红色。果穗长筒形，穗轴红色，穗长 18.7 厘米，穗行数 16 行左右，秃尖 1.0 厘米。籽粒黄色、马齿型，千粒重 357.5 克，出籽率 86.0%。品质：2016 年河北省农作物品种品质检测中心测定，蛋白质 10.41%，脂肪 3.20%，淀粉 74.02%，赖氨酸 0.23%。抗病性：河北省农林科学院植物保护研究所鉴定，2014 年，抗茎腐病、矮花叶病，中抗小斑病，感大斑病；2015 年，抗弯孢叶斑病，中抗小斑病、茎腐病、穗腐病，感粗缩病，高感瘤黑粉病。

**栽培技术要点：**适宜播期为 6 月上旬，适宜密度为 4 000 株/亩。亩施玉米专用肥 20 千克、磷酸二铵 15 千克作底肥，拔节期亩追施尿素 30 千克。中后期注意防治红蜘蛛。

**推广意见：**适宜在河北省唐山、廊坊市及其以南的夏播玉米区夏播种植。

## 172. 科试 188

**审定编号：**冀审玉 20170045

**选育单位：**河北科润农业技术研究所

**报审单位：**河北科润农业技术研究所

**品种来源：**由组合 H315×HK474 选育而成

**审定时间：**2017 年 4 月

**产量表现：**2014 年河北省夏播低密组区域试验，平均亩产 757.5 千克；2015 年同组区域试验，平均亩产 757.1 千克。2016 年生产试验，平均亩产 673.0 千克。

**特征特性：**幼苗叶鞘紫色。成株株型紧凑，株高 280 厘米，穗位 109 厘米，全株叶片数 19～21 片，生育期 107 天左右。雄穗分枝 7～11 个，花药浅紫色，花丝浅紫色。果穗筒形，穗轴红色，穗长 20.0 厘米，穗行数 16 行左右，秃尖 1.4 厘米。籽粒黄色、半马齿型，千粒重 320.8 克，出籽率 85.5%。品质：2016 年河北省农作物品种品质检测中心测定，蛋白质 10.04%，脂肪 3.74%，淀粉 73.44%，赖氨酸 0.22%。抗病性：河北省农林科学院植物保护研究所鉴定，2014 年，高抗矮花叶病，抗小斑病、茎腐病，感大斑病；2015 年，抗小斑病、弯孢叶斑病、茎腐病、穗腐病，感粗缩病，高感瘤黑粉病。

**栽培技术要点：**适宜播期为6月10～20日，适宜密度为3 800～4 200株/亩。施肥采取少底肥多追肥的原则，提倡增施磷钾肥。苗期适当蹲苗，浇好灌浆水，喇叭口期注意防治玉米螟。

**推广意见：**适宜在河北省唐山、廊坊市及其以南的夏播玉米区夏播种植。

## 173. 全玉1233

**审定编号：**冀审玉20170046

**选育单位：**安徽荃银高科种业股份有限公司

**报审单位：**安徽荃银高科种业股份有限公司

**品种来源：**由组合533×512选育而成

**审定时间：**2017年4月

**产量表现：**2014年河北省夏播低密组区域试验，平均亩产774.4千克；2015年同组区域试验，平均亩产721.5千克。2016年生产试验，平均亩产681.5千克。

**特征特性：**幼苗叶鞘紫色。成株株型紧凑，株高298厘米，穗位116厘米，全株叶片数22片，生育期108天左右。雄穗分枝3～4个，花药紫色，花丝红色。果穗筒形，穗轴红色，穗长18.5厘米，穗行数16行左右，秃尖1.3厘米。籽粒黄色、马齿型，千粒重354.0克，出籽率86.4%。品质：2016年河北省农作物品种品质检测中心测定，蛋白质10.22%，脂肪3.02%，淀粉73.67%，赖氨酸0.22%。抗病性：河北省农林科学院植物保护研究所鉴定，2014年，高抗矮花叶病，抗小斑病，中抗茎腐病，感大斑病；2015年，高抗弯孢叶斑病，抗穗腐病，中抗小斑病、茎腐病、粗缩病，高感瘤黑粉病。

**栽培技术要点：**适宜播期为6月中旬，适宜密度为4 000株/亩。亩施有机肥2 000千克作底肥，注意增施钾肥，根据玉米长势合理追肥。大喇叭口期注意防治玉米螟。

**推广意见：**适宜在河北省唐山、廊坊市及其以南的夏播玉米区夏播种植。

## 174. 恒悦 101

**审定编号：**冀审玉 20170047

**选育单位：**河北冠虎农业科技有限公司

**报审单位：**河北冠虎农业科技有限公司

**品种来源：**由组合 JN08×JN01 选育而成

**审定时间：**2017 年 4 月

**产量表现：**2014 年河北省夏播低密组区域试验，平均亩产 746.9 千克；2015 年同组区域试验，平均亩产 727.5 千克。2016 年生产试验，平均亩产 652.1 千克。

**特征特性：**幼苗叶鞘浅紫色。成株株型半紧凑，株高 293 厘米，穗位 124 厘米，全株叶片数 20 片左右，生育期 108 天左右。雄穗分枝 8～12 个，花药浅紫色，花丝浅红色。果穗筒形，穗轴白色，穗长 18.3 厘米，穗行数 16 行左右，秃尖 0.7 厘米。籽粒黄色、半马齿型，千粒重 355.7 克，出籽率 85.5%。品质：2016 年河北省农作物品种品质检测中心测定，蛋白质 8.47%，脂肪 3.84%，淀粉 74.18%，赖氨酸 0.21%。抗病性：河北省农林科学院植物保护研究所鉴定，2014 年，高抗矮花叶病，抗小斑病、大斑病、茎腐病；2015 年，抗小斑病、穗腐病，中抗弯孢叶斑病、茎腐病、粗缩病，高感瘤黑粉病。

**栽培技术要点：**适宜播期为 6 月 10～15 日，适宜密度为4 000～4 500 株/亩。亩施磷酸二铵 20 千克、钾肥 15 千克作底肥，小喇叭口期追施尿素 20～25 千克。

**推广意见：**适宜在河北省唐山、廊坊市及其以南的夏播玉米区夏播种植。

## 175. 先玉 1366

**审定编号：**冀审玉 20170048

**选育单位：**铁岭先锋种子研究有限公司、山东登海先锋种业有限公司

**报审单位：**铁岭先锋种子研究有限公司、山东登海先锋种业有限公司

**品种来源：**由组合 PH1JYA×PH1N2D 选育而成

**审定时间：**2017 年 4 月

**产量表现：**2014 年河北省夏播低密组区域试验，平均亩产 754.5 千克；2015 年同组区域试验，平均亩产 714.4 千克。2016 年生产试验，平均亩产 657.4 千克。

**特征特性：**幼苗叶鞘浅紫色。成株株型半紧凑，株高 307 厘米，穗位 115 厘米，全株叶片数 21 片左右，生育期 108 天左右。雄穗分枝 4～10 个，花药浅紫色，花丝绿色。果穗圆筒形，穗轴紫色，穗长 19.3 厘米，穗行数 16 行左右，秃尖 1.1 厘米。籽粒黄色、中间型，千粒重 337.6 克，出籽率 85.1%。品质：2016 年河北省农作物品种品质检测中心测定，蛋白质 8.56%，脂肪 3.48%，淀粉 76.44%，赖氨酸 0.19%。抗病性：河北省农林科学院植物保护研究所鉴定，2014 年，抗茎腐病，中抗小斑病、矮花叶病，高感大斑病；2015 年，抗小斑病、弯孢叶斑病、茎腐病、穗腐病，感粗缩病，高感瘤黑粉病。

**栽培技术要点：**适宜播期为 6 月上旬，适宜密度为 4 000 株/亩。磷肥钾肥和其他缺素肥料作为基肥一次施入，播种时亩施磷酸二铵 5～10 千克作种肥，氮肥按基肥、拔节肥、花粒肥三次施入，比例分别为总氮肥的 30%、60%、10%。注意种肥隔离，防止烧苗。

**推广意见：**适宜在河北省唐山、廊坊市及其以南的夏播玉米区夏播种植。

## 176. 衡玉 321

**审定编号：**冀审玉 20170049

**选育单位：**河北省农林科学院旱作农业研究所

**报审单位：**河北省农林科学院旱作农业研究所

**品种来源：**由组合 H14×H13 选育而成

**审定时间：** 2017 年 4 月

**产量表现：** 2014 年河北省夏播低密组区域试验，平均亩产 731.1 千克；2015 年同组区域试验，平均亩产 725.9 千克。2016 年生产试验，平均亩产 673.9 千克。

**特征特性：** 幼苗叶鞘紫色。成株株型紧凑，株高 275 厘米，穗位 115 厘米，全株叶片数 22 片，生育期 107 天左右。雄穗分枝 11～15 个，花药黄色，花丝黄色。果穗筒形，穗轴白色，穗长 17.9 厘米，穗行数 16 行左右，秃尖 0.6 厘米。籽粒黄色、半马齿型，千粒重 352.1 克，出籽率 85.3%。品质：2016 年河北省农作物品种品质检测中心测定，蛋白质 8.97%，脂肪 4.02%，淀粉 75.02%，赖氨酸 0.20%。抗病性：河北省农林科学院植物保护研究所鉴定，2014 年，高抗矮花叶病，抗大斑病，中抗小斑病，感茎腐病；2015 年，抗弯孢叶斑病、穗腐病，中抗小斑病、茎腐病，感粗缩病，高感瘤黑粉病。

**栽培技术要点：** 适宜播期为 6 月 8～20 日，适宜密度为4 000～4 500株/亩。亩施高浓度复合肥 25 千克左右作基肥，大喇叭口期亩追施尿素 25 千克左右。及时喷施除草剂防治杂草。

**推广意见：** 适宜在河北省唐山、廊坊市及其以南的夏播玉米区夏播种植。

## 177. 富中 13 号

**审定编号：** 冀审玉 20170050

**选育单位：** 河北富中种业有限公司

**报审单位：** 河北富中种业有限公司

**品种来源：** 由组合富 129×富 248 选育而成

**审定时间：** 2017 年 4 月

**产量表现：** 2015 年河北省夏播低密组区域试验，平均亩产 724.1 千克；2016 年同组区域试验，平均亩产 639.5 千克。2016 年生产试验，平均亩产 647.0 千克。

**特征特性：** 幼苗叶鞘浅紫色。成株株型紧凑，株高 288 厘米，穗位104厘米，全株叶片数20片，生育期106天左右。雄穗分枝7～9个，花药黄色，花丝粉红色。果穗筒形，穗轴红色，穗长17.1厘米，穗行数16行左右，秃尖0.9厘米。籽粒黄色、半马齿型，千粒重369.4克，出籽率84.7%。品质：2016年河北省农作物品种品质检测中心测定，粗蛋白质（干基）11.03%，粗脂肪（干基）3.58%，粗淀粉（干基）73.46%，赖氨酸0.22%。抗病性：河北省农林科学院植物保护研究所鉴定，2015年，抗小斑病、穗腐病，中抗弯孢叶斑病、茎腐病，感粗缩病，高感瘤黑粉病；2016年，高抗粗缩病，抗小斑病、弯孢叶斑病、穗腐病，中抗瘤黑粉病，茎腐病田间自然发病表现为抗。

**栽培技术要点：** 适宜播期为6月20～30日，适宜密度为4 000株/亩。亩施磷酸二铵35千克、钾肥5千克、锌肥1.5千克作底肥，亩追施尿素25千克。

**推广意见：** 适宜在河北省唐山、廊坊市及其以南的夏播玉米区夏播种植。

## 178. 锦源705

**审定编号：** 冀审玉20170051

**选育单位：** 新疆锦棉种业科技股份有限公司

**报审单位：** 新疆锦棉种业科技股份有限公司

**品种来源：** 由组合ZH7835×ZH73选育而成

**审定时间：** 2017年4月

**产量表现：** 2015年河北省夏播低密组区域试验，平均亩产732.0千克；2016年同组区域试验，平均亩产674.0千克。2016年生产试验，平均亩产679.1千克。

**特征特性：** 幼苗叶鞘紫色。成株株型紧凑，株高252厘米，穗位116厘米，全株叶片数20片左右，生育期106天左右。雄穗分枝9～12个，花药浅紫色，花丝红色。果穗筒形，穗轴红色，穗长16.9厘米，穗行数16行左右，秃尖0.4厘米。籽粒黄色、马齿型，千粒重351.4克，出籽率86.0%。品质：2016年河北省农作物品种品质检测中心测定，粗蛋白质（干基）11.01%，粗脂肪（干基）3.61%，粗淀粉（干基）72.50%，赖氨酸0.21%。抗病性：河北省农林科学院植物保护研究所鉴定，2015年，抗小斑病、穗腐病，中抗弯孢叶斑病、茎腐病，感粗缩病，高感瘤黑粉病；2016年，抗穗腐病，中抗小斑病、弯孢叶斑病，感瘤黑粉病、粗缩病，茎腐病田间自然发病表现为中抗。

**栽培技术要点：**适宜播期为6月25日前，适宜密度为4 000株/亩。轻施提苗肥，重施大喇叭口肥。及时防治蚜虫和玉米螟。

**推广意见：**适宜在河北省唐山、廊坊市及其以南的夏播玉米区夏播种植。

## 179. 先玉1466

**审定编号：**冀审玉20170052

**选育单位：**铁岭先锋种子研究有限公司、河北科润农业技术研究所

**报审单位：**铁岭先锋种子研究有限公司、河北科润农业技术研究所

**品种来源：**由组合PH1DP8×PH1T8W选育而成

**审定时间：**2017年4月

**产量表现：**2015年河北省夏播低密组区域试验，平均亩产722.9千克；2016年同组区域试验，平均亩产666.3千克。2016年生产试验，平均亩产663.0千克。

**特征特性：**幼苗叶鞘深紫色。成株株型半紧凑，株高293厘米，穗位107厘米，全株叶片数21片左右，生育期105天左右。雄穗分枝2～6个，花药黄色，花丝黄色。果穗筒形，穗轴粉色，穗长18.0厘米，穗行数16行左右，秃尖1.0厘米。籽粒黄色、马齿型，千粒重318.3克，出籽率85.6%。品质：2016年河北省农作物品种品质检测中心测定，粗蛋白质（干基）10.22%，粗脂肪（干基）3.40%，粗淀粉（干基）73.71%，赖氨酸0.21%。抗病性：河北省农林科学院植物保护研究所鉴定，2015年，抗小斑病、

弯孢叶斑病、穗腐病、粗缩病，中抗茎腐病，高感瘤黑粉病；2016年，抗小斑病、粗缩病，中抗弯孢叶斑病、穗腐病，高感瘤黑粉病，茎腐病田间自然发病表现为抗。

**栽培技术要点：**适宜播期为6月上旬，适宜密度为4 000株/亩。磷肥、钾肥和其他缺素肥料作为基肥一次性施入，播种时亩施磷酸二铵5～10千克作种肥，氮肥按基肥、拔节肥、花粒肥三次施入，比例分别为总氮量的30%、60%、10%。及时间定苗和中耕除草，防治病虫害。注意种肥隔离，防止烧苗。

**推广意见：**适宜在河北省唐山、廊坊市及其以南的夏播玉米区夏播种植。

## 180. 明天616

**审定编号：**冀审玉20170053

**选育单位：**江苏明天种业科技股份有限公司

**报审单位：**江苏明天种业科技股份有限公司

**品种来源：**由组合MF101×P348选育而成

**审定时间：**2017年4月

**产量表现：**2014年河北省夏播早熟组区域试验，平均亩产717.3千克；2015年同组区域试验，平均亩产749.6千克。2016年生产试验，平均亩产647.5千克。

**特征特性：**幼苗叶鞘绿色。成株株型紧凑，株高285厘米，穗位110厘米，全株叶片数18片，生育期104天左右。雄穗分枝5～7个，花药紫色，花丝红色。果穗锥形，穗轴红色，穗长18.2厘米，穗行数18行左右，秃尖0.8厘米。籽粒黄色、半马齿型，千粒重323.6克，出籽率87.3%。品质：2016年河北省农作物品种品质检测中心测定，蛋白质9.27%，脂肪4.02%，淀粉74.82%，赖氨酸0.21%。抗病性：河北省农林科学院植物保护研究所鉴定，2014年，抗大斑病、茎腐病，中抗小斑病，高感弯孢叶斑病；2015年，高抗大斑病、弯孢叶斑病，抗小斑病，中抗茎腐病。

**栽培技术要点：**适宜播期为6月中下旬，适宜密度为4 000～4 500株/亩。施肥采取分期施肥方式，轻施苗肥，重施穗肥，亩追施尿素30～40千克。苗期注意防治蓟马、菜青虫、棉铃虫等害虫，大喇叭口期用辛硫磷颗粒丢心防治玉米螟。

**推广意见：**适宜在河北省唐山、廊坊市，沧州及保定北部，夏播玉米区夏播种植。

## 181. 中广1号

**审定编号：**冀审玉20170054

**选育单位：**王忠宇

**报审单位：**王忠宇

**品种来源：**由组合7P1509×L9097选育而成

**审定时间：**2017年4月

**产量表现：**2014年河北省夏播早熟组区域试验，平均亩产729.8千克；2015年同组区域试验，平均亩产735.9千克。2016年生产试验，平均亩产657.5千克。

**特征特性：**幼苗叶鞘紫色。成株株型半紧凑，株高295厘米，穗位118厘米，全株叶片数19片，生育期104天左右。雄穗分枝5～7个，花药紫色，花丝红色。果穗筒形，穗轴红色，穗长17.3厘米，穗行数16行左右，秃尖0.6厘米。籽粒黄色、马齿型，千粒重346.1克，出籽率88.7%。品质：2016年河北省农作物品种品质检测中心测定，蛋白质8.00%，脂肪3.77%，淀粉72.74%，赖氨酸0.22%。抗病性：河北省农林科学院植物保护研究所鉴定，2014年，高抗茎腐病、弯孢叶斑病，中抗小斑病、大斑病；2015年，中抗小斑病、茎腐病，感大斑病、弯孢叶斑病。

**栽培技术要点：**适宜播期为6月上中旬，适宜密度为4 000～4 500株/亩。亩施复合肥20千克、磷酸二铵6.5千克作种肥，亩追施尿素25千克，孕穗期保证充足的水肥供应。及时中耕除草。

**推广意见：**适宜在河北省唐山、廊坊市，沧州及保定北部，夏播玉米区夏播种植。

## 182. 纪元 102

**审定编号：**冀审玉 20170055

**选育单位：**河北新纪元种业有限公司

**报审单位：**河北新纪元种业有限公司

**品种来源：**由组合廊系-02×廊系 787 选育而成

**审定时间：**2017 年 4 月

**产量表现：**2014 年河北省夏播早熟组区域试验，平均亩产 717.0 千克；2015 年同组区域试验，平均亩产 779.3 千克。2016 年生产试验，平均亩产 653.1 千克。

**特征特性：**幼苗叶鞘紫色。成株株型较紧凑，株高 281 厘米，穗位 120 厘米，全株叶片数 18～19 片，生育期 105 天左右。雄穗分枝 12 个左右，花药浅紫色，花丝浅紫色。果穗长锥形，穗轴白色，穗长 17.8 厘米，穗行数 14 行左右，秃尖 0.6 厘米。籽粒黄色、硬粒型，千粒重 385.5 克，出籽率 87.3%。品质：2016 年河北省农作物品种品质检测中心测定，蛋白质 8.68%，脂肪 4.20%，淀粉 74.96%，赖氨酸 0.21%。抗病性：河北省农林科学院植物保护研究所鉴定，2014 年，高抗小斑病，抗大斑病，中抗茎腐病，感弯孢叶斑病；2015 年，高抗大斑病、弯孢叶斑病，抗小斑病，中抗茎腐病。

**栽培技术要点：**适宜播期为 6 月中旬，适宜密度为 4 200 株/亩。施足底肥，亩施复合肥或磷酸二铵 20 千克作底肥，中后期亩追施尿素 30～40 千克。大喇叭口前少浇水，宜蹲苗。

**推广意见：**适宜在河北省唐山、廊坊市，沧州及保定北部，夏播玉米区夏播种植。

## 183. 凯育 11

**审定编号：**冀审玉 20170056

**选育单位：**北京未名凯拓植物基因研究有限公司

**报审单位：**北京未名凯拓植物基因研究有限公司

**品种来源：**由组合MP365-8×FH2-11选育而成

**审定时间：**2017年4月

**产量表现：**2014年河北省夏播早熟组区域试验，平均亩产734.1千克；2015年同组区域试验，平均亩产763.9千克。2016年生产试验，平均亩产645.9千克。

**特征特性：**幼苗叶鞘紫色。成株株型紧凑，株高272厘米，穗位113厘米，全株叶片数18～20片，生育期105天左右。雄穗分枝8～12个，花药黄色，花丝绿色。果穗锥形，穗轴白色，穗长18.1厘米，穗行数14行左右，秃尖0.7厘米。籽粒黄色、硬粒型，千粒重361.3克，出籽率86.1%。品质：2016年河北省农作物品种品质检测中心测定，蛋白质9.48%，脂肪3.84%，淀粉74.34%，赖氨酸0.21%。抗病性：河北省农林科学院植物保护研究所鉴定，2014年，抗小斑病、大斑病、茎腐病，高感弯孢叶斑病；2015年，抗小斑病，中抗茎腐病，高感大斑病、弯孢叶斑病。

**栽培技术要点：**适宜播期为6月10～25日，适宜密度为4 200～4 500株/亩。以农家肥为主，亩施尿素15千克、三元复合肥20千克作底肥，大喇叭口期亩追施尿素20千克。苗期注意防治蓟马、灰飞虱等害虫。

**推广意见：**适宜在河北省唐山、廊坊市，沧州及保定北部，夏播玉米区夏播种植。

## 184. 邯玉928

**审定编号：**冀审玉20170057

**选育单位：**邯郸市农业科学院

**报审单位：**邯郸市农业科学院

**品种来源：**由组合H93×H24选育而成

**审定时间：**2017年4月

**产量表现：**2015年河北省夏播早熟组区域试验，平均亩产748.7千克；2016年同组区域试验，平均亩产714.1千克。2016

年生产试验，平均亩产 639.1 千克。

**特征特性：** 幼苗叶鞘紫色。成株株型半紧凑，株高 290 厘米，穗位 118 厘米，全株叶片数 19 片左右，生育期 106 天左右。雄穗分枝 7～11 个，花药紫色，花丝绿色。果穗筒形，穗轴红色，穗长 18.0 厘米，穗行数 14 行左右，秃尖 0.8 厘米。籽粒黄色、半马齿型，千粒重 414.4 克，出籽率 85.9%。品质：2016 年河北省农作物品种品质检测中心测定，粗蛋白质（干基）9.62%，粗脂肪（干基）4.19%，粗淀粉（干基）73.36%，赖氨酸 0.21%。抗病性：河北省农林科学院植物保护研究所鉴定，2015 年，抗小斑病，中抗茎腐病，感大斑病、弯孢叶斑病；2016 年，中抗小斑病、大斑病、弯孢叶斑病，茎腐病田间自然发病表现为抗。

**栽培技术要点：** 适宜播期为 6 月 20 日前，适宜密度为 4 200 株/亩左右。施足底肥，氮磷钾配方施肥补施锌肥，拔节后亩追施尿素 30～40 千克。及时防治病虫草害。

**推广意见：** 适宜在河北省唐山、廊坊市，沧州及保定北部，夏播玉米区夏播种植。

## 185. 京早 618

**审定编号：** 冀审玉 20170058

**选育单位：** 定兴县玉米研究所、沈阳农业大学

**报审单位：** 定兴县玉米研究所

**品种来源：** 由组合 DR59－16－8×DR7－22 选育而成

**审定时间：** 2017 年 4 月

**产量表现：** 2014 年河北省夏播极早熟组区域试验，平均亩产 511.4 千克；2015 年同组区域试验，平均亩产 568.0 千克。2016 年生产试验，平均亩产 534.2 千克。

**特征特性：** 幼苗叶鞘紫色。成株株型紧凑，株高 277 厘米，穗位 114 厘米，全株叶片 19 片左右，生育期 94 天左右。雄穗分枝 14～18 个，花药紫色，花丝浅粉色。果穗长筒形，穗轴白色，穗

长 17.4 厘米，穗行数 16 行左右，秃尖 0.8 厘米。籽粒黄色、半马齿型，千粒重 256.2 克，出籽率 83.6%。品质：2016 年河北省农作物品种品质检测中心测定，蛋白质 9.59%，脂肪 3.42%，淀粉 72.75%，赖氨酸 0.23%。抗病性：河北省农林科学院植物保护研究所鉴定，2014 年，高抗茎腐病，感小斑病、大斑病、矮花叶病；2015 年，高抗弯孢叶斑病，抗穗腐病，中抗小斑病、茎腐病、粗缩病，高感瘤黑粉病。

**栽培技术要点：**适宜密度为4 000～4 500 株/亩。播种前亩施复合肥 30 千克左右作底肥，追肥要以前轻、中重、后补为原则，采取稳氮、增磷、补钾的措施。苗期注意防治黏虫，喇叭口期防治玉米螟。

**推广意见：**适宜在河北省邯郸、邢台、石家庄、衡水市，保定南部和沧州南部，夏播玉米区 7 月 10 日左右晚播种植。

## 186. 蠡玉 57

**审定编号：**冀审玉 20170059

**选育单位：**石家庄蠡玉科技开发有限公司

**报审单位：**石家庄蠡玉科技开发有限公司

**品种来源：**由组合 L19×L57 选育而成

**审定时间：**2017 年 4 月

**产量表现：**2014 年河北省夏播极早熟组区域试验，平均亩产 515.5 千克；2015 年同组区域试验，平均亩产 574.8 千克。2016 年生产试验，平均亩产 544.5 千克。

**特征特性：**幼苗叶鞘紫色。成株株型紧凑，株高 265 厘米，穗位 89 厘米，全株叶片数 19 片左右，生育期 92 天左右。雄穗分枝 5 个左右，花药绿色，花丝浅绿色。果穗长筒形，穗轴白色，穗长 17.8 厘米，穗行数 14 行左右，秃尖 1.0 厘米。籽粒黄色、半马齿型，千粒重 278.1 克，出籽率 86.5%。品质：2016 年河北省农作物品种品质检测中心测定，蛋白质 10.23%，脂肪 3.98%，淀粉 70.36%，赖氨酸 0.23%。抗病性：河北省农林科学院植物保护研究所鉴定，2014 年，高抗矮花叶病，抗小斑病，中抗大斑病、茎腐病；2015 年，抗小斑病、弯孢叶斑病、穗腐病，中抗茎腐病，感粗缩病，高感瘤黑粉病。

**栽培技术要点：**适宜密度为4 500～5 000 株/亩。亩施复合肥 40 千克作底肥，喇叭口期亩追施尿素 20 千克，追肥要以前轻、中重、后补为原则，采取稳氮、增磷、补钾的措施。苗期注意防治黏虫，喇叭口期防治玉米螟。

**推广意见：**适宜在河北省邯郸、邢台、石家庄、衡水市，保定南部和沧州南部，夏播玉米区 7 月 10 日左右晚播种植。

## 187. 嘉玉 1 号

**审定编号：**冀审玉 20170060

**选育单位：**河北嘉丰种业有限公司

**报审单位：**河北嘉丰种业有限公司

**品种来源：**由组合 495×内 1 选育而成

**审定时间：**2017 年 4 月

**产量表现：**2014 年河北省夏播极早熟组区域试验，平均亩产 515.5 千克；2015 年同组区域试验，平均亩产 565.1 千克。2016 年生产试验，平均亩产 530.8 千克。

**特征特性：**幼苗叶鞘紫色。成株株型半紧凑，株高 262 厘米，穗位 92 厘米，全株叶片叶片数 16～17 片，生育期 90 天左右。雄穗分枝 3～4 个，花药紫色，花丝红色。果穗筒形，穗轴红色，穗长 18.6 厘米，穗行数 12 行左右，秃尖 1.6 厘米。籽粒黄色、半硬粒型，千粒重 263.3 克，出籽率 85.8%。品质：2016 年河北省农作物品种品质检测中心测定，蛋白质 10.78%，脂肪 4.04%，淀粉 71.75%，赖氨酸 0.22%。抗病性：河北省农林科学院植物保护研究所鉴定，2014 年，高抗小斑病、矮花叶病，中抗茎腐病，高感大斑病；2015 年，高抗弯孢叶斑病，抗穗腐病，中抗小斑病、茎腐病，感粗缩病，高感瘤黑粉病。

**栽培技术要点：**适宜密度为 4 500 株/亩左右。施足基肥，全生育期施用纯氮10～15千克，底肥以复合肥为主，亩施40～50千克，或尿素15千克、磷酸二铵和硫酸钾各10千克，小喇叭口期亩追施尿素15～20千克。苗期注意防治黏虫，大喇叭口期防治玉米螟。

**推广意见：**适宜在河北省邯郸、邢台、石家庄、衡水市，保定南部和沧州南部，夏播玉米区7月10日左右晚播种植。

## 188. 泽玉136

**审定编号：**冀审玉20170097

**选育单位：**吉林省宏泽现代农业有限公司

**报审单位：**吉林省宏泽现代农业有限公司

**品种来源：**由组合JP08CC006×T471选育而成

**审定时间：**2017年4月

**产量表现：**2014年唐山区域夏播4 200株密度组区域试验，平均亩产821.8千克；2015年同组区域试验，平均亩产791.5千克。2016年生产试验，平均亩产748.0千克。

**特征特性：**幼苗叶鞘紫色。成株株型紧凑，株高258厘米，穗位111厘米，全株叶片数20片左右，生育期104天左右。雄穗分枝10～12个，花药黄色，花丝粉色。果穗筒形，穗轴白色，穗长18.2厘米，穗行数16行左右，秃尖0.4厘米。籽粒黄色、半马齿型，千粒重390.6克，出籽率88.6%。品质：2016年河北省农作物品种品质检测中心测定，蛋白质（干基）8.21%，淀粉（干基）76.34%，脂肪（干基）4.05%，赖氨酸（干基）0.23%。抗病性：河北省农林科学院植物保护研究所鉴定，2014年，抗小斑病，中抗矮花叶病、大斑病，感茎腐病。2015年，高抗小斑病、矮花叶病，中抗大斑病、茎腐病，感粗缩病。

**栽培技术要点：**适宜播期为5月下旬至6月上旬，适宜密度为4 000～4 500株/亩。苗期应适当蹲苗，增施磷钾提苗肥，大喇叭口期注意防治玉米螟。

**推广意见：**适宜在河北省唐山市夏播玉米区夏播种植。

# 三、特用玉米组

## 189. 佳糯 26

**审定编号：**冀审玉 2015021 号

**选育单位：**万全县万佳种业有限公司

**报审单位：**万全县万佳种业有限公司、石家庄市农林科学研究院

**品种来源：**2009 年用糯白 19×糯 69 育成

**审定时间：**2015 年 5 月

**产量表现：**2013 年河北省鲜食糯玉米组区域试验，平均亩产鲜果穗 998.5 千克。2014 年同组区域试验，平均亩产鲜果穗 1 001.1千克。

**特征特性：**幼苗叶鞘紫色。成株株型半紧凑，株高 262 厘米，穗位 111 厘米，全株叶片数 19～20 片。叶色绿色，出苗至采收鲜果穗 82 天左右。雄穗分枝 12～15 个，花药紫色，花丝绿色。果穗锥形，穗轴白色，穗长 20.0 厘米，穗粗 4.9 厘米，穗行数 14 行，秃尖 0.2 厘米。籽粒洁白，行粒数 40.5 粒，鲜籽粒百粒重 36.5 克，出籽率 64.4%。经河北省鲜食玉米区域试验专家组和试点品尝鉴定，达到部颁糯玉米二级标准。农业部谷物品质监督检验测试中心测定，2013 年，粗蛋白质（干基）10.25%，粗脂肪（干基）3.99%，粗淀粉（干基）67.69%，直链淀粉占粗淀粉（干基）总量的 0.20%；2014 年，粗蛋白质（干基）10.53%，粗脂肪（干基）3.93%，粗淀粉（干基）72.30%，直链淀粉占粗淀粉（干基）总量的 1.27%。抗病性：河北省农林科学院植物保护研究所鉴定，2013 年，高抗矮花叶病，抗小斑病、大斑病、丝黑穗病，感玉米螟，高感瘤黑粉病；2014 年，抗小斑病、矮花叶病，中抗大斑病，

感瘤黑粉病、丝黑穗病，高感玉米螟。

**栽培技术要点：**5厘米地温稳定通过12℃时为最佳播种期，适宜密度为3 500株/亩左右。增施有机肥，重施大喇叭口肥，为确保品质与风味，应多施农家肥及有机肥，少施化肥。适当蹲苗，5～6片可见叶时定苗，定苗后及时中耕培土，防除杂草。注意隔离，与其他玉米要有300米以上的隔离区，或者20天以上的种植时间间隔，以防变质、变色。

**推广意见：**用于鲜食，建议在河北省春播玉米区春播种植，夏播玉米区夏播种植。

## 190. 万粘4号

**审定编号：**冀审玉2015022号

**选育单位：**河北省万全县华穗特用玉米种业有限责任公司

**报审单位：**河北省万全县华穗特用玉米种业有限责任公司

**品种来源：**2010年用W69×W70育成

**审定时间：**2015年5月

**产量表现：**2013年河北省鲜食糯玉米组区域试验，平均亩产鲜果穗811.8千克；2014年同组区域试验，平均亩产914.3千克。

**特征特性：**幼苗叶鞘紫色。成株株型半紧凑，株高231厘米，穗位96厘米，全株叶片数18片左右。叶色绿色，出苗至采收鲜果穗74天左右。雄穗分枝10～18个，花药黄色，花丝粉色。果穗长锥形，穗轴白色，穗长19.7厘米，穗粗4.7厘米，穗行数16行左右，秃尖0.9厘米。籽粒雪白色、半马齿型，行粒数30.9粒，鲜籽粒百粒重41.1克，出籽率67.8%。经河北省鲜食玉米区域试验专家组和试点品尝鉴定，达到部颁糯玉米二级标准。农业部谷物品质监督检验测试中心测定，2013年，粗蛋白质（干基）9.58%，粗脂肪（干基）4.82%，粗淀粉（干基）64.74%，直链淀粉占粗淀粉（干基）总量的0.35%；2014年，粗蛋白质（干基）11.02%，粗脂肪（干基）5.23%，粗淀粉（干基）72.20%，直链淀粉占粗淀粉（干基）总量的1.35%。抗病性：河北省农林科学院植物保护研究所鉴定，2013 年，中抗大斑病、小斑病、矮花叶病，感丝黑穗病、瘤黑粉病、玉米螟；2014 年，中抗大斑病、矮花叶病、玉米螟，感小斑病、瘤黑粉病，高感丝黑穗病。

**栽培技术要点：**5～10 厘米地温稳定通过 12 ℃时为最佳播种期，育苗移栽可提前播种，在三叶期前定植，适宜密度为 3 500 株/亩左右。基肥每亩施农家肥 2 000 千克、磷酸二铵 25 千克，追肥亩施尿素 30 千克。加强苗期肥水管理，促其快速生长。大喇叭口期注意防治玉米螟。鲜穗在授粉后 23 天左右及时采收，采收的鲜穗最好在 6 小时之内加工完毕。注意隔离，与其他玉米要有 300 米以上的隔离区，以防变质、变色。

**推广意见：**用于鲜食，建议在河北省夏播玉米区夏播种植。

## 191. 石甜玉 1 号

**审定编号：**冀审玉 2015023 号

**选育单位：**石家庄市农林科学研究院

**报审单位：**石家庄市农林科学研究院、万全县万佳种业有限公司

**品种来源：**2012 年用组合 TF01×TF02 育成

**审定时间：**2015 年 5 月

**产量表现：**2013 年河北省鲜食甜玉米组区域试验，平均亩产鲜果穗 972.5 千克；2014 年同组区域试验，平均亩产鲜果穗 1 086.3千克。

**特征特性：**幼苗叶鞘绿色。成株株型松散，株高 251 厘米，穗位 90 厘米。出苗至采收鲜果穗 80 天左右。雄穗分枝 15～20 个，花药黄绿色，花丝绿色。果穗筒形，穗轴白色，穗长 21.9 厘米，穗粗 4.7 厘米，穗行数 16 行左右，秃尖 1.1 厘米。籽粒黄色、超甜型，行粒数 41.2 粒，鲜籽粒百粒重 36.7 克，出籽率 70.8%。经河北省鲜食玉米区域试验专家组和试点品尝鉴定，达到部颁甜玉米二级标准。农业部谷物品质监督检验测试中心测定，2013 年，还原糖（干基）4.9%，总糖（干基）6.83%；2014 年，还原糖

（干基）5.1%，总糖（干基）7.3%。抗病性：河北省农林科学院植物保护研究所鉴定，2013年，中抗大斑病、小斑病，感丝黑穗病、瘤黑粉病、矮花叶病，高感玉米螟；2014年，中抗大斑病，感小斑病、瘤黑粉病、丝黑穗病，高感矮花叶病、玉米螟。

**栽培技术要点：** 5厘米地温稳定通过12℃时为最佳播种期，适宜密度为3 000～3 500株/亩。亩施磷酸二胺20千克，尿素10千克作底肥，大喇叭口期追施尿素20千克。根据田间降雨及时灌溉，授粉后25天左右采收鲜果穗。

**推广意见：** 用于鲜食，建议在河北省春播玉米区春播种植，夏播玉米区夏播种植。

## 192. 中农甜488

**审定编号：** 冀审玉2015024号

**试验名称：** ND488

**选育单位：** 中国农业大学

**报审单位：** 中国农业大学

**品种来源：** 2013年用组合S3268×NV19育成

**审定时间：** 2015年5月

**产量表现：** 2013年河北省鲜食甜玉米组区域试验，平均亩产鲜果穗930.9千克。2013年同组区域试验，平均亩产鲜果穗1 099.4千克。

**特征特性：** 成株株型平展，株高219厘米，穗位76厘米。出苗至采收鲜果穗75天左右。雄穗分枝8～12个，花药黄色，花丝青色。果穗筒形，穗轴白色，穗长21.1厘米，穗粗5.0厘米，穗行数16行左右，秃尖1.0厘米。籽粒黄色，行粒数41.4粒，鲜籽粒百粒重38.2克，出籽率71.0%。经河北省鲜食玉米区域试验专家组和试点品尝鉴定，达到部颁甜玉米二级标准。农业部谷物品质监督检验测试中心测定，2013年，还原糖（干基）4.0%，总糖（干基）6.43%；2014年，还原糖（干基）4.8%，总糖（干基）6.5%。抗病性：河北省农林科学院植物保护研究所鉴定，2013

年，中抗大斑病、小斑病、矮花叶病，感丝黑穗病、瘤黑粉病、玉米螟；2014 年，中抗小斑病、玉米螟，感矮花叶病、瘤黑粉病、丝黑穗病，高感大斑病。

**栽培技术要点：**5 厘米地温稳定通过 12 ℃时为最佳播种期，适宜密度为 3 000～3 500 株/亩。基肥每亩施农家肥 2 000 千克、磷酸二铵 25 千克，追肥亩施尿素 30 千克。注意隔离，与其他玉米要有 300 米以上的隔离区，以防变质、变色。

**推广意见：**用于鲜食，建议在河北省春播玉米区春播种植，夏播玉米区夏播种植。

## 193. 惠农糯 1 号

**审定编号：**冀审玉 2016036 号

**选育单位：**张家口市惠君农业科技有限公司

**报审单位：**张家口市惠君农业科技有限公司

**品种来源：**2009 年用组合 H 糯 123×J 糯 128 育成

**审定时间：**2016 年 5 月

**产量表现：**2014 年河北省鲜食糯玉米组区域试验，平均亩产鲜果穗 1076.1 千克。2015 年同组区域试验，平均亩产鲜果穗 1 057.5千克。

**特征特性：**幼苗叶鞘紫色。成株株型半紧凑，株高 264 厘米，穗位 115 厘米，全株叶片数 19～20 片。从出苗至采收鲜果穗平均 83 天。雄穗分枝 9～15 个，花药红色，花丝绿色。果穗筒形，穗轴白色，穗长 20.1 厘米，穗粗 5.2 厘米，穗行数 14 行左右，秃尖 1.1 厘米。籽粒白色、硬粒型，行粒数 41.9 粒，鲜籽粒百粒重 40.2 克，出籽率 65.9%。经河北省鲜食玉米区域试验专家组和试点品尝鉴定，达到部颁糯玉米二级标准。农业部谷物品质监督检验测试中心测定，2014 年，粗蛋白质（干基）13.01%，粗脂肪（干基）5.02%，粗淀粉（干基）66.62%，直链淀粉占粗淀粉（干基）总量的 0.62%；2015 年，粗蛋白质（干基）10.75%，粗脂肪（干基）5.37%，粗淀粉（干基）69.27%，直链淀粉占粗淀粉（干基）

总量的0.06%。抗病性：河北省农林科学院植物保护研究所鉴定，2014年，高抗丝黑穗病，抗大斑病、矮花叶病，中抗小斑病，感瘤黑粉病、玉米螟；2015年，抗小斑病、矮花叶病，感大斑病、瘤黑粉病、丝黑穗病，高感玉米螟。

**栽培技术要点：** 5厘米地温稳定通过12℃时为最佳播种期，适宜密度为3 500株/亩左右，播种深度为4～5厘米。增施有机底肥，重施大喇叭口肥。适当蹲苗，5～6片可见叶时定苗，定苗后及时中耕培土，防除杂草。注意隔离，与其他玉米要有300米以上的隔离区，或者20天以上的种植时间间隔，以防变质、变色。

**推广意见：** 用于鲜食，建议在河北省春播玉米区春播种植，夏播玉米区夏播种植。

## 194. 琼白糯1号

**审定编号：** 冀审玉2016037号

**选育单位：** 海南省农业科学院粮食作物研究所

**报审单位：** 海南省农业科学院粮食作物研究所

**品种来源：** 2011年用组合Y231×Y365育成

**审定时间：** 2016年5月

**产量表现：** 2014年河北省鲜食糯玉米组区域试验，平均亩产鲜果穗895.2千克；2015年同组区域试验，平均亩产鲜果穗999.4千克。

**特征特性：** 成株株型半紧凑，株高244厘米，穗位100厘米，全株叶片数19～20片。从出苗至采收鲜果穗平均80天。雄穗分枝12～18个，花药黄色，花丝浅红色。果穗筒形，穗轴白色，穗长17.8厘米，穗粗4.8厘米，穗行数16行左右，秃尖0.2厘米。籽粒白色、半硬粒型，行粒数34.1粒，鲜籽粒百粒重31.7克，出籽率65.2%。经河北省鲜食玉米区域试验专家组和试点品尝鉴定，达到部颁糯玉米二级标准。农业部谷物品质监督检验测试中心测定，2014年，粗蛋白质（干基）11.31%，粗脂肪（干基）4.69%，粗淀粉（干基）72.58%，直链淀粉占粗淀粉（干基）总量的1.49%；2015年，粗蛋白质（干基）10.55%，粗脂肪（干基）4.68%，粗淀粉（干基）72.80%，直链淀粉占粗淀粉（干基）总量的1.26%。抗病性：河北省农林科学院植物保护研究所鉴定，2014年，高抗小斑病、大斑病，中抗丝黑穗病，感瘤黑粉病，高感矮花叶病、玉米螟；2015年，高抗小斑病，抗丝黑穗病，感大斑病、瘤黑粉病、玉米螟，高感矮花叶病。

**栽培技术要点：**春播播期4月下旬至5月上旬，夏播播期不晚于6月25日，适宜密度为3 500～4 000株/亩。多施磷钾肥和有机肥可增进品质，全生育期禁用除草剂，病虫害防治禁用高毒农药。注意隔离，与其他玉米要有300米以上的隔离区，或者20天以上的种植时间间隔，以防变质、变色。

**推广意见：**用于鲜食，建议在河北省春播玉米区春播种植，夏播玉米区夏播种植。

## 195. 沈甜糯9

**审定编号：**冀审玉2016038号

**选育单位：**肖雅珍

**报审单位：**肖雅珍

**品种来源：**2011年用组合SN198×ST169育成

**审定时间：**2016年5月

**产量表现：**2014年河北省鲜食糯玉米组区域试验，平均亩产鲜果穗983.5千克；2015年同组区域试验，平均亩产鲜果穗1 014.8千克。

**特征特性：**幼苗叶鞘紫色。成株株型半紧凑，株高270厘米，穗位111厘米，全株叶片数19～20片。从出苗至采收鲜果穗平均82天。雄穗分枝7～10个，花药紫色，花丝紫色。果穗锥形，穗轴白色，穗长20.0厘米，穗粗4.8厘米，穗行数14行左右，秃尖0.2厘米。籽粒白色、半马齿型，行粒数41.2粒，鲜籽粒百粒重37.4克，出籽率71.2%。经河北省鲜食玉米区域试验专家组和试点品尝鉴定，达到部颁糯玉米二级标准。农业部谷物品质监督检验测试中心测定，2014 年，粗蛋白质（干基）10.91%，粗脂肪（干基）5.04%，粗淀粉（干基）69.96%，直链淀粉占粗淀粉（干基）总量的 0.56%；2015 年，粗蛋白质（干基）9.45%，粗脂肪（干基）5.72%，粗淀粉（干基）69.07%，直链淀粉占粗淀粉（干基）总量的 2.47%。抗病性：河北省农林科学院植物保护研究所鉴定，2014 年，抗小斑病、矮花叶病，感大斑病、瘤黑粉病、丝黑穗病，高感玉米螟；2015 年，高抗矮花叶病，抗丝黑穗病，中抗小斑病，感大斑病、瘤黑粉病、玉米螟。

**栽培技术要点：**5 月初地温稳定在 10 ℃以上播种，适宜密度为 3 500～3 800 株/亩。生育期亩施纯氮 18～20 千克、磷 10～12 千克、钾 10～14 千克，氮肥总量的 1/3 及全部磷肥、钾肥作种肥或底肥，另外 2/3 氮在大喇叭口期作追肥施入。大喇叭口期用生物及药物防治玉米螟。注意隔离，与其他玉米要有 100 米以上的隔离区，或者 20 天以上的种植时间间隔，以防变质、变色。

**推广意见：**用于鲜食，建议在河北省春播玉米区春播种植，夏播玉米区夏播种植。

## 196. 万彩甜糯 118

**审定编号：**冀审玉 2016039 号

**选育单位：**河北省万全县华穗特用玉米种业有限责任公司

**报审单位：**河北省万全县华穗特用玉米种业有限责任公司

**品种来源：**2012 年用组合 W71×W72 育成

**审定时间：**2016 年 5 月

**产量表现：**2014 年河北省鲜食糯玉米组区域试验，平均亩产鲜果穗 983.9 千克；2015 年同组区域试验，平均亩产鲜果穗 966.8 千克。

**特征特性：**幼苗叶鞘紫色。成株株型半紧凑，株高 288 厘米，穗位 131 厘米，全株叶片数 21～22 片。从出苗至采收鲜果穗平均 83 天。雄穗分枝 15～19 个，花药黄色，花丝绿色。果穗长筒形，穗轴白色，穗长 20.7 厘米，穗粗 4.8 厘米，穗行数 14 行左右，秃尖 0.7 厘米。籽粒紫白两色相间、半马齿型，行粒数 40.8 粒，鲜籽粒百粒重 42.0 克，出籽率 70.3%。经河北省鲜食玉米区域试验专家组和试点品尝鉴定，达到部颁糯玉米二级标准。农业部谷物品质监督检验测试中心测定，2014 年，粗蛋白质（干基）11.32%，粗脂肪（干基）5.98%，粗淀粉（干基）66.51%，直链淀粉占粗淀粉（干基）总量的 0.98%；2015 年，粗蛋白质（干基）9.74%，粗脂肪（干基）6.12%，粗淀粉（干基）68.15%，直链淀粉占粗淀粉（干基）总量的 0.53%。抗病性：河北省农林科学院植物保护研究所鉴定，2014 年，感小斑病、大斑病、瘤黑粉病、丝黑穗病，高感矮花叶病、玉米螟；2015 年，高抗矮花叶病，中抗小斑病、丝黑穗病，感瘤黑粉病、玉米螟，高感大斑病。

**栽培技术要点：**5～10 厘米地温稳定通过 12 ℃时为最佳播种期，适宜密度为 3 500 株/亩左右。基肥每亩施农家肥 2 000 千克、磷酸二铵 25 千克，追肥亩施尿素 30 千克，最好按 3∶7 分两次施入。注意隔离，与其他玉米要有 300 米以上的隔离区，或者 20 天以上的种植时间间隔，以防变质、变色。鲜穗在授粉后 24～26 天左右及时采收、加工，采收的鲜穗最好在 6 小时内加工完毕。

**推广意见：**用于鲜食，建议在河北省春播玉米区春播种植，夏播玉米区夏播种植。

## 197. 奔诚 6 号

**审定编号：**冀审玉 20170061

**选育单位：**河北奔诚种业有限公司

**报审单位：**河北奔诚种业有限公司

**品种来源：**由组合 G064×M137 选育而成

**审定时间：**2017 年 4 月

**产量表现：**2015 年河北省夏播青贮玉米组区域试验，平均亩产生物产量 1 265.0 千克；2016 年同组区域试验，平均亩产生物产量 1 234.0 千克。2016 年生产试验，平均亩产生物产量 1 190.61 千克。

**特征特性：**幼苗叶鞘紫色。成株株型半紧凑，株高 284 厘米，穗位 115 厘米，全株叶片数 22 片。生育期 102 天左右。持绿性好，花药黄色，花丝粉红色。果穗筒形，穗轴白色，籽粒黄色。收获时籽粒乳线46.2%，收获生物体干物质含量22.5%。品质：2016年河北省农作物品种品质检测中心测定，粗蛋白质8.02%，淀粉33.79%，中性洗涤纤维48.20%，酸性洗涤纤维24.03%。抗病性：河北省农林科学院植物保护研究所鉴定，2015年，抗小斑病，中抗大斑病、弯孢叶斑病、茎腐病、丝黑穗病、纹枯病；2016年抗小斑病、弯孢叶斑病，茎腐病田间自然发病表现为高抗。

**栽培技术要点：**适宜播期为6月上中旬，适宜密度为5 000株/亩。亩施优质腐熟农家肥2 000千克或三元素复合肥25千克作底肥，拔节孕穗期亩追施尿素25千克。及时中耕除草，防治病虫害。

**推广意见：**适宜在河北省邯郸、邢台、石家庄、衡水、沧州市，保定中南部，夏播玉米区做青贮玉米种植。

## 198. 宏瑞101

**审定编号：**冀审玉20170062

**选育单位：**河北宏瑞种业有限公司

**报审单位：**河北宏瑞种业有限公司

**品种来源：**由组合武9087×武8031选育而成

**审定时间：**2017年4月

**产量表现：**2015年河北省夏播青贮玉米组区域试验，平均亩产生物产量1 260.6千克；2016年同组区域试验，平均亩产生物产量1 244.2千克。2016年生产试验，平均亩产生物产量1 219.51千克。

**特征特性：**幼苗叶鞘紫色。成株株型紧凑，株高283厘米，穗位123厘米。生育期103天左右。持绿性好，花药黄色，花丝黄色。果穗中间型，穗轴白色，籽粒黄色。收获时籽粒乳线45.8%，收获生物体干物质含量22.6%。品质：2016年河北省农作物品种品质检测中心测定，粗蛋白质8.15%，淀粉33.28%，中性洗涤纤维48.51%，酸性洗涤纤维24.54%。抗病虫性：河北省农林科学院植物保护研究所鉴定，2015年，抗小斑病、大斑病、纹枯病，中抗弯孢叶斑病、茎腐病、丝黑穗病；2016年，抗小斑病，中抗弯孢叶斑病，茎腐病田间自然发病表现为高抗。

**栽培技术要点：**适宜播期为6月上中旬，适宜密度为5 000株/亩左右。施足底肥，拔节期和大喇叭口期及时追肥。及时中耕除草，防治病虫害。

**推广意见：**适宜在河北省邯郸、邢台、石家庄、衡水、沧州市，保定中南部，夏播玉米区作青贮玉米种植。

## 199. 津贮100

**审定编号：**冀审玉20170063

**选育单位：**天津中天大地科技有限公司、河北大禹种业有限公司

**报审单位：**天津中天大地科技有限公司、河北大禹种业有限公司

**品种来源：**用组合TG11×GTX100育成

**审定时间：**2017年4月

**产量表现：**2015年河北省夏播青贮玉米组区域试验，平均亩产生物产量1 214.2千克；2016年同组区域试验，平均亩产生物产量1 162.6千克。2016年生产试验，平均亩产生物产量1 129.14千克。

**特征特性：**幼苗叶鞘紫色。成株株型半紧凑，株高307厘米，穗位131厘米。生育期102天左右。持绿性好，花药黄色，花丝红色。果穗筒形，穗轴红色，籽粒黄色。收获时籽粒乳线47.0%，收获生物体干物质含量21.2%。品质：2016年河北省农作物品种品质检测中心测定，粗蛋白质7.35%，淀粉27.44%，中性洗涤纤维52.17%，酸性洗涤纤维28.58%。抗病虫性：河北省农林科学院植物保护研究所鉴定，2015年，高抗弯孢叶斑病，抗纹枯病，中抗小斑病、茎腐病，感大斑病，高感丝黑穗病；2016年，抗弯孢叶斑病，中抗小斑病，茎腐病田间自然发病表现为高抗。

**栽培技术要点：**适宜播期为6月中旬，适宜密度为5 000株/亩。

亩施复合肥15～25千克作底肥，拔节后亩追施尿素15～25千克。

**推广意见：** 适宜在河北省邯郸、邢台、石家庄、衡水、沧州市，保定中南部，夏播玉米区作青贮玉米种植。

## 200. 农研青贮2号

**审定编号：** 冀审玉20170064

**选育单位：** 河间市国欣农村技术服务总会、北京市农业技术推广站

**报审单位：** 河间市国欣农村技术服务总会

**品种来源：** 由组合B12C80－1×黄572选育而成

**审定时间：** 2017年4月

**产量表现：** 2015年河北省夏播青贮玉米组区域试验，平均亩产生物产量1 188.9千克。2016年同组区域试验，平均亩产生物产量1 146.8千克。2016年生产试验，平均亩产生物产量1 130.06千克。

**特征特性：** 幼苗叶鞘紫色。成株株型紧凑，株高292厘米，穗位117厘米。生育期101天左右。持绿性较好，花药绿色，花丝粉红色。果穗长筒形，穗轴红色，籽粒黄色。收获时籽粒乳线47.8%，收获生物体干物质含量21.2%。品质：2016年河北省农作物品种品质检测中心测定，粗蛋白质8.28%，淀粉35.4%，中性洗涤纤维54.02%，酸性洗涤纤维22.91%。抗病虫性：河北省农林科学院植物保护研究所鉴定，2015年，抗弯孢叶斑病，中抗小斑病、大斑病，丝黑穗病，感茎腐病、纹枯病；2016年，抗弯孢叶斑病，中抗小斑病，茎腐病田间自然发病表现为中抗。

**栽培技术要点：** 适宜播期为6月中旬，适宜密度为5 000株/亩。施足底肥，合理追肥，及时防治病虫害。

**推广意见：** 适宜在河北省邯郸、邢台、石家庄、衡水、沧州市，保定中南部，夏播玉米区作青贮玉米种植。

## 201. 洰丰185

**审定编号：** 冀审玉20170065

**选育单位：**河北洰丰种业有限公司、河北德农种业有限公司

**报审单位：**河北洰丰种业有限公司、河北德农种业有限公司

**品种来源：**由组合 K202×H122 选育而成

**审定时间：**2017 年 4 月

**产量表现：**2015 年河北省夏播青贮玉米组区域试验，平均亩产生物产量 1 248.1 千克；2016 年同组区域试验，平均亩产生物产量 1 136.4 千克。2016 年生产试验，平均亩产生物产量 1 018.03 千克。

**特征特性：**幼苗叶鞘浅紫色。成株株型半紧凑，株高 284 厘米，穗位 108 厘米。生育期 102 天左右。持绿性较好，花药浅紫色，花丝浅紫。果穗筒形，穗轴白色，籽粒黄色。收获时籽粒乳线 46.3%，收获生物体干物质含量 23.5%。品质：2016 年河北省农作物品种品质检测中心测定，粗蛋白质 8.0%，淀粉 35.32%，中性洗涤纤维 48.58%，酸性洗涤纤维 22.67%。抗病虫性：河北省农林科学院植物保护研究所鉴定，2015 年，抗小斑病、弯孢叶斑病，中抗大斑病、丝黑穗病、纹枯病，感茎腐病；2016 年，抗小斑病，中抗弯孢叶斑病，茎腐病田间自然发病表现为高抗。

**栽培技术要点：**适宜播期为 6 月 10～20 日，适宜密度为 5 000 株/亩。追肥以前轻、中重、后补为原则，采取稳氮、增磷、补钾的措施。苗期注意防治黏虫，喇叭口期防治玉米螟。

**推广意见：**适宜在河北省邯郸、邢台、石家庄、衡水、沧州市，保定中南部，夏播玉米区作青贮玉米种植。

## 202. 彩甜糯 2 号

**审定编号：**冀审玉 20170087

**选育单位：**河北农业大学

**报审单位：**河北农业大学

**品种来源：**由组合 E5×M616 选育而成

**审定时间：**2017 年 4 月

**产量表现：**2015 年河北省鲜食糯玉米组区域试验，鲜果穗平

均亩产 975.1 千克；2016 年同组区域试验，鲜果穗平均亩产 897.8 千克。

**特征特性：**幼苗叶鞘红色。成株株型半紧凑，株高 236 厘米，穗位 90 厘米，全株叶片数 21～22 片。从出苗至采收鲜果穗 74 天左右。雄穗分枝 10～12 个，花药浅紫色，花丝绿色。果穗筒形，穗轴白色，穗长 20.7 厘米，穗粗 4.9 厘米，穗行数 14 行左右，秃尖 1.7 厘米。籽粒白色、硬粒型，行粒数 34.9 粒，鲜籽粒百粒重 40.7 克，出籽率 71.5%。经河北省鲜食玉米区域试验专家组和试点品尝鉴定，达到部颁糯玉米二级标准。品质：2015 年农业部谷物品质监督检验测试中心测定，粗蛋白质（干基）10.10%，粗脂肪（干基）5.90%，粗淀粉（干基）70.44%，直链淀粉占粗淀粉（干基）总量的 0.86%；2016 年河北省农作物品种品质检测中心测定，蛋白质（干基）12.46%，脂肪（干基）5.58%，淀粉（干基）66.26%，直链淀粉占淀粉总量的 2.75%。抗病虫性：河北省农林科学院植物保护研究所鉴定，2015 年，高抗矮花叶病，抗小斑病、丝黑穗病，感瘤黑粉病、玉米螟，高感大斑病；2016 年，中抗瘤黑粉病，感小斑病、大斑病、矮花叶病、丝黑穗病、玉米螟。

**栽培技术要点：**适宜密度为 3 500～4 000 株/亩。注重农家肥和磷肥、钾肥的使用，施足底肥，提早追肥。注意防治病虫害。注意隔离，与其他玉米要有 300 米以上的隔离区，或者 20 天以上的种植时间间隔，以防变质、变色。鲜穗在授粉后 22 天左右及时采收、加工。

**推广意见：**用于鲜食，适宜在河北省春播玉米区春播种植，夏播玉米区夏播种植。

## 203. 奉糯天香

**审定编号：**冀审玉 20170088

**选育单位：**骆文平、河北奔诚种业有限公司

**报审单位：**河北奔诚种业有限公司

**品种来源：**由组合 AT76×AT458 选育而成

**审定时间：** 2017 年 4 月

**产量表现：** 2015 年河北省鲜食糯玉米组区域试验，鲜果穗平均亩产 1 057.0 千克；2016 年同组区域试验，鲜果穗平均亩产 981.2 千克。

**特征特性：** 幼苗叶鞘紫色。成株株型半紧凑，株高 248 厘米，穗位 107 厘米，全株叶片数 19 片。从出苗至采收鲜果穗 80 天左右。雄穗分枝 13～18 个，花药浅紫色，花丝浅紫色。果穗锥形，穗轴白色，穗长 22.5 厘米，穗粗 4.9 厘米，穗行数 12 行左右，秃尖 1.2 厘米。籽粒白色、糯型，行粒数 43.4 粒，鲜籽粒百粒重 38.9 克，出籽率 64.1%。经河北省鲜食玉米区域试验专家组和试点品尝鉴定，达到部颁糯玉米二级标准。品质：2015 年农业部谷物品质监督检验测试中心测定，粗蛋白质（干基）9.94%，粗脂肪（干基）5.58%，粗淀粉（干基）70.04%，直链淀粉占粗淀粉（干基）总量的 0.20%；2016 年河北省农作物品种品质检测中心测定，蛋白质（干基）11.20%，脂肪（干基）5.14%，淀粉（干基）68.94%，直链淀粉占淀粉总量的 3.80%。抗病虫性：河北省农林科学院植物保护研究所鉴定，2015 年，高抗矮花叶病，抗丝黑穗病，中抗小斑病，感瘤黑粉病，高感大斑病、玉米螟；2016 年，抗小斑病，中抗矮花叶病、丝黑穗病，感瘤黑粉病，高感大斑病、玉米螟。

**栽培技术要点：** 耕层 5 厘米地温稳定在 10 ℃以上为适宜播期，适宜密度为 3 200～3 500 株/亩。亩施优质农家肥 2 000～3 000 千克作基肥。注意隔离，与其他玉米要有 300 米以上的隔离区，或者 20 天以上的种植时间间隔，以防变质、变色。鲜穗在授粉后 22～25 天及时采收、加工。

**推广意见：** 用于鲜食，适宜在河北省春播玉米区春播种植，夏播玉米区夏播种植。

## 204. 景颇早糯

**审定编号：** 冀审玉 20170089

**选育单位：**天津中天大地科技有限公司

**报审单位：**天津中天大地科技有限公司

**品种来源：**由组合景658选×景黔黄浚选育而成

**审定时间：**2017年4月

**产量表现：**2015年河北省鲜食糯玉米组区域试验，鲜果穗平均亩产984.7千克；2016年同组区域试验，鲜果穗平均亩产869.6千克。

**特征特性：**幼苗叶鞘紫色。成株株型半紧凑，株高231厘米，穗位86厘米，全株叶片数19片。从出苗至采收鲜果穗75天左右。雄穗分枝8～12个，花药黄色，花丝红色。果穗锥形，穗轴白色，穗长19.9厘米，穗粗5.0厘米，穗行数14行左右，秃尖1.4厘米。籽粒白色，糯型，行粒数35.5粒，鲜籽粒百粒重39.8克，出籽率67.4%。经河北省鲜食玉米区域试验专家组和试点品尝鉴定，达到部颁糯玉米二级标准。品质：2015年农业部谷物品质监督检验测试中心测定，粗蛋白质（干基）9.51%，粗脂肪（干基）5.41%，粗淀粉（干基）72.76%，直链淀粉占粗淀粉（干基）总量的0.95%；2016年河北省农作物品种品质检测中心测定，蛋白质（干基）10.72%，脂肪（干基）4.76%，淀粉（干基）70.58%，直链淀粉占淀粉总量的1.36%。抗病虫性：河北省农林科学院植物保护研究所鉴定，2015年，中抗小斑病，感矮花叶病、瘤黑粉病、丝黑穗病、玉米螟，高感大斑病；2016年，抗瘤黑粉病，中抗小斑病、矮花叶病，感大斑病、丝黑穗病、玉米螟。

**栽培技术要点：**适宜密度为3 000～3 500株/亩。施足底肥，合理追肥，以重底轻追为重点。注意隔离，与其他玉米要有300米以上的隔离区，或者20天以上的种植时间间隔，以防变质、变色。

**推广意见：**用于鲜食，适宜在河北省春播玉米区春播种植，夏播玉米区夏播种植。

## 205. 沃彩糯3号

**审定编号：**冀审玉20170090

**选育单位：**河北沃土种业股份有限公司

**报审单位：**河北沃土种业股份有限公司

**品种来源：**由组合 NRB1－4×CN2－1 选育而成

**审定时间：**2017 年 4 月

**产量表现：**2015 年河北省鲜食糯玉米组区域试验，鲜果穗平均亩产 1 112.5 千克；2016 年同组区域试验，鲜果穗平均亩产 996.7 千克。

**特征特性：**幼苗叶鞘紫色。成株株型半紧凑，株高 263 厘米，穗位 113 厘米，全株叶片数 20～22 片。从出苗至采收鲜果穗 83 天左右。雄穗分枝 13 个左右，花药紫红色，花丝红色。果穗筒形，穗轴白色，穗长 21.6 厘米，穗粗 4.9 厘米，穗行数 14 行左右，秃尖 1.9 厘米。籽粒紫白相间、半马齿型，行粒数 43.6 粒，鲜籽粒百粒重 39.6 克，出籽率 68.1%。经河北省鲜食玉米区域试验专家组和试点品尝鉴定，达到部颁糯玉米二级标准。品质：2015 年农业部谷物品质监督检验测试中心测定，粗蛋白质（干基）10.56%，粗脂肪（干基）4.43%，粗淀粉（干基）69.76%，直链淀粉占粗淀粉（干基）总量的 1.06%；2016 年河北省农作物品种品质检测中心测定，蛋白质（干基）9.90%，脂肪（干基）4.52%，淀粉（干基）70.65%，直链淀粉占淀粉总量的 0.85%。抗病虫性：河北省农林科学院植物保护研究所鉴定，2015 年，抗小斑病、矮花叶病、丝黑穗病，感大斑病、瘤黑粉病、玉米螟；2016 年，抗矮花叶病，中抗小斑病、大斑病、瘤黑粉病、丝黑穗病，高感玉米螟。

**栽培技术要点：**5～10 厘米地温稳定通过 12 ℃时为最佳播种期，适宜密度为 3 000～3 800 株/亩。播种前亩施复合肥 40 千克，大喇叭口期亩追施尿素 25 千克。大喇叭口期注意防治玉米螟。注意隔离，与其他玉米要有 300 米以上的隔离区，或者 20 天以上的种植时间间隔，以防变质、变色。

**推广意见：**用于鲜食，适宜在河北省春播玉米区春播种植，夏播玉米区夏播种植。

## 206. 博斯甜 818

**审定编号：** 冀审玉 20170091

**选育单位：** 顺平县博斯玉米科技开发有限公司

**报审单位：** 顺平县博斯玉米科技开发有限公司

**品种来源：** 由组合 5830×519 选育而成

**审定时间：** 2017 年 4 月

**产量表现：** 2015 年河北省鲜食甜玉米组区域试验，鲜果穗平均亩产 1 263.9 千克；2016 年同组区域试验，鲜果穗平均亩产 1 061.9千克。

**特征特性：** 幼苗叶鞘绿色。成株株型松散，株高 277 厘米，穗位 107 厘米，全株叶片数 20～21 片。从出苗至采收鲜果穗 80 天左右。雄穗分枝 11～13 个，花药绿色，花丝绿色。果穗筒形，穗轴白色，穗长 21.2 厘米，穗粗 5.3 厘米，穗行数 18 行左右，秃尖 1.3 厘米。籽粒黄色、楔形粒，行粒数 38.1 粒，鲜籽粒百粒重 37.1 克，出籽率 70.2%。经河北省鲜食玉米区域试验专家组和试点品尝鉴定，达到部颁糯玉米二级标准。品质：农业部谷物品质监督检验测试中心测定，2015 年，还原糖（干基）5.9%，总糖（干基）8.0%；2016 年，还原糖（干基）2.31%，总糖（干基）7.77%。抗病虫性：河北省农林科学院植物保护研究所鉴定，2015 年，高抗小斑病，抗矮花叶病，感瘤黑粉病、丝黑穗病、玉米螟，高感大斑病；2016 年，中抗小斑病、矮花叶病、瘤黑粉病，感大斑病、玉米螟，高感丝黑穗病。

**栽培技术要点：** 适宜密度为 3 000～3 300 株/亩。施足底肥，合理追肥。注意隔离，与其他玉米要有 300 米以上的隔离区，或者 20 天以上的种植时间间隔，以防变质、变色。

**推广意见：** 用于鲜食，适宜在河北省春播玉米区春播种植，夏播玉米区夏播种植。

# 第二部分

# 国家级审定品种

# 一、普通玉米春播组

## （一）东华北春播组

### 1. 农华 205

**审定编号：** 国审玉 2015006

**申请者：** 北京金色农华种业科技股份有限公司

**育种者：** 北京金色农华种业科技股份有限公司

**品种来源：** H985×B8328

**产量表现：** 2013—2014 年参加东华北玉米品种区域试验，两年平均亩产 850.4 千克，比对照增产 2.9%；2014 年生产试验，平均亩产 842.7 千克，比对照郑单 958 增产 6.9%。

**特征特性：** 东华北春玉米区出苗至成熟 124 天，比郑单 958 早 2 天。幼苗叶鞘紫色，叶片绿色，叶缘绿色，花药浅紫色，颖壳绿色。株型半紧凑，株高 283 厘米，穗位高 100 厘米，成株叶片数 20 片。花丝浅紫色，果穗筒形，穗长 19.4 厘米，穗行数 14～16 行，穗轴红色，籽粒黄色、半马齿型，百粒重 37 克。接种鉴定，高抗穗腐病，中抗大斑病、灰斑病、茎腐病、弯孢菌叶斑病和丝黑穗病。籽粒容重 748 克/升，粗蛋白含量 9.40%，粗脂肪含量 3.05%，粗淀粉含量 75.90%，赖氨酸含量 0.28%。

**栽培技术要点：** 中等肥力以上地块栽培，4 月下旬至 5 月上旬播种，种植密度 4 000～4 500 株/亩。

**审定意见：** 该品种符合国家玉米品种审定标准，通过审定。适宜北京、天津、河北北部、内蒙古通辽和赤峰、山西、辽宁、吉林中晚熟区春播种植。

## 2. 承 950

**审定编号：**国审玉 2015007

**申请者：**承德裕丰种业有限公司

**育种者：**承德裕丰种业有限公司

**品种来源：**承系 110×承系 157

**产量表现：**2013—2014 年参加东华北春玉米品种区域试验，两年平均亩产 846.6 千克，比对照增产 3.7%；2014 年生产试验，平均亩产 834.7 千克，比对照郑单 958 增产 5.5%。

**特征特性：**东华北春玉米区出苗至成熟 125 天，比郑单 958 早 2 天。幼苗叶鞘浅紫色，叶缘绿色，花药黄色，颖壳浅紫色。株型紧凑，株高 288 厘米，穗位高 107 厘米，成株叶片数 21 片。花丝浅紫色，果穗长筒形，穗长 21 厘米，穗行数 16～18 行，穗轴红色，籽粒黄色、马齿型，百粒重 33.9 克。接种鉴定，高抗穗腐病，抗丝黑穗病，中抗弯孢叶斑病和灰斑病，感大斑病和茎腐病。籽粒容重 764 克/升，粗蛋白含量 9.22%，粗脂肪含量 3.80%，粗淀粉含量 74.63%，赖氨酸含量 0.31%。

**栽培技术要点：**中上等肥力地块种植，4 月下旬至 5 月上旬播种，种植密度 4 000～4 500 株/亩。

**审定意见：**该品种符合国家玉米品种审定标准，通过审定。适宜天津、河北北部、内蒙古通辽和赤峰，山西、辽宁、吉林中晚熟区春播种植。

## 3. 东单 119

**审定编号：**国审玉 2015008

**申请者：**辽宁东亚种业科技股份有限公司、辽宁东亚种业有限公司

**育种者：**辽宁东亚种业科技股份有限公司、辽宁东亚种业有限公司

**品种来源：**F6wc-1×F7292-37

**产量表现**：2013—2014 年参加东华北春玉米品种区域试验，两年平均亩产 843.3 千克，比对照增产 2.8%；2014 年生产试验，平均亩产 839.8 千克，比对照郑单 958 增产 7.1%。

**特征特性**：东华北春玉米区出苗至成熟 124 天，比郑单 958 早 2 天。幼苗叶鞘紫色，叶缘紫色，花药浅紫色，颖壳紫色。株型紧凑，株高 280 厘米，穗位高 118 厘米，成株叶片数 19～21 片，花丝绿色，果穗锥形，穗长 18.7 厘米，穗行数 14～16 行，穗轴红色，籽粒黄色、马齿型，百粒重 39.1 克。接种鉴定，高抗穗腐病，中抗大斑病、丝黑穗病、灰斑病和茎腐病，感弯孢菌叶斑病。籽粒容重 759 克/升，粗蛋白含量 9.57%，粗脂肪含量 3.88%，粗淀粉含量 74.47%，赖氨酸含量 0.30%。

**栽培技术要点**：中等肥力以上地块栽培，4 月下旬至 5 月上旬播种，种植密度 4 000～4 500 株/亩。

**审定意见**：该品种符合国家玉米品种审定标准，通过审定。适宜天津、河北北部、内蒙古通辽和赤峰，山西、辽宁、吉林中晚熟区春播种植。注意防治弯孢菌叶斑病。

## 4. 巡天 1102

**审定编号**：国审玉 2015009

**申请者**：河北巡天农业科技有限公司

**育种者**：河北巡天农业科技有限公司

**品种来源**：H111426×X1098

**产量表现**：2013—2014 年参加东华北春玉米品种区域试验，两年平均亩产 847.1 千克，比对照增产 3.0%；2014 年生产试验，平均亩产 833.0 千克，比对照郑单 958 增产 5.4%。2013—2014 年参加西北春玉米品种区域试验，两年平均亩产 1 064 千克，比对照增产 5.7%；2014 年生产试验，平均亩产 1 054 千克，比对照郑单 958 增产 8.4%。

**特征特性**：东华北春玉米区出苗至成熟 126 天，比郑单 958 早 1 天。幼苗叶鞘浅紫色，叶片绿色，叶缘浅紫色，花药浅绿色，颖壳紫色。株型紧凑，株高263厘米，穗位高111厘米，成株叶片数20片。花丝浅紫色，果穗筒形，穗长18.0厘米，穗行数14～16行，穗轴白色，籽粒黄色、半马齿型，百粒重37.6克。接种鉴定，中抗玉米大斑病、丝黑穗病、镰孢茎腐病和弯孢叶斑病，感灰斑病。籽粒容重766克/升，粗蛋白含量10.0%，粗脂肪含量3.85%，粗淀粉含量73.81%，赖氨酸含量0.27%。

西北春玉米区出苗至成熟133天，比郑单958晚1天。株高267厘米，穗位高118厘米，成株叶片数18～19片。穗长17.7厘米，穗行数14～16行，百粒重37.8克。接种鉴定，感腐霉茎腐病、大斑病、丝黑穗病，中抗穗腐病。籽粒容重772克/升，粗蛋白含量9.65%，粗脂肪含量3.99%，粗淀粉含量73.77%，赖氨酸含量0.25%。

**栽培技术要点：**中等肥力以上地块栽培，4月下旬至5月上旬播种，种植密度4 500～4 800株/亩。

**审定意见：**该品种符合国家玉米品种审定标准，通过审定。适宜北京、天津、河北北部、内蒙古赤峰和通辽，山西、辽宁、吉林中晚熟区，陕西延安地区，春播种植。注意防治灰斑病。该品种还适宜甘肃、宁夏、新疆和内蒙古西部地区春播种植。注意防治丝黑穗病。

## 5. 裕丰303

**审定编号：**国审玉2015010

**申请者：**北京联创种业股份有限公司

**育种者：**北京联创种业股份有限公司

**品种来源：**CT1669×CT3354

**产量表现：**2013—2014年参加东华北春玉米品种区域试验，两年平均亩产880.1千克，比对照增产6.3%；2014年生产试验，平均亩产856.5千克，比对照郑单958增产8.8%。2013—2014年参加黄淮海夏玉米品种区域试验，两年平均亩产684.6千克，比对照增产4.7%；2014年生产试验，平均亩产672.7千克，比对照郑单958增产5.6%。

**特征特性：**东华北春玉米区出苗至成熟125天，与郑单958相当。幼苗叶鞘紫色，叶缘绿色，花药淡紫色，颖壳绿色。株型半紧凑，株高296厘米，穗位高105厘米，成株叶片数20片。花丝淡紫到紫色，果穗筒形，穗长19厘米，穗行数16行，穗轴红色，籽粒黄色、半马齿型，百粒重36.9克。接种鉴定，高抗镰孢茎腐病，中抗弯孢叶斑病，感大斑病、丝黑穗病和灰斑病。籽粒容重766克/升，粗蛋白含量10.83%，粗脂肪含量3.40%，粗淀粉含量74.65%，赖氨酸含量0.31%。

黄淮海夏玉米区出苗至成熟102天，与郑单958相当。株高270厘米，穗位高97厘米，成株叶片数20片，穗长17厘米，穗行数14～16行，百粒重33.9克。接种鉴定，中抗弯孢菌叶斑病，感小斑病、大斑病、茎腐病，高感瘤黑粉病、粗缩病和穗腐病。籽粒容重778克/升，粗蛋白含量10.45%，粗脂肪含量3.12%，粗淀粉含量72.70%，赖氨酸含量0.32%。

**栽培技术要点：**中上等肥力地块种植，种植密度3 800～4 200株/亩。

**审定意见：**该品种符合国家玉米品种审定标准，通过审定。适宜北京、天津、河北北部、内蒙古赤峰和通辽，山西、辽宁、吉林中晚熟区，春播种植。注意防治大斑病、丝黑穗病和灰斑病。该品种还适宜北京、天津、河北保定及以南地区、山西南部、河南、山东、江苏淮北、安徽淮北、陕西关中灌区，夏播种植。注意防治粗缩病和穗腐病，瘤黑粉病高发区慎用。

## 6. 屯玉4911

**审定编号：**国审玉2015605

**申请者：**北京屯玉种业有限责任公司

**育种者：**北京屯玉种业有限责任公司

**品种来源：**T3351×T5202

**产量表现：**2012—2013年参加中玉科企东华北春玉米组品种

区域试验，两年平均亩产 797.9 千克，比对照郑单 958 增产 6.6%；2013—2014 年生产试验，两年平均亩产 812.9 千克，比郑单 958 增产 4.9%。

**特征特性：**东华北春玉米区出苗至成熟 128 天，比对照郑单 958 早 2 天。幼苗叶鞘紫色，第一叶片尖端形状椭圆形，花药紫色，花丝浅紫色。株型紧凑，株高 279 厘米，穗位高 109 厘米，成株叶片数 18～19 片，果穗筒形，穗长 18.5 厘米，穗粗 5.2 厘米，穗行数 16.3 行，穗轴白色，籽粒黄色、半马齿型，百粒重 37.9 克。接种鉴定，中抗大斑病、感腐霉茎腐病、弯孢叶斑病、灰斑病、丝黑穗病。籽粒容重 788 克/升，粗蛋白含量 10.35%，粗脂肪含量 3.94%，粗淀粉含量 71.25%，赖氨酸含量 0.33%。

**栽培技术要点：**中等肥力以上地块栽培，种植密度 4 500～5 000株/亩。

**审定意见：**该品种符合国家玉米品种审定标准，通过审定。适宜北京、天津、河北北部、内蒙古赤峰和通辽，山西、辽宁、吉林中晚熟区，陕西延安地区春播种植。

## 7. 德单 1266

**审定编号：**国审玉 2015606

**申请者：**北京德农种业有限公司

**育种者：**北京德农种业有限公司

**品种来源：**AA4055×CT922

**产量表现：**2012—2013 年参加中玉科企东华北春播玉米品种区域试验，两年平均亩产 831.2 千克，比对照郑单 958 增产 9.47%；2013—2014 年生产试验，两年平均亩产 798.1 千克，比郑单 958 增产 5.44%。

**特征特性：**东华北地区出苗至成熟 130 天，与郑单 958 相当。幼苗叶鞘紫色，第一叶片尖端形状匙形，花药紫色，花丝紫色。株型紧凑型，株高 288 厘米，穗位高 121 厘米，成株叶片数 19 片。果穗筒形，穗长 19.44 厘米，穗粗 5.43 厘米，秃尖 0.33 厘米，穗行数14～16行，穗轴红色，籽粒黄色、半马齿型，百粒重40.36克。接种鉴定，高抗茎腐病，中抗大斑病，感弯孢叶斑病、灰斑病、丝黑穗病。籽粒容重771克/升，粗蛋白含量9.51%，粗脂肪含量4.62%，粗淀粉含量71.48%，赖氨酸含量0.31%。

**栽培技术要点：**中等肥力以上地块种植，4月下旬至5月上旬播种，种植密度4 500株/亩。

**审定意见：**该品种符合国家玉米品种审定标准，通过审定。适宜北京、天津、河北北部、内蒙古赤峰和通辽，山西、辽宁、吉林中晚熟区，陕西延安地区春播种植。

### 8. 金博士781

**审定编号：**国审玉2015607

**申请者：**河南金博士种业股份有限公司

**育种者：**河南金博士种业股份有限公司

**品种来源：**新714×新772

**产量表现：**2012—2013年参加中玉科企东华北春玉米组品种区域试验，两年平均亩产811.5千克，比对照郑单958增产6.77%；2012—2013年生产试验，两年平均亩产779.7千克，比郑单958增产3.2%。

**特征特性：**东华北春玉米区出苗至成熟130天，与对照郑单958相当。幼苗叶鞘紫色，叶片绿色，花药浅紫色，花丝紫色。株型紧凑，株高294厘米，穗位高133厘米，成株叶片数19～20片，平均倒伏率5.36%，倒折率1.86%。果穗筒形，穗长19.4厘米左右，秃尖长0.7厘米，穗粗5.4厘米，穗轴红色，穗行数14～18行，行粒数40.4粒，籽粒黄色、半马齿型，百粒重36.2克。接种鉴定，高抗茎腐病，抗丝黑穗病，中抗大斑病，感灰斑病、镰孢穗腐病，高感弯孢菌叶斑病。籽粒容重746克/升，粗蛋白含量9.49%，粗脂肪含量4.48%，粗淀粉含量71.37%，赖氨酸含量0.31%。

**栽培技术要点：**中等以上肥力地块种植，4月下旬至5月上旬播种，种植密度3 800～4 200株/亩。

**审定意见：**该品种符合国家玉米品种审定标准，通过审定。适宜北京、天津、河北北部、内蒙古赤峰和通辽，山西、辽宁、吉林中晚熟区，陕西延安地区春播种植。注意防治粗缩病及弯孢菌叶斑病。

## 9. 农华106

**审定编号：**国审玉2016602

**申请者：**北京金色农华种业科技股份有限公司

**育种者：**北京金色农华种业科技股份有限公司

**品种来源：**8TA60×S121（外引系）

**省级审定情况：**蒙审玉2012011号

**产量表现：**2014—2015年参加自行开展东北中熟春玉米扩区试验，两年平均亩产762.0千克，比对照郑单958增产7.9%；2014—2015年参加自行开展东华北春玉米扩区试验，两年平均亩产786.2千克，比对照郑单958增产5.6%；2014—2015年参加自行开展西北春玉米扩区试验，两年平均亩产949.8千克，比对照郑单958增产5.0%。

**特征特性：**东北中熟春玉米区出苗至成熟129天，与对照先玉335相当。幼苗叶鞘紫色，叶片绿色，花药紫色。株型紧凑，株高288厘米，穗位高108厘米，成株叶片数21片。花丝紫色，果穗锥形，穗长21厘米，穗粗5.6厘米，穗行数16～20行，穗轴粉色，籽粒黄色、马齿形，百粒重41克。接种鉴定，高抗镰孢茎腐病，抗穗腐病，感大斑病、灰斑病和丝黑穗病。籽粒容重744克/升，粗蛋白含量9.29%，粗脂肪含量3.96%，粗淀粉含量75.4%，赖氨酸含量0.28%。

东华北春玉米区出苗至成熟126天，比对照郑单958早1天。株型紧凑，株高288厘米，穗位高108厘米，成株叶片数21片。穗长21厘米，穗粗5.6厘米，穗行数16～20行，百粒重41克。接种鉴定，抗茎腐病，中抗穗腐病，感大斑病、灰斑病和丝黑穗病。

西北春玉米区出苗至成熟 133 天，比对照郑单 958 早 2 天。株型紧凑，株高 290 厘米，穗位高 110 厘米，成株叶片数 21 片。穗长 21 厘米，穗粗 5.6 厘米，穗行数 16～20 行，百粒重 41 克。接种鉴定，抗镰孢穗腐病，感大斑病、丝黑穗病和腐霉茎腐病。

**栽培技术要点：**在中等肥力以上地块种植。种植密度，东北中熟和东华北春玉米区 4 000 株/亩，西北春玉米区 5 000 株/亩。

**审定意见：**该品种符合国家玉米品种审定标准，通过审定。适宜黑龙江、吉林、辽宁、河北和山西≥10 ℃活动积温 2 700 ℃以上地区春播种植，注意防治大斑病、灰斑病和丝黑穗病；该品种还适宜甘肃、宁夏和新疆≥10 ℃活动积温 2 700 ℃以上地区春播种植，注意防治大斑病、丝黑穗病和腐霉茎腐病。

## 10. 屯玉 556

**审定编号：**国审玉 2016606

**申请者：**北京屯玉种业有限责任公司

**育种者：**北京屯玉种业有限责任公司

**品种来源：**10WY22×T5320

**特征特性：**东华北中熟春播区出苗至成熟 128 天，与对照吉单 535 相当。幼苗叶鞘紫色，叶片绿色，花药紫色，花丝绿色。株型半紧凑，株高 262 厘米，穗位高 94 厘米，成株叶片数 18～19 片。果穗锥形，穗长 19.0 厘米，穗粗 5.3 厘米，穗行数 16～18 行，行粒数 36.8 粒，穗轴红色，籽粒黄色、半马齿型，百粒重 35.4 克。接种鉴定，高抗镰孢茎腐病，中抗腐霉茎腐病和镰孢穗腐病，感大斑病、弯孢菌叶斑病、灰斑病和丝黑穗病。籽粒容重 744 克/升，粗蛋白含量 8.40%，粗脂肪含量 4.13%，粗淀粉含量 73.17%。

**栽培技术要点：**中等肥力以上地块种植，种植密度 4 000～4 500株/亩。

**审定意见：**该品种符合国家玉米品种审定标准，通过审定。适宜辽宁、吉林、黑龙江、内蒙古中熟区、山西、河北≥10 ℃活动积温 2 600 ℃以上的春播玉米区种植。注意防治大斑病、弯孢菌叶斑病、灰斑病和丝黑穗病。

## 11. 东单 1331

**审定编号：**国审玉 2016607

**申请者：**辽宁东亚种业有限公司

**育种者：**辽宁东亚种业有限公司

**品种来源：**XC2327×XB1621

**产量表现：**2013—2014 年参加中玉科企东华北春玉米组区域试验，两年平均亩产 800.2 千克，比对照郑单 958 增产 3.6%；2015 年生产试验，平均亩产 806.6 千克，比对照郑单 958 增产 6.2%。

**特征特性：**东华北春玉米区出苗至成熟 125 天，比对照郑单 958 早 1 天。幼苗叶鞘紫色，叶片绿色，花药浅紫色。株型紧凑，株高 280 厘米，穗位 116 厘米，成株叶片数 19 片。花丝浅紫色，果穗筒形，穗长 22 厘米，穗粗 5 厘米，穗行数 14～16 行，穗轴红色，籽粒黄色、半马齿型，百粒重 38.9 克。接种鉴定，高抗茎腐病，抗大斑病，感丝黑穗病。籽粒容重 754 克/升，粗蛋白含量 9.57%，粗脂肪含量 3.72%，粗淀粉含量 73.71%，赖氨酸含量 0.35%。

**栽培技术要点：**中等肥力以上地块种植，种植密度 4 500～5 500株/亩。

**审定意见：**该品种符合国家玉米品种审定标准，通过审定。适宜黑龙江、吉林、辽宁、内蒙古、天津、河北、山西≥10 ℃活动积温在 2 650 ℃以上，适宜种植先玉 335、郑单 958 的东华北春玉米区种植。注意防治丝黑穗病。

## 12. 德单 1002

**审定编号：**国审玉 2016608

**申请者：**北京德农种业有限公司

**育种者：**北京德农种业有限公司

**品种来源：**AA24×BB01

**产量表现：**2013—2014 年参加中玉科企东华北春播玉米组区域试验，两年平均亩产 813.2 千克，比对照郑单 958 增产 6.8%；2015 年生产试验，平均亩产 811.4 千克，比对照郑单 958 增产 6.8%。

**特征特性：**东华北春玉米区出苗至成熟 128 天，比对照郑单 958 早 2 天。幼苗叶鞘紫色，花药浅紫色。株型紧凑，株高 301 厘米，穗位高 118 厘米，成株叶片数 20 片。花丝紫色，果穗筒形，穗长 20.1 厘米，穗粗 5.2 厘米，穗行数 16～18 行，穗轴红色，籽粒黄色、半马齿型，百粒重 34.5 克。接种鉴定，高抗茎腐病，中抗大斑病，感丝黑穗病。籽粒容重 745 克/升，粗蛋白质含量 10.80%，粗脂肪含量 3.32%，粗淀粉含量 72.96%，赖氨酸含量 0.35%。

**栽培技术要点：**中等肥力以上地块栽培，种植密度 4 500 株/亩。

**审定意见：**该品种符合国家玉米品种审定标准，通过审定。适宜黑龙江、吉林、辽宁、内蒙古、北京、天津、河北、山西、陕西，郑单 958 同有效积温区的东华北春玉米区种植。注意防治丝黑穗病。

## 13. 秋乐 126

**审定编号：**国审玉 2016609

**申请者：**河南秋乐种业科技股份有限公司

**育种者：**河南秋乐种业科技股份有限公司

**品种来源：**JN712×JN717

**产量表现：**2013—2014 年参加中玉科企东华北春玉米组区域试验，两年平均亩产 796.4 千克，比对照郑单 958 增产 4.6%；2015 年生产试验，平均亩产 785.0 千克，比对照郑单 958 增产 3.4%。

**特征特性：**东华北春玉米区出苗至成熟 128 天，较郑单 958 早

2天。幼苗叶鞘紫色，叶片绿色，花药浅紫色。株型紧凑，株高305厘米，穗位123厘米，成株叶片数19片。花丝浅紫色，果穗筒形，穗长19.6厘米，穗粗5.1厘米，穗行数16～18行，穗轴红色，籽粒黄色、半马齿型，百粒重36.5克。接种鉴定，抗茎腐病，抗大斑病，感丝黑穗病。籽粒容重781克/升，粗蛋白含量9.90%，粗脂肪含量3.71%，粗淀粉含量70.97%，赖氨酸含量0.34%。

**栽培技术要点：**中等肥力以上地块栽培，种植密度4 000～4 500株/亩。

**审定意见：**该品种符合国家玉米品种审定标准，通过审定。适宜黑龙江、吉林、辽宁、内蒙古、山西、陕西、河北、北京和天津≥10 ℃活动积温在2 650 ℃以上，适宜种植先玉335、郑单958的东华北春玉米区种植。注意防治丝黑穗病。

## 14. 吉农大778

**审定编号：**国审玉20170015

**申请者：**吉林农大科茂种业有限责任公司

**育种者：**吉林农大科茂种业有限责任公司

**品种来源：**P58×M77

**产量表现：**2014—2015年参加东华北春玉米品种区域试验，两年平均亩产910.8千克，比对照增产12.5%；2016年生产试验，平均亩产799.1千克，比对照增产9.3%。

**特征特性：**东华北春玉米区出苗至成熟124天，比对照品种郑单958早2天。幼苗叶鞘紫色，叶片深绿色，叶缘紫色，花药浅紫色，颖壳紫色。株型半紧凑，株高290.1厘米，穗位高106.9厘米。花丝黄绿色，果穗筒形，穗长19.9厘米，穗行数16～18行，穗轴粉红色，籽粒黄色、马齿型，百粒重36.0克。接种鉴定，抗茎腐病、丝黑穗病、穗腐病，中抗大斑病，感灰斑病。籽粒容重754克/升，粗蛋白含量8.89%，粗脂肪含量3.8%，粗淀粉含量72.57%，赖氨酸含量0.28%。

**栽培技术要点：**中等肥力以上地块栽培，4月下旬至5月上旬播种，种植密度3 600～4 000株/亩。

**审定意见：**该品种符合国家玉米品种审定标准，通过审定。适宜在吉林省四平市、松原市、长春市大部分地区和辽源市、白城市、吉林市部分地区以及通化市南部，辽宁省除东部山区和大连市、东港市以外的大部分地区，内蒙古赤峰市和通辽市大部分地区，山西省忻州市、晋中市、太原市、阳泉市、长治市、晋城市、吕梁市平川区和南部山区，河北省张家口市、承德市、秦皇岛市、唐山市、廊坊市、保定市北部、沧州市北部，北京市，天津市等东华北春玉米区种植。注意防治大斑病和灰斑病。

## 15. A1589

**审定编号：**国审玉20170016

**申请者：**中种国际种子有限公司

**育种者：**中种国际种子有限公司

**品种来源：**D1798Z×B2340Z

**产量表现：**2014—2015年参加东华北春玉米品种区域试验，两年平均亩产894.3千克，比对照增产10.4%；2016年生产试验，平均亩产803.0千克，比对照增产10.2%。

**特征特性：**东华北春玉米区出苗至成熟125天，比对照品种郑单958早2天。幼苗叶鞘紫色，叶片深绿色，叶缘紫色，花药紫色，颖壳紫色。株型半紧凑，株高271.7厘米，穗位高116.1厘米，成株叶片数20～21片。花丝浅紫色，果穗筒形，穗长18.9厘米，穗行数14～18行，穗轴粉红色，籽粒黄色、半马齿型，百粒重36.6克。接种鉴定，高抗茎腐病，抗丝黑穗病、穗腐病，中抗大斑病、灰斑病。籽粒容重757克/升，粗蛋白含量8.59%，粗脂肪含量4.8%，粗淀粉含量73.0%，赖氨酸含量0.26%。

**栽培技术要点：**中等肥力以上地块栽培，4月下旬至5月上旬播种，种植密度4 000～5 000株/亩。

**审定意见：**该品种符合国家玉米品种审定标准，通过审定。适

宜在吉林省四平市、松原市、长春市大部分地区和辽源市、白城市、吉林市部分地区以及通化市南部，辽宁省除东部山区和大连市、东港市以外的大部分地区，内蒙古赤峰市和通辽市大部分地区，山西省忻州市、晋中市、太原市、阳泉市、长治市、晋城市、吕梁市平川区和南部山区，河北省张家口市、承德市、秦皇岛市、唐山市、廊坊市、保定市北部、沧州市北部春播区，北京市、天津市春播区等东华北春玉米区种植。

### 16. 农单 476

**审定编号：** 国审玉 20170017

**申请者：** 河北农业大学

**育种者：** 河北农业大学

**品种来源：** 农系 3435×PH6WC

**产量表现：** 2014—2015 年参加东华北春玉米品种区域试验，两年平均亩产 878.8 千克，比对照增产 8.7%；2016 年生产试验，平均亩产 787.7 千克，比对照增产 7.7%。

**特征特性：** 东华北春玉米区出苗至成熟 126 天，比对照品种郑单 958 早 1 天。幼苗叶鞘紫色，叶片绿色，叶缘紫色，花药紫色，颖壳绿色。株型半紧凑，株高 312.9 厘米，穗位高 126.8 厘米，成株叶片数 19～20 片。花丝紫红色，果穗筒形，穗长 19.0 厘米，穗行数 14～16 行，穗轴红色，籽粒黄色、半马齿型，百粒重 39.4 克。接种鉴定，高抗茎腐病，抗穗腐病，中抗大斑病，感灰斑病、丝黑穗病。籽粒容重 766 克/升，粗蛋白含量 9.92%，粗脂肪含量 4.40%，粗淀粉含量 71.62%，赖氨酸含量 0.27%。

**栽培技术要点：** 中等肥力及以上地块栽培，4 月下旬至 5 月上中旬播种，种植密度 4 500 株/亩。

**审定意见：** 该品种符合国家玉米品种审定标准，通过审定。适宜在吉林省四平市、松原市、长春市大部分地区和辽源市、白城市、吉林市部分地区以及通化市南部，辽宁省除东部山区和大连市、东港市以外的大部分地区，内蒙古赤峰市和通辽市大部分地区，山西省忻州市、晋中市、太原市、阳泉市、长治市、晋城市、吕梁市平川区和南部山区，河北省张家口市、承德市、秦皇岛市、唐山市、廊坊市、保定市北部、沧州市北部春播区，北京市、天津市春播区等东华北春玉米区种植。注意防治灰斑病和丝黑穗病。

### 17. 裕丰 201

**审定编号：**国审玉 20170018

**申请者：**承德裕丰种业有限公司

**育种者：**承德裕丰种业有限公司

**品种来源：**承系 172×承系 206

**产量表现：**2014—2015 年参加东华北春玉米品种区域试验，两年平均亩产 913.1 千克，比对照增产 13.2%；2016 年生产试验，平均亩产 790.9 千克，比对照增产 8.2%。

**特征特性：**东华北春玉米区出苗至成熟 126 天，比对照品种郑单 958 早 1 天。幼苗叶鞘紫色，叶片深绿色，叶缘绿色，花药黄色，颖壳绿色。株型紧凑，株高 311.5 厘米，穗位高 116.6 厘米，成株叶片数 20～21 片。花丝绿色，果穗筒形，穗长 18.9 厘米，穗行数 16～18 行，穗轴红色，籽粒黄色、马齿型，百粒重 36.5 克。接种鉴定，抗丝黑穗病、穗腐病，中抗大斑病、茎腐病，感灰斑病。籽粒容重 749 克/升，粗蛋白含量 8.16%，粗脂肪含量 4.52%，粗淀粉含量 75.44%，赖氨酸含量 0.25%。

**栽培技术要点：**中等肥力以上地块栽培，4 月下旬至 5 月上旬播种，种植密度 4 000～4 500 株/亩。

**审定意见：**该品种符合国家玉米品种审定标准，通过审定。适宜在吉林省四平市、松原市、长春市大部分地区和辽源市、白城市、吉林市部分地区以及通化市南部，辽宁省除东部山区和大连市、东港市以外的大部分地区，内蒙古赤峰市和通辽市大部分地区，山西省忻州市、晋中市、太原市、阳泉市、长治市、晋城市、吕梁市平川区和南部山区，河北省张家口市、承德市、秦皇岛市、唐山市、廊坊市、保定市北部、沧州市北部春播区，北京市、天津市春播区等东华北春玉米区种植。注意防治灰斑病。

## 18. 金岛 99

**审定编号：** 国审玉 20170019

**申请者：** 葫芦岛市种业有限责任公司

**育种者：** 葫芦岛市种业有限责任公司

**品种来源：** H907×D908

**产量表现：** 2014—2015 年参加东华北春玉米品种区域试验，两年平均亩产 899.7 千克，比对照增产 11.3%；2016 年生产试验，平均亩产 787.8 千克，比对照郑单 958 增产 7.7%。

**特征特性：** 东华北春玉米区出苗至成熟 125 天，比对照品种郑单 958 早 2 天。幼苗叶鞘紫色，叶片绿色，叶缘紫色，花药浅紫色，颖壳紫色。株型半紧凑，株高 298.3 厘米，穗位高 106.2 厘米，成株叶片数 19～20 片。花丝紫红色，果穗筒形，穗长 19.3 厘米，穗行数 14～18 行，穗轴红色，籽粒黄色、半马齿型，百粒重 36.4 克。接种鉴定，抗穗腐病，中抗茎腐病、丝黑穗病，感大斑病、灰斑病。籽粒容重 777 克/升，粗蛋白含量 9.59%，粗脂肪含量 3.58%，粗淀粉含量 75.03%，赖氨酸含量 0.27%。

**栽培技术要点：** 中等肥力以上地块栽培，4 月下旬至 5 月上旬播种，种植密度 3 500～4 000 株/亩。

**审定意见：** 该品种符合国家玉米品种审定标准，通过审定。适宜在吉林省四平市、松原市、长春市大部分地区和辽源市、白城市、吉林市部分地区以及通化市南部，辽宁省除东部山区和大连市、东港市以外的大部分地区，内蒙古赤峰市和通辽市大部分地区，山西省忻州市、晋中市、太原市、阳泉市、长治市、晋城市、吕梁市平川区和南部山区，河北省张家口市、承德市、秦皇岛市、唐山市、廊坊市、保定市北部、沧州市北部春播区，北京市、天津市春播区等东华北春玉米区种植。注意防治大斑病和灰斑病。

## 19. 华农 887

**审定编号：** 国审玉 20170020

**申请者：** 北京华农伟业种子科技有限公司

**育种者：** 北京华农伟业种子科技有限公司

**品种来源：** B8×京 66

**产量表现：** 2014—2015 年参加东华北春玉米品种区域试验，两年平均亩产 910.3 千克，比对照增产 12.86%；2016 年生产试验，平均亩产 809.8 千克，比对照增产 5.69%。2014—2015 年西北春玉米品种区域试验，两年平均亩产 1 051.6 千克，比对照增产 7.35%；2016 年生产试验，平均亩产 961.9 千克，比对照增产 7.72%。2014—2015 年黄淮海夏玉米品种区域试验，两年平均亩产 732.5 千克，比对照增产 10.9%；2016 年生产试验，平均亩产 667.27 千克，比对照增产 8.87%。

**特征特性：** 东华北春播区出苗至成熟 123 天，西北春玉米区出苗至成熟 132 天，黄淮海夏播生育期 102 天，平均比对照品种郑单 958 早 1～2 天。幼苗叶鞘浅紫色，叶片深绿色，叶缘紫色，花药浅紫色，花丝浅紫色。株型紧凑，株高 283～298 厘米，穗位 107～114 厘米，成株叶片数 19 片。果穗筒形，穗长 19.0 厘米，穗行数 16 行左右，穗轴红色，籽粒黄色、半马齿型，百粒重 36.6 克。接种鉴定：东华北春播区高抗穗腐病，抗茎腐病，中抗丝黑穗病，感大斑病、灰斑病；西北春播区抗丝黑穗病，中抗腐霉茎腐病，感大斑病、禾谷镰孢穗腐病。黄淮海夏播种区抗弯孢叶斑病，感小斑病、穗腐病、瘤黑粉病和茎腐病，高感粗缩病。籽粒品质：东华北容重 775 克/升，粗蛋白 9.56%，粗脂肪 4.01%，粗淀粉 75.68%，赖氨酸 0.28%；西北春玉米区容重 768 克/升，粗蛋白 9.72%，粗脂肪 3.96%，粗淀粉 73.85%，赖氨酸 0.32%；黄淮海夏玉米区容重 768 克/升，粗蛋白 11.01%，粗脂肪 3.51%，粗淀粉 73.80%，赖氨酸 0.35%。

**栽培技术要点：** 中等肥力以上地块栽培，春播区 4 月下旬至 5

月上旬播种，夏播区6月中下旬播种。种植密度东华北3 800～4 000株/亩，西北4 500～5 000株/亩，新疆地区5 500株/亩，黄淮海3 800株/亩。

**审定意见：**该品种符合国家玉米品种审定标准，通过审定。适宜在吉林省四平市、松原市、长春市大部分地区和辽源市、白城市、吉林市部分地区以及通化市南部，辽宁省除东部山区和大连市、东港市以外的大部分地区，内蒙古赤峰市和通辽市大部分地区，山西省忻州市、晋中市、太原市、阳泉市、长治市、晋城市、吕梁市平川区和南部山区，河北省张家口市、承德市、秦皇岛市、唐山市、廊坊市、保定市北部、沧州市北部春播区，北京市、天津市春播区等东华北春玉米区种植；适宜在内蒙古巴彦淖尔市大部分地区、鄂尔多斯市大部分地区，陕西省榆林地区、延安地区，宁夏引扬黄灌区，甘肃省陇南市、天水市、庆阳市、平凉市、白银市、定西市、临夏州海拔1 800米以下地区及武威市、张掖市、酒泉市大部分地区，新疆昌吉州阜康市以西至博乐市以东地区、北疆沿天山地区、伊犁州直西部平原地区等西北春玉米区种植；适宜黄淮海夏玉米区种植。注意防治玉米大斑病、小斑病、茎腐病和穗腐病。

## 20. 正成018

**审定编号：**国审玉20170021

**申请者：**北京奥瑞金种业股份有限公司

**育种者：**北京奥瑞金种业股份有限公司

**品种来源：**OSL371×OSL372

**产量表现：**2014—2015年参加东华北春玉米品种区域试验，两年平均亩产909.1千克，比对照增产12.7%；2016年生产试验，平均亩产788.4千克，比对照增产9.3%。2014—2015年参加西北春玉米品种区域试验，两年平均亩产1092.9千克，比对照增产9.15%。2016年生产试验，平均亩产1 009.0千克，比对照增产6.92%。

**特征特性：**东华北春玉米区出苗至成熟124天，比对照品种郑单958早2天。西北春玉米区出苗至成熟133.2天，比郑单958早0.8天。幼苗叶鞘紫色，叶片绿色，叶缘紫色，花药紫色，颖壳浅紫色。株型半紧凑，株高315～320厘米，穗位高128厘米，成株叶片数19片左右。花丝紫红色，果穗筒形，穗长19.2厘米，穗行数16～18行，穗轴红色，籽粒黄色、半马齿型，百粒重35.2克。接种鉴定：东华北春玉米区抗穗腐病、丝黑穗病，中抗茎腐病、灰斑病，感大斑病。西北春玉米区中抗穗腐病，感大斑病、丝黑穗病、腐霉茎腐病。籽粒品质：东华北春玉米区容重772克/升，粗蛋白含量8.97%，粗脂肪含量3.3%，粗淀粉含量76.25%，赖氨酸含量0.26%。西北春玉米区籽粒容重769克/升，粗蛋白含量8.81%，粗脂肪含量3.78%，粗淀粉含量74.21%，赖氨酸含量0.29%。

**栽培技术要点：**中等肥力以上地块栽培，东华北中晚熟春玉米区4月下旬至5月上旬播种，适宜种植密度3 800～4 200株/亩。西北春玉米区4月中旬播种，适期早播，适宜种植密度5 500株/亩左右。

**审定意见：**该品种符合国家玉米品种审定标准，通过审定。适宜在吉林省四平市、松原市、长春市大部分地区和辽源市、白城市、吉林市部分地区以及通化市南部，辽宁省除东部山区和大连市、东港市以外的大部分地区，内蒙古赤峰市和通辽市大部分地区，山西省忻州市、晋中市、太原市、阳泉市、长治市、晋城市、吕梁市平川区和南部山区，河北省张家口市、承德市、秦皇岛市、唐山市、廊坊市、保定市北部、沧州市北部春播区，北京市、天津市春播区等东华北春玉米区种植。适宜在陕西榆林及延安地区、宁夏、甘肃、新疆和内蒙古西部地区等西北春玉米区种植。注意防治大斑病、茎腐病和丝黑穗病。

## 21. 烁源558

**审定编号：**国审玉20170022

**申请者：**营口市佳昌种子有限公司

**育种者：**营口市佳昌种子有限公司

**品种来源：**CG10×AY92

**产量表现：**2014—2015 年参加东华北春玉米品种区域试验，两年平均亩产 880.9 千克，比对照增产 9.2%；2016 年生产试验，平均亩产 789.4 千克，比对照增产 7.9%。

**特征特性：**东华北春玉米区出苗至成熟 126 天，与对照品种郑单 958 熟期相当。幼苗叶鞘紫色，叶片深绿色，叶缘紫色，花药浅紫色，颖壳紫色，花丝紫红色。株型半紧凑，株高 321.4 厘米，穗位高 140.1 厘米，成株叶片数 19 片。果穗筒形，穗长 18.6 厘米，穗行数 16～18 行，穗轴红色，籽粒黄色、半马齿型，百粒重 37.6 克。接种鉴定，抗茎腐病、丝黑穗病、穗腐病，感大斑病、灰斑病。籽粒容重 755 克/升，粗蛋白含量 8.01%，粗脂肪含量 4.48%，粗淀粉含量 75.87%，赖氨酸含量 0.28%。

**栽培技术要点：**中等肥力以上地块栽培，4 月下旬至 5 月上旬播种，种植密度 4 000～4 500 株/亩。

**审定意见：**该品种符合国家玉米品种审定标准，通过审定。适宜在吉林省四平市、松原市、长春市大部分地区和辽源市、白城市、吉林市部分地区以及通化市南部，辽宁省除东部山区和大连市、东港市以外的大部分地区，内蒙古赤峰市和通辽市大部分地区，山西省忻州市、晋中市、太原市、阳泉市、长治市、晋城市、吕梁市平川区和南部山区，河北省张家口市、承德市、秦皇岛市、唐山市、廊坊市、保定市北部、沧州市北部春播区，北京市、天津市春播区等东华北春玉米区种植。注意防治大斑病和灰斑病。

## 22. 豫禾 601

**审定编号：**国审玉 20170023

**申请者：**河南省豫玉种业股份有限公司

**育种者：**河南省豫玉种业股份有限公司

**品种来源：**Y581×H010

**产量表现：**2014—2015 年参加东华北春玉米品种区域试验，

两年平均亩产 891.1 千克，比对照增产 11.1%；2016 年生产试验，平均亩产 778.1 千克，比对照郑单 958 增产 6.5%。

2014—2015 年参加西北春玉米品种区域试验，两年平均亩产 1 058.2 千克，比对照增产 6.2%；2016 年生产试验，平均亩产 969.2 千克，比对照郑单 958 增产 7.8%。

**特征特性：**东华北春玉米区出苗至成熟 124 天，比对照品种郑单 958 早 2 天。幼苗叶鞘紫色，叶片深绿色，叶缘绿色，花药浅紫色，颖壳紫色，花丝紫红色。株型半紧凑，株高 297.8 厘米，穗位高 117.1 厘米，成株叶片数 19 片。果穗筒形，穗长 17.7 厘米，穗行数 14～16 行，穗轴红色，籽粒黄色、半马齿型，百粒重 38.6 克。接种鉴定，抗穗腐病，中抗大斑病、茎腐病、丝黑穗病，感灰斑病。籽粒容重 785 克/升，粗蛋白含量 9.65%，粗脂肪含量 3.43%，粗淀粉含量 75.03%，赖氨酸含量 0.29%。

西北春玉米区出苗至成熟 133 天，比对照品种郑单 958 早 1 天。幼苗叶鞘紫色，叶片深绿色，叶缘绿色，花药浅紫色，颖壳紫色，花丝紫红色。株型半紧凑，株高 289 厘米，穗位高 109 厘米，成株叶片数 19 片。果穗筒形，穗长 18.6 厘米，穗行数 16～18 行，穗轴红色，籽粒黄色、半马齿型，百粒重 37.6 克。接种鉴定，抗茎腐病，感大斑病、丝黑穗病和穗腐病。籽粒容重 775 克/升，粗蛋白含量 9.14%，粗脂肪含量 4.06%，粗淀粉含量 74.69%，赖氨酸含量 0.31%。

**栽培技术要点：**中等肥力以上地块栽培，东华北中晚熟春玉米区 4 月下旬至 5 月上旬播种，种植密度 3 500～4 000 株/亩。西北春玉米区 4 月下旬至 5 月上旬播种，种植密度 4 500～5 000 株/亩。

**审定意见：**该品种符合国家玉米品种审定标准，通过审定。适宜在吉林省四平市、松原市、长春市大部分地区和辽源市、白城市、吉林市部分地区以及通化市南部，辽宁省除东部山区和大连市、东港市以外的大部分地区，内蒙古赤峰市和通辽市大部分地区，山西省忻州市、晋中市、太原市、阳泉市、长治市、晋城市、吕梁市平川区和南部山区，河北省张家口市、承德市、秦皇岛市、唐山市、廊坊市、保定市北部、沧州市北部春播区，北京市、天津市春播区等东华北春玉米区种植，注意防治灰斑病。也适宜在陕西榆林地区、甘肃、宁夏、新疆和内蒙古西部地区等西北春玉米区种植，注意防治大斑病、穗腐病和丝黑穗病。

## 23. 联创 808

**审定编号：** 国审玉 20176012

**申请者：** 北京联创种业股份有限公司

**育种者：** 北京联创种业股份有限公司

**品种来源：** CT3566×CT3354

**产量表现：** 2015—2016 年参加东北中熟组春玉米区试，平均亩产 828.2 千克，比对照增产 5.7%；2016 年生产试验，平均亩产 792.4 千克，比对照增产 5.2%。2014—2015 年参加东华北春玉米品种区域试验，两年平均亩产 908.7 千克，比对照增产 13.3%；2016 年生产试验，平均亩产 776.4 千克，比对照增产 4.5%。2014—2015 年参加西北春玉米品种区域试验，两年平均亩产 1 078.4 千克，比对照增产 8.2%；2016 年生产试验，平均亩产 909.1 千克，比对照增产 7.7%。2014—2015 年参加西南春玉米品种区域试验，两年平均亩产 617.4 千克，比对照增产 8.7%；2016 年生产试验，平均亩产 627.4 千克，比对照增产 11.0%。

**特征特性：** 东北中熟春玉米区出苗至成熟 130 天，比对照品种先玉 335 早 1 天。幼苗叶鞘紫色，叶片绿色，叶缘绿色，花药浅紫色，颖壳绿色，株型紧凑，株高 313 厘米，穗位高 120 厘米，成株叶片数 21 片。花丝紫色。果穗筒形，穗长 20.6 厘米，穗行数 14～16 行，穗轴红色，籽粒黄色、马齿型，百粒重 37.7 克。接种鉴定，中抗穗腐病、灰斑病，感镰孢茎腐病、丝黑穗病、大斑病。籽粒容重 740 克/升，粗蛋白含量 9.32%，粗脂肪含量 3.64%，粗淀粉含量 75.73%，赖氨酸含量 0.31%。

东华北春玉米区出苗至成熟 124 天，比对照品种郑单 958 早 2 天。西北春玉米区出苗至成熟 133 天，比对照品种郑单 958 早 1

天。西南春玉米区出苗至成熟113天，比对照品种渝单8号早4天。幼苗叶鞘紫色，叶片绿色，叶缘绿色，花药浅紫色，颖壳绿色。株型半紧凑，株高278～304厘米，穗位高93～113厘米，成株叶片数18～20片。花丝浅紫色，果穗筒形，穗长19.0厘米，穗行数14～18行，穗轴红色，籽粒黄色、半马齿型，百粒重33.6～37.0克。接种鉴定：东华北春玉米区抗穗腐病，中抗茎腐病，感大斑病、灰斑病、丝黑穗病，西北春玉米区抗茎腐病、感大斑病、丝黑穗病、穗腐病；西南春玉米区中抗茎腐病，感大斑病、小斑病、丝黑穗病、纹枯病、穗腐病、灰斑病。籽粒品质：东华北春玉米区容重762克/升，粗蛋白含量9.79%，粗脂肪含量3.35%，粗淀粉含量76.32%，赖氨酸含量0.27%；西北春玉米区容重756克/升，粗蛋白含量9.49%，粗脂肪含量3.80%，粗淀粉含量74.66%，赖氨酸含量0.29%；西南春玉米区容重773克/升，粗蛋白含量10.29%，粗脂肪含量3.53%，粗淀粉含量74.77%，赖氨酸含量0.33%。

**栽培技术要点：**中等肥力以上地块栽培，东北中熟组春玉米区4月下旬至5月上旬播种，种植密度3 800株/亩左右。东华北中晚熟春玉米区4月下旬至5月上旬播种，种植密度4 000株/亩左右。西北春玉米区4月下旬至5月上旬播种，种植密度5 000～5 500株/亩。西南春玉米区3月上旬至5月上旬播种，种植密度3 300～3 600株/亩。

**审定意见：**东北中熟春玉米区适宜种植范围为辽宁东部山区、吉林中熟区、黑龙江第一积温带和内蒙古中东部等地。注意防治大斑病、丝黑穗病和茎腐病。

东华北春玉米区适宜种植范围为吉林省四平市、松原市、长春市大部分地区和辽源市、白城市、吉林市部分地区以及通化市南部，辽宁省除东部山区和大连市、东港市以外的大部分地区，内蒙古赤峰市和通辽市大部分地区，山西省忻州市、晋中市、太原市、阳泉市、长治市、晋城市、吕梁市平川区和南部山区，河北省张家口市、承德市、秦皇岛市、唐山市、廊坊市、保定市北部、沧州市北部春播区，北京市、天津市春播区等地，注意防治大斑病、灰斑病和丝黑穗病。西北春玉米区适宜种植范围为陕西榆林及延安地区、宁夏、甘肃、新疆和内蒙西部地区等地，注意防治丝黑穗病、大斑病和穗腐病。西南春玉米区适宜种植范围为四川、重庆、云南、贵州、广西、湖南、湖北、陕西汉中地区的平坝丘陵和低山区等地，注意防治叶斑病、纹枯病、丝黑穗病和穗腐病。

## 24. 乐农 18

**审定编号：**国审玉 20176034

**申请者：**河南金博士种业股份有限公司

**育种者：**河南金博士种业股份有限公司

**品种来源：**J85×G99

**产量表现：**2014—2015 年参加中玉科企联合（1+8）玉米测试绿色通道东华北春玉米组品种区域试验，两年平均亩产 806.9 千克，比对照增产 4.3%。2016 年参加生产试验，平均亩产 730.8 千克，比对照增产 5.2%。

**特征特性：**在东华北春玉米区出苗至成熟 128 天，比对照品种郑单 958 早 2 天。幼苗叶鞘紫色，叶片绿色，雄花分枝平均 7 个左右，花药浅紫色，颖壳绿色，花丝绿色。株型半紧凑，株高 283 厘米，穗位高 108 厘米，成株叶片数 19 片。果穗筒形，穗长 19.5 厘米，穗行数 18～20 行（平均 18.6 行），穗轴粉红色，籽粒黄色、半马齿型，百粒重 36.9 克，出籽率 88.5%。接种鉴定，抗镰孢穗腐病，中抗大斑病、镰孢茎腐病，感灰斑病、丝黑穗病。籽粒容重 761 克/升，粗蛋白含量 9.69%，粗脂肪含量 4.67%，粗淀粉含量 71.22%，赖氨酸含量 0.36%。

**栽培技术要点：**春播一般在 4 月 20 日至 5 月 15 日播种为宜，适宜密度 3 800～4 200 株/亩。

**审定意见：**该品种符合国家玉米品种审定标准，通过审定。适宜在黑龙江、吉林、辽宁、内蒙古、天津、北京、河北、山西≥10 ℃活动积温在 2 650 ℃以上东华北春玉米区种植。注意防治丝黑穗病。

## 25. 秋乐 368

**审定编号：**国审玉 20176035

**申请者：**河南秋乐种业科技股份有限公司

**育种者：**河南秋乐种业科技股份有限公司

**品种来源：**NK11×NK17-8

**产量表现：**2014—2015 年中玉科企绿色通道东华北春玉米品种区域试验，两年平均亩产 822.7 千克，比对照增产 6.14%；2016 年生产试验平均亩产 786.6 千克，比对照增产 11.88%。2015—2016 年中玉科企绿色通道黄淮海夏玉米组区域试验，两年平均亩产 749.8 千克，比对照增产 15.85%。2016 年中玉科企绿色通道生产试验，平均亩产 674.0 千克，比对照增产 9.88%。

**特征特性：**在东华北春播区出苗至成熟 128 天，比对照品种郑单 958 早 2 天。株高 312 厘米，穗位高 129 厘米，花药浅紫色，花丝紫色。果穗筒形，穗长 19.3 厘米，穗粗 5.1 厘米，穗行数 16 行左右，穗轴红色，籽粒黄色、马齿型，百粒重 37.8 克。接种鉴定：抗镰孢穗腐病，中抗镰孢茎腐病，感大斑病和丝黑穗病，高感灰斑病。容重 783 克/升，粗蛋白含量 10.14%，粗脂肪含量 3.41%，粗淀粉含量 73.51%。

在黄淮海夏播玉米区出苗至成熟 103 天，与对照品种郑单 958 相当。株型半紧凑，株高 299 厘米，穗位高 109 厘米，幼苗叶鞘紫色，花丝紫色，花药浅紫色。果穗筒形，穗长 17.5 厘米，穗粗 5.0 厘米，穗行数 16 行左右，百粒重 35.7 克。接种鉴定：中抗茎腐病，感小斑病、弯孢叶斑病和穗腐病，高感瘤黑粉病和粗缩病。容重 783 克/升，粗蛋白含量 10.14%，粗脂肪含量 3.41%，粗淀粉含量 73.51%。

**栽培技术要点：**东华北春玉米区选择中等肥力以上地块栽培，4 月下旬播种，种植密度 4 000～4 500 株/亩。黄淮海夏玉米区 6 月 15 前播种，适宜种植密度 4 000～4 500 株/亩。

**审定意见：**该品种符合国家玉米品种审定标准，通过审定。适

宜在吉林省四平市、松原市、长春市的大部分地区，辽源市、白城市、吉林市部分地区、通化市南部，辽宁省除东部山区和大连市、东港市以外的大部分地区，内蒙古赤峰市和通辽市大部分地区，山西省忻州市、晋中市、太原市、阳泉市、长治市、晋城市、吕梁市平川区和南部山区，河北省张家口市、承德市、秦皇岛市、唐山市、廊坊市、保定市北部、沧州市北部春播区，北京市、天津市春播区等东华北春玉米区种植。注意防治灰斑病、大斑病和丝黑穗病。

还适宜在河南省、山东省、河北省保定市和沧州市的南部及以南地区，唐山市、秦皇岛市、廊坊市、沧州市北部、保定市北部夏播区，北京市、天津市夏播区，陕西省关中灌区，山西省运城市和临汾市、晋城市夏播区，安徽和江苏两省的淮河以北地区等黄淮海夏播玉米区种植。注意防治玉米瘤黑粉病、粗缩病、小斑病、弯孢叶斑病、丝黑穗病。

## 26. 东单 6531

**审定编号：**国审玉 20176036

**申请者：**辽宁东亚种业有限公司、辽宁东亚种业科技股份有限公司

**育种者：**辽宁东亚种业有限公司、辽宁东亚种业科技股份有限公司

**品种来源：**PH6WC（选）×83B28

**产量表现：**2014—2015 年参加东华北春玉米区绿色通道区试，两年平均亩产 815 千克，比对照郑单 958 增产 5.74%，增产点率 71.4%；2016 年生产试验，亩产 743.3 千克，比对照郑单 958 增产 7.03%，增产点率 75%。2015—2016 年在内蒙古参加相邻省同一生态类型区绿色通道生产试验，两年平均亩产 891.7 千克，比对照郑单 958 增产 7.8%；2015—2016 年在河北省参加相邻省同一生态类型区绿色通道生产试验，两年平均亩产 799.2 千克，比对照先玉 335 增产 9.5%。

**特征特性：** 东华北春玉米地区出苗至成熟128.1天，比对照品种郑单958早1.79天。幼苗叶鞘紫色，第一叶片尖端长卵形。株型半紧凑型，株高290厘米，穗位高103厘米，穗柄长，苞叶长，雄穗分支数7个，成株叶片数20片，保绿性好，花药紫色，花丝绿色。果穗筒形，穗长18.5厘米，穗粗5厘米，穗行数16.6行，行粒数37.1粒，穗轴红色，籽粒黄色、半马齿型，百粒重35.6克，出籽率80.4%。平均倒伏率/平均倒折率6.23%，平均空秆率3.07%。2014—2015年经中国农业科学院作物科学研究所连续两年接种鉴定，抗茎腐病（8.1%R）、穗腐病（2.4级R），感丝黑穗病、大斑病、灰斑病（7级S）。品质分析，籽粒容重774克/升，粗蛋白含量8.98%，粗脂肪含量3.85%，粗淀粉含量74.78%，赖氨酸含量0.34%。

内蒙古春播生育期132天左右，比对照郑单958早2天，需活动积温2 800 ℃。幼苗叶鞘紫色，叶片绿色，花丝绿色，花药紫色，苗势强。株型半紧凑，株高297厘米左右，穗位高107厘米左右，成株叶片数19片。雄穗分枝数5～7个。果穗锥形，穗长19.7厘米，穗行数16～20行，穗轴红色，籽粒黄色、半马齿型，百粒重36.6克，出籽率83%。倒伏率0.8%，倒折率0.5%。2015—2016年经中国农业科学院作物科学研究所两年接种鉴定，抗镰孢茎腐病、穗腐病，中抗灰斑病、丝黑穗病，感大斑病。籽粒容重785克/升，粗蛋白含量10.84%，粗脂肪含量3.9%，粗淀粉含量72.19%，赖氨酸含量0.31%。

河北省春播生育期125天左右，与对照先玉335一致，需活动积温2 800 ℃。幼苗叶鞘紫色，叶片绿色，苗势强。株型半紧凑，株高270厘米左右，穗位高102厘米左右，成株叶片数20片。雄穗分枝数5～7个，花丝绿色，花药绿色。果穗锥形，穗长19.8厘米，穗行数16～20行，穗轴红色，籽粒黄色、半马齿型，百粒重38.0克，出籽率86.5%。倒伏率0，倒折率0。2015—2016年经辽宁省丹东农业科学院两年接种鉴定，抗镰孢茎腐病、穗腐病，中抗灰斑病、丝黑穗病，感大斑病。籽粒容重785克/升，粗蛋白含量10.84%，粗脂肪含量3.9%，粗淀粉含量72.19%，赖氨酸含量0.31%。

**栽培技术要点：**中等及以上肥力地块种植，播前要精细整地，地温要确保稳定10 ℃以上进行播种。东华北春玉米区春播在4月下旬至5月上旬为宜，适宜密度4 000～4 500株/亩；内蒙古、河北省活动积温2 800 ℃以上春播玉米区，春播一般在4月中下旬为宜，适宜密度4 000株/亩。

**审定意见：**该品种符合国家玉米品种审定标准，通过审定。适宜在吉林省四平市、松原市、长春市的大部分地区，辽源市、白城市、吉林市部分地区、通化市南部，辽宁省除东部山区和大连市、东港市以外的大部分地区，内蒙古赤峰市和通辽市大部分地区，山西省忻州市、晋中市、太原市、阳泉市、长治市、晋城市、吕梁市平川区和南部山区，河北省张家口市、承德市、秦皇岛市、唐山市、廊坊市、保定市北部、沧州市北部春播区，北京市、天津市春播区等地种植。还适宜在内蒙古、河北省活动积温在2 800 ℃以上春播玉米区种植。注意及时防治灰斑病、大斑病、丝黑穗病等病害和黏虫、玉米螟等虫害。

## 27. 富尔1602

**审定编号：**国审玉20176037

**申请者：**齐齐哈尔市富尔农艺有限公司

**育种者：**齐齐哈尔市富尔农艺有限公司、北京大德长丰农业生物技术有限公司

**品种来源：**THT81×TH96A

**产量表现：**2013—2014年参加中玉科企联合测试东华北春玉米组品种区域试验，两年平均亩产811.8千克，比对照增产4.7%。2016年生产试验，平均亩产725.5千克，比对照郑单958平均增产4.5%。

**特征特性：**东华北春玉米区出苗至成熟128天，比对照品种郑单958早2天。幼苗叶鞘紫色，叶片绿色，花药紫色，颖壳紫色。

株型紧凑型，株高 291 厘米，穗位高 119 厘米，成株叶片数 19.3 片。花丝绿色，果穗筒形，穗长 19.5 厘米，穗行数 16 行，穗轴红色，籽粒黄色、马齿型，百粒重 36.3 克。接种鉴定，高抗茎腐病，中抗大斑病、穗腐病、丝黑穗病，感灰斑病。籽粒容重 764 克/升，粗蛋白含量 10.0%，粗脂肪含量 4.03%，粗淀粉含量 72.45%，赖氨酸 0.35%。

**栽培技术要点：**中等肥力以上地块栽培，4 月下旬播种，种植密度 4 000～4 500 株/亩。

**审定意见：**该品种符合国家玉米品种审定标准，通过审定。适宜在黑龙江省第一积温带上限；吉林省四平市、长春市、松原市、白城市、辽源市的中晚熟区、吉林市部分地区、通化市南部地区；辽宁省除东部山区和沿海区域以外的大部分地区；内蒙古赤峰市和通辽市大部分区域；山西省忻州市、晋中市、太原市、阳泉市、长治市、晋城市、吕梁市平川区和南部山区；河北省张家口市、承德市、秦皇岛市、唐山市、廊坊市、保定市北部、沧州市北部的春玉米区，北京市、天津市春玉米区，且各种植区活动积温在 2 700 ℃以上等东华北春玉米区种植。注意防治灰斑病。

## 28. 诚信 1503

**审定编号：**国审玉 20176038

**申请者：**山西诚信种业有限公司

**育种者：**山西诚信种业有限公司

**品种来源：**14TD3×14TD4

**产量表现：**2015—2016 年区域试验，平均亩产 767.4 千克，比对照郑单 958 增产 6.38%。2016 年生产试验，平均亩产 751.6 千克，比对照郑单 958 增产 5.36%。

**特征特性：**在东华北中晚熟春玉米区出苗至成熟平均 127 天，需有效积温 2 700 ℃左右。幼苗叶鞘紫色，叶片绿色，叶缘浅紫色，花药紫色，颖壳紫色。株型半紧凑，株高 297 厘米，穗位高 128 厘米，成株叶片数 21 片。花丝浅紫色，果穗筒形，穗长 20.2

厘米，穗行数16～18行，穗轴红色，籽粒黄色、半马齿型，籽粒品质半粉质。接种鉴定，高抗穗腐病，抗镰孢茎腐病，中抗大斑病、丝黑穗病，感灰斑病。籽粒容重756克/升，粗蛋白质含量（干基）10.8%，粗脂肪含量（干基）3.78%，粗淀粉含量（干基）73.45%，赖氨酸含量（干基）0.32%。

**栽培技术要点：**应选择中上等肥力地块种植，亩保苗4 000～4 200株。

**审定意见：**该品种符合国家玉米品种审定标准，通过审定。适宜在山西、内蒙古、辽宁、吉林、河北、天津等省（市）的东华北中晚熟春玉米区春播种植。注意防治灰斑病。

## 29. 金博士717

**审定编号：**国审玉20176039

**申请者：**河南金博士种业股份有限公司

**育种者：**河南金博士种业股份有限公司

**品种来源：**J303×G17

**产量表现：**2015—2016年参加东华北春玉米品种区域试验，两年平均亩产774.6千克，比对照郑单958增产6.03%。2016年生产试验，平均亩产735.2千克，比对照郑单958增产4.04%。

**特征特性：**在东华北春玉米区出苗至成熟127天，比对照郑单958早3天。幼苗叶鞘紫色，叶片绿色，叶缘紫色，花药紫色，颖壳绿色。株型半紧凑，株高288厘米，穗位高107厘米，成株叶片数20片。花丝绿色，果穗筒形，穗长18.7厘米，穗行数18～20行，穗轴粉色，籽粒黄色、半马齿型，百粒重38.0克，出籽率88.5%。接种鉴定，抗丝黑穗病、茎腐病、穗腐病，中抗灰斑病，感大斑病。籽粒容重733克/升，粗蛋白含量10.02%，粗脂肪含量3.19%，粗淀粉含量74.65%，赖氨酸含量0.30%。

**栽培技术要点：**中上等肥力地块种植，4月20日至5月15日播种，适宜种植密度4 000～4 200株/亩。

**审定意见：**该品种符合国家玉米品种审定标准，通过审定。适

宜在黑龙江、吉林、辽宁、北京、天津、河北、内蒙古、山西大于2 650 ℃以上东华北春玉米区种植。注意防治大斑病。

## 30. 美豫 503

**审定编号：**国审玉 20176040

**申请者：**河南省豫玉种业股份有限公司

**育种者：**河南省豫玉种业股份有限公司

**品种来源：**GPH6B×H72199

**产量表现：**2015—2016 年两年区域试验，平均亩产 820.6 千克，比对照增产 8.4%。2016 年生产试验，平均亩产 771.1 千克，比对照增产 7.2%。

**特征特性：**东华北春玉米区出苗至成熟 126 天，比郑单 958 早 2 天。幼苗叶鞘色紫色，叶片绿色，花药紫色，颖壳绿色，花丝淡紫色。株型紧凑，株高 279 厘米，穗位高 112 厘米，成株叶片数 20 片，穗长 18.8 厘米，穗行数 16～18 行，百粒重 35.6 克，穗轴红色，籽粒黄色、马齿型。接种鉴定，抗灰斑病和穗腐病，中抗大斑病、丝黑穗病和镰孢茎腐病。籽粒容重 773 克/升，粗蛋白含量 9.22%，粗脂肪含量 3.54%，粗淀粉含量 74.95%，赖氨酸含量 0.31%。

**栽培技术要点：**中等肥力以上地块栽培，4 月下旬至 5 月上旬播种，适宜种植密度 3 500～4 000 株/亩。

**审定意见：**该品种符合国家玉米品种审定标准，通过审定。适宜在北京、天津、河北北部、内蒙古赤峰和通辽，山西、辽宁、吉林中晚熟区，陕西延安地区等东华北春玉米区种植。

## 31. S1651

**审定编号：**国审玉 20176041

**申请者：**中国种子集团有限公司

**育种者：**中国种子集团有限公司、中种国际种子有限公司

**品种来源：**D1798Z×D6925Z

**产量表现：**2015—2016 年参加东华北春玉米组绿色通道品种区域试验，两年平均亩产 879.7 千克，比对照郑单 958 平均增产 16.0%。2016 年生产试验，平均亩产 765.4 千克，比对照郑单 958 增产 13.3%。

**特征特性：**东华北春玉米区出苗至成熟 126 天，比郑单 958 早 3 天。幼苗叶鞘紫色，叶片绿色，花药紫色，花丝绿色。株型半紧凑，株高 289 厘米，穗位高 117 厘米，成株叶片数 21 片。果穗筒形，穗长 19 厘米，穗粗 5.0 厘米，穗行数 16～18 行，行粒数 34，秃尖长 0.8 厘米，穗轴粉红色，籽粒黄色、偏马齿型，百粒重 37 克。接种鉴定：抗镰孢茎腐病和穗腐病，中抗大斑病和丝黑穗病，感灰斑病。籽粒容重 766 克/升，粗蛋白含量 8.3%，粗脂肪含量 4.6%，粗淀粉含量 74.8%。

**栽培技术要点：**春播地温稳定在 10～12 ℃或以上，建议在 4 月下旬至 5 月中旬播种。薄地宜稀，肥地宜密。一般亩保苗 4 000～5 000 株，较适合机械化密植栽培，建议精量播种。

**审定意见：**该品种符合国家玉米品种审定标准，通过审定。适宜在吉林、辽宁、内蒙古、北京、天津、河北、山西等东华北中晚熟春玉米区种植。注意防治灰斑病。

## 32. 农华 803

**审定编号：**国审玉 20176042

**申请者：**北京金色农华种业科技股份有限公司

**育种者：**北京金色农华种业科技股份有限公司

**品种来源：**K4104－16×B8328

**产量表现：**2014—2015 年参加东华北区域试验，两年平均亩产 803.8 千克，比对照增产 7.8%。2016 年生产试验，平均亩产 694.5 千克，比对照京科 968 增产 3.9%。

**特征特性：**生育期 126 天，熟期与对照品种郑单 958 相当。幼苗叶鞘紫色，叶片绿色，叶缘浅紫色，花药黄色，颖壳绿色，雄穗分枝 6～9 个。株型半紧凑，株高 280 厘米左右，穗位 110 厘米左右，成株叶片数 20 片。花丝浅紫色，果穗筒形，穗长 20 厘米，穗粗 5.0 厘米，穗行数 16～20 行，穗轴粉色，籽粒黄色、半马齿型，百粒重 35 克。接种鉴定，高抗茎腐病，中抗灰斑病、穗腐病，感大斑病、丝黑穗病。籽粒容重 716 克/升，粗蛋白 8.49%，粗脂肪 4.49%，粗淀粉 75.57%，赖氨酸 0.29%。

**栽培技术要点：**中等肥力以上地块栽培，4 月下旬至 5 月上旬播种，适宜种植密度 3 800～4 200 株/亩。

**审定意见：**该品种符合国家玉米品种审定标准，通过审定。适宜在北京、天津、河北北部、内蒙古通辽和赤峰，山西、辽宁、吉林中晚熟区等东华北春玉米区种植。注意防治弯孢叶斑病、大斑病和丝黑穗病。

## 33. 锦华 202

**审定编号：**国审玉 20176043

**申请者：**北京金色农华种业科技股份有限公司

**育种者：**北京金色农华种业科技股份有限公司

**品种来源：**11A341×L9097

**产量表现：**2015—2016 年参加东华北区域试验，两年平均亩产 778.0 千克，比对照增产 6.7%。2016 年生产试验平均亩产 709.9 千克，比对照京科 968 增产 6.2%。

**特征特性：**生育期 127 天，熟期与对照品种郑单 958 相当。幼苗叶鞘紫色，叶片绿色，叶缘紫色，花药浅紫色，颖壳绿色，雄穗分枝 5～7 个。株型半紧凑，株高 285 厘米左右，穗位 110 厘米左右，成株叶片数 19～20 片。花丝紫色，果穗筒形，穗长 18 厘米，穗粗 4.9 厘米，穗行数 16～20 行，穗轴紫色，籽粒黄色、半马齿型，百粒重 35 克。接种鉴定，高抗茎腐病，抗穗腐病，中抗灰斑病，感大斑病、丝黑穗病。籽粒容重 725 克/升，粗蛋白 9.72%，粗脂肪 3.91%，粗淀粉 73.08%，赖氨酸 0.31%。

**栽培技术要点：**中等肥力以上地块栽培，4 月下旬至 5 月上旬播种，适宜种植密度 4 000～4 500 株/亩。

**审定意见：**该品种符合国家玉米品种审定标准，通过审定。适宜在北京、天津、河北北部、内蒙古通辽和赤峰，山西、辽宁、吉林中晚熟区等东华北春玉米区种植。注意防治弯孢叶斑病、大斑病、丝黑穗病和玉米螟。

## 34. 宽诚 58

**审定编号：**国审玉 20176044

**申请者：**河北省宽城种业有限责任公司

**育种者：**河北省宽城种业有限责任公司

**品种来源：**K34225×K787

**产量表现：**2015—2016 年参加东华北春玉米品种区域试验，两年平均亩产 814.5 千克，比对照增产 5.92%。2016 年生产试验，平均亩产 824.8 千克，比对照郑单 958 增产 6.60%。

**特征特性：**东华北春玉米区出苗至成熟 128.2 天，比郑单 958 早 0.9 天。幼苗叶鞘浅紫色，叶片绿色，叶缘绿色，花药浅紫色，颖壳绿色。株型紧凑，株高 285 厘米，穗位高 105 厘米，成株叶片数 21 片。花丝绿色，果穗筒形，穗长 19.3 厘米，穗行数 16～18 行，穗轴红色，籽粒黄色、半马齿型，百粒重 39.6 克。接种鉴定，高抗茎腐病，抗灰斑病、穗腐病，中抗丝黑穗病，感大斑病。籽粒容重 712 克/升，粗蛋白含量 7.89%，粗脂肪含量 4.80%，粗淀粉含量 76.58%（属高淀粉品种），赖氨酸含量 0.28%。

**栽培技术要点：**中等肥力以上地块栽培，4 月下旬至 5 月上旬播种，适宜种植密度 4 000～4 500 株/亩。

**审定意见：**该品种符合国家玉米品种审定标准，通过审定。适宜在吉林、辽宁、山西中晚熟区、北京、天津、河北北部、内蒙古赤峰和通辽地区等东华北春玉米区种植。

## 35. 宽玉 1102

**审定编号：**国审玉 20176045

**申请者：**河北省宽城种业有限责任公司

**育种者：**河北省宽城种业有限责任公司、丹东登海良玉种业有限公司

**品种来源：**良玉 M116×良玉 S129

**产量表现：**2015—2016 年参加东华北春玉米品种区域试验，两年平均亩产 807.7 千克，比对照增产 4.22%。2016 年生产试验，平均亩产 817.9 千克，比对照郑单 958 增产 6.28%。

**特征特性：**东华北春玉米区出苗至成熟 127.7 天，比郑单 958 早 1.3 天。幼苗叶鞘紫色，叶片绿色，叶缘浅紫色，花药紫色，颖壳绿色。株型半紧凑，株高 301 厘米，穗位高 120 厘米，成株叶片数 21 片。花丝绿色，果穗筒形，穗长 18.7 厘米，穗行数 16～18 行，穗轴白色，籽粒黄色、半马齿型，百粒重 37.8 克。接种鉴定，抗茎腐病、穗腐病，中抗丝黑穗病、灰斑病和大斑病。籽粒容重 764 克/升，粗蛋白含量 9.62%，粗脂肪含量 3.96%，粗淀粉含量 74.77%，赖氨酸含量 0.31%。

**栽培技术要点：**中等肥力以上地块栽培，4 月下旬至 5 月上旬播种，适宜种植密度 4 000～4 500 株/亩。

**审定意见：**该品种符合国家玉米品种审定标准，通过审定。适宜在吉林、辽宁、山西中晚熟区、北京、天津、河北北部、内蒙古赤峰和通辽等东华北春玉米区种植。

## 36. 华诚 1 号

**审定编号：**国审玉 20176046

**申请者：**河北省宽城种业有限责任公司

**育种者：**河北省宽城种业有限责任公司、北京华农伟业种子科技有限公司

**品种来源：**B8×B129

**产量表现：**2015—2016 年参加东华北春玉米品种区域试验，两年平均亩产 799.8 千克，比对照增产 4.62%。2016 年生产试验，平均亩产 811.3 千克，比对照郑单 958 增产 5.40%。

**特征特性：**东华北春玉米区出苗至成熟 126.5 天，比郑单 958

早 2.6 天。幼苗叶鞘深紫色，叶片绿色，叶缘紫色，花药紫色，颖壳绿色。株型半紧凑，株高 290 厘米，穗位高 117 厘米，成株叶片数 20 片。花丝绿色，果穗筒形，穗长 19.8 厘米，穗行数 16～18 行，穗轴红色，籽粒黄色、半马齿型，百粒重 38.1 克。接种鉴定，高抗丝黑穗病和茎腐病，抗灰斑病、穗腐病，感大斑病。籽粒容重 744 克/升，粗蛋白含量 9.83%，粗脂肪含量 4.19%，粗淀粉含量 74.25%，赖氨酸含量 0.32%。

**栽培技术要点：**中等肥力以上地块栽培，4 月下旬至 5 月上旬播种，种植密度 4 000～4 500 株/亩。

**审定意见：**该品种符合国家玉米品种审定标准，通过审定。适宜在吉林、辽宁、山西中晚熟区、北京、天津、河北北部、内蒙古赤峰和通辽等东华北春玉米区种植。注意防治大斑病。

## 37. 蒙发 8803

**审定编号：**国审玉 20176047

**申请者：**大民种业股份有限公司

**育种者：**大民种业股份有限公司

**品种来源：**R36×T18

**产量表现：**2014—2015 年参加东华北中熟春玉米组区域试验，两年平均亩产 806.55 千克，比对照增产 5.19%。2016 年生产试验，平均亩产 808.1 千克，比对照吉单 535 增产 18.5%，比对照先玉 335 增产 5.3%。

**特征特性：**东华北中熟春玉米地区出苗至成熟 128 天，较对照品种吉单 535 相比长 0.4 天，幼苗叶鞘紫色，花药紫色，花丝浅紫色。株型紧凑，株高 292 厘米，穗位高 117 厘米，成株叶片数 20 片。果穗筒形，穗长 19.9 厘米，穗粗 5.02 厘米，穗行数 16 行，秃尖长 1.01 厘米，百粒重 36.26 克，出籽率 79.61%。田间倒伏率为 0.4%，倒折率为 1.2%，空秆率为 0.6%。接种鉴定，中抗茎腐病、穗腐病，感大斑病、丝黑穗病，高感灰斑病、穗腐病。籽粒容重 753 克/升，粗蛋白含量 8.09%，粗脂肪含量 3.38%，粗淀粉含量 76.32%。

**栽培技术要点：**中等肥力以上地块栽培，4 月下旬至 5 月上旬播种，种植密度 4 000 株/亩。

**审定意见：**该品种符合国家玉米品种审定标准，通过审定。适宜在辽宁省东部山区和辽北部分地区，吉林省吉林市、白城市、通化市大部分地区，辽源市、长春市、松原市部分地区，黑龙江省第一积温带，内蒙古乌兰浩特市、赤峰市、通辽市、呼和浩特市、包头市、巴彦淖尔市、鄂尔多斯市等部分地区，河北省张家口市和承德市部分地区，山西省大同市、朔州市部分地区，且各种植区活动积温在 2 650 ℃以上的东华北中熟春玉米区种植。注意防治灰斑病和穗腐病。

## 38. 东单 507

**审定编号：**国审玉 20176048

**申请者：**辽宁东亚种业有限公司

**育种者：**辽宁东亚种业有限公司

**品种来源：**PH4CV（选）×42082B

**产量表现：**2014—2015 年参加中玉科企联合测试东华北中熟春玉米区试，两年平均亩产 841.2 千克，比对照增产 9.65%，增产点率 92.9%。2016 年参加中玉科企联合测试东华北中熟春玉米（Ⅱ）组生产试验，亩产 807.6 千克，比对照先玉 335 增产 5.3%，增产点率 85%；比对照吉单 535 增产 18.4%，增产点率 90%。

**特征特性：**东华北中熟春玉米区生育期 128.9 天，比对照种吉单 535 晚 1 天，属中熟玉米杂交种。该品种幼苗叶鞘紫色，叶片绿色，叶缘紫色，雄穗分枝数 7～9 个，花药黄色，苗势强。株高 300 厘米左右，穗位高 100 厘米，株型半紧凑，成株叶片数 19 片。花丝浅紫色，果穗筒形，穗长 22 厘米，穗行数 18 行，穗粗 5.5 厘米，穗轴红色，籽粒黄色、马齿型，百粒重 38.9 克，出籽率 87.1%，倒伏率/倒折率 1.58%。接种鉴定，高抗茎腐病，中抗穗腐病，感大斑病、丝黑穗病，高感灰斑病。籽粒容重 735 克/升，粗蛋白含量8.77%，粗脂肪含量3.30%，粗淀粉含量76.38%。

**栽培技术要点：**应选择土质较肥沃的中等或中上等地块种植，地温要确保稳定10℃以上进行播种，春播在4月下旬至5月上旬播种为宜，适宜密度4 000～4 500株/亩。

**审定意见：**该品种符合国家玉米品种审定标准，通过审定。适宜在辽宁省东部山区和辽北部分地区，吉林省吉林市、白城市、通化市大部分地区，辽源市、长春市、松原市部分地区，黑龙江省第一积温带，内蒙古乌兰浩特市、赤峰市、通辽市、呼和浩特市、包头市、巴彦淖尔市、鄂尔多斯市等部分地区，河北省张家口市坝下丘陵及河川中熟区和承德市中南部中熟区，山西省北部大同市、朔州市盆地区和中部及东南部丘陵区等东华北中熟春玉米区种植。注意防治大斑病、灰斑病和丝黑穗病。

## 39. 龙垦134

**审定编号：**国审玉20176050

**申请者：**北大荒垦丰种业股份有限公司

**育种者：**北大荒垦丰种业股份有限公司

**品种来源：**THT80×TH22A

**产量表现：**2014—2015年参加东华北中早熟春玉米组品种区域试验，两年平均亩产是774.7千克，比对照吉单27增产8.8%。2016年参加东华北中早熟春玉米组品种生产试验，平均亩产764.7千克，比对照吉单27增产7.3%。

**特征特性：**东华北中早熟春玉米区出苗至成熟124天，比对照吉单27晚1天。幼苗叶鞘紫色，第一叶片尖端圆至匙形，叶片深绿色，花药绿色，颖壳绿色。株型半紧凑，株高288厘米，穗位100厘米，成株叶片数18片。花丝绿色，果穗筒形，穗长18.6厘米，穗粗5.3厘米，穗行数16～18行，穗轴白色，籽粒黄色、半马齿型，百粒重33.6克。经中国农业科学院作物科学研究所作物资源抗病虫鉴定课题组接种鉴定，高抗镰孢茎腐病，中抗大斑病、镰孢穗腐病，感灰斑病、丝黑穗病。籽粒容重756克/升，粗蛋白含量 9.57%，粗脂肪含量 4.27%，粗淀粉含量 73.08%。

**栽培技术要点：**中等肥力以上地块栽培，4 月下旬至 5 月上旬播种，适宜种植密度为 4 000 株/亩；种肥每公顷施磷酸二铵 180 千克及尿素 120 千克，追硝铵 300 千克；播种后立即喷洒化学封闭除草剂，根据玉米生长情况及时中耕除草，及时防治病虫害，完熟期及时收获。

**审定意见：**该品种符合国家玉米品种审定标准，通过审定。适宜在东华北中早熟春玉米区种植，包括黑龙江省第二积温带，吉林省延边朝鲜族自治州、白山市的部分地区，通化市、吉林市的东部，内蒙古中东部的呼伦贝尔市扎兰屯市南部、兴安盟中北部、通辽市扎鲁特旗中部、赤峰市中北部、乌兰察布市前山、呼和浩特市北部、包头市北部早熟区，河北省张家口市坝下丘陵及河川中早熟区和承德市中南部中早熟地区，山西省中北部大同市、朔州市、忻州市、吕梁市、太原市、阳泉市海拔 900～1 100 米的丘陵地区，宁夏南部山区海拔 1 800 米以下地区。注意防治灰斑病和丝黑穗病。

## 40. 屯玉 358

**审定编号：**国审玉 20176051

**申请者：**北京屯玉种业有限责任公司

**育种者：**北京屯玉种业有限责任公司

**品种来源：**T131×Y6

**产量表现：**2014—2015 年参加中玉科企联合测试东华北中早熟春玉米组区域试验，两年平均亩产 751.3 千克，比对照吉单 27 增产 4.9%。2016 年参加中玉科企联合测试东华北中早熟春玉米组生产试验，平均亩产 761.0 千克，比对照吉单 27 增产 6.8%。

**特征特性：**东华北中早熟春玉米区生育期 125 天，比对照吉单 27 晚 1～2 天。幼苗叶鞘浅紫色，叶片绿色，花丝绿色，花药绿色。株型半紧凑，株高 298 厘米，穗位高 110 厘米，成株叶片数 18 片。果穗筒形，穗长 17.4 厘米，穗行数 18～20 行，穗轴红色，籽粒黄色、马齿型，百粒重 31.1 克。接种鉴定，高抗镰孢茎腐病，中抗丝黑穗病，感大斑病、灰斑病、镰孢穗腐病。籽粒容重 752 克/升，粗蛋白含量 9.63%，粗脂肪含量 4.25%，粗淀粉含量 75.63%。

**栽培技术要点：**在适应区于 4 月下旬至 5 月上旬播种，适宜种植密度为 4 000～4 500 株/亩。施足基肥，播前亩施复合肥 40～50 千克，大喇叭口期亩追施尿素 20～30 千克。播种后立即喷洒化学封闭除草剂，根据玉米生长情况及时中耕除草，及时防治虫害，完熟期及时收获。

**审定意见：**该品种符合国家玉米品种审定标准，通过审定。适宜在东华北中早熟春玉米区种植，包括黑龙江省第二积温带，吉林省延边朝鲜族自治州、白山市的部分地区，通化市、吉林市的东部，内蒙古中东部的呼伦贝尔市扎兰屯市南部、兴安盟中北部、通辽市扎鲁特旗中部、赤峰市中北部、乌兰察布市前山、呼和浩特市北部、包头市北部早熟区，河北省张家口市坝下丘陵及河川中早熟区和承德市中南部中早熟地区，山西省中北部大同市、朔州市、忻州市、吕梁市、太原市、阳泉市海拔 900～1 100 米的丘陵地区，宁夏南部山区海拔 1 800 米以下地区。注意防治大斑病和灰斑病。

## 41. 金博士 806

**审定编号：**国审玉 20176052

**申请者：**河南金博士种业股份有限公司

**育种者：**河南金博士种业股份有限公司

**品种来源：**金 339×金 386

**产量表现：**2013—2014 年参加中玉科企联合（1+8）玉米测试绿色通道东华北中早熟春玉米组品种区域试验，两年平均亩产 764.4 千克，比对照增产 5.3%。2015 年参加生产试验，平均亩产 713.7 千克，比对照增产 4.5%。

**特征特性：**东华北中早熟春玉米区出苗至成熟 123 天，比对照品种吉单 27 晚熟 1 天。幼苗叶鞘紫色，叶片绿色，花药浅紫色。株型半紧凑，株高 298 厘米，穗位 115 厘米，成株叶片数 19 片。

花丝绿色，果穗中间型，穗长 20.3 厘米，穗行数为 16～18 行，穗轴红色，籽粒黄色、半马齿型，百粒重 35.1 克，出籽率 88.1%。经接种鉴定，高抗镰孢茎腐病，抗大斑病，中抗丝黑穗病、镰孢穗腐病，感灰斑病。籽粒容重 746 克/升，粗蛋白含量 8.12%，粗脂肪含量 4.18%，粗淀粉含量 71.84%。

**栽培技术要点：** 适宜中等以上肥力地块种植，春播一般在 4 月 20 日至 5 月 10 日播种为宜，适宜密度 3 800～4 200 株/亩。

**审定意见：** 该品种符合国家玉米品种审定标准，通过审定。适宜在黑龙江、内蒙古、吉林、山西、河北、宁夏等≥10 ℃活动积温为 2 550 ℃以上且适宜种植吉单 27 的东华北中早熟春玉米区种植。

## 42. 美锋 969

**审定编号：** 国审玉 20176116

**申请者：** 辽宁东亚种业有限公司

**育种者：** 辽宁富友种业有限公司、辽宁东亚种业科技股份有限公司

**品种来源：** TR212×G1026

**产量表现：** 2015—2016 年参加吉林省春玉米同一适宜生态区引种绿色通道生产试验，两年平均亩产 784.2 千克，比对照增产 4.9%。2015—2016 年参加内蒙古春玉米同一适宜生态区引种绿色通道生产试验，两年平均亩产 897.3 千克，比对照郑单 958 增产 8.5%。2015—2016 年参加河北省春玉米同一适宜生态区引种绿色通道生产试验，两年平均亩产 806.2 千克，比对照先玉 335 增产 10.3%。

**特征特性：** 吉林省春玉米区春播生育期 131 天左右，比对照品种先玉 335 晚 1 天，需活动积温 2 800 ℃。幼苗叶鞘紫色，叶片绿色，苗势强。株型半紧凑，平均株高 300 厘米左右，穗位高 118 厘米左右，成株叶片数 19.6 片。雄穗分枝数 4～10 个，花丝紫色，花药紫色。果穗筒形，穗长 19.2 厘米，穗行数 18～20 行，穗轴红色，籽粒黄色、马齿型，平均百粒重 36.2 克，出籽率 79.3%，倒

伏率 2.0%，倒折率 2.8%。2015—2016 年经两年接种鉴定，抗镰孢茎腐病，中抗穗腐病、大斑病、灰斑病，感丝黑穗病。经品质分析，籽粒容重 740 克/升，粗蛋白含量 12.15%，粗脂肪含量 3.7%，粗淀粉含量 71.11%，赖氨酸含量 0.35%。

内蒙古春玉米区春播生育期 134 天左右，比对照种郑单 958 早 1 天，需活动积温 2 800 ℃。幼苗叶鞘紫色，叶片绿色，苗势强。株型半紧凑，株高 316 厘米左右，穗位高 111 厘米左右，成株叶片数 19.3 片。雄穗分枝数 4～10 个，花丝紫色，花药紫色。果穗筒形，穗长 19.5 厘米，穗行数 16～20 行，穗轴红色，籽粒黄色、马齿型，百粒重 36.5 克，出籽率 81.6%，倒伏率 0.9%，倒折率 0.7%。2015—2016 年经中国农业科学院作物科学研究所两年接种鉴定，抗镰孢茎腐病，中抗穗腐病、大斑病、灰斑病，感丝黑穗病。籽粒容重 740 克/升，粗蛋白含量 12.15%，粗脂肪含量 3.7%，粗淀粉含量 71.11%，赖氨酸含量 0.35%。

河北省春玉米区春播生育期 126 天左右，比对照种先玉 335 晚 1 天，需活动积温 2 800 ℃。幼苗叶鞘紫色，叶片绿色，苗势强。株型半紧凑，株高 286 厘米左右，穗位高 117 厘米左右，成株叶片数 21 片。雄穗分枝数 4～10 个，花丝紫色，花药紫色。果穗筒形，穗长 20.2 厘米，穗行数 18～20 行，穗轴红色，籽粒黄色、马齿型，百粒重 38.2 克，出籽率 85.9%，倒伏率 0.4%，倒折率 0。2015—2016 年经辽宁省丹东农业科学院两年接种鉴定，抗镰孢茎腐病，中抗穗腐病、大斑病、灰斑病，感丝黑穗病。籽粒容重 740 克/升，粗蛋白含量 12.15%，粗脂肪含量 3.7%，粗淀粉含量 71.11%，赖氨酸含量 0.35%。

**栽培技术要点：**播前要精细整地，确保地温稳定在 10 ℃以上时进行播种，春播一般在 4 月中下旬为宜，种植形式以清种为宜，适宜密度 4 000 株/亩。

**审定意见：**该品种符合国家玉米品种审定标准，通过审定。适宜在东华北（吉林、内蒙古、河北）活动积温在 2 800 ℃以上春播玉米区种植。注意及时防治丝黑穗病、黏虫和玉米螟等病虫害。

## （二）东北早熟和极早熟春播玉米组

### 43. 佳禾 18

**审定编号：** 国审玉 2015001

**申请者：** 围场满族蒙古族自治县佳禾种业有限公司

**育种者：** 围场满族蒙古族自治县佳禾种业有限公司

**品种来源：** 佳 788－2×F11

**产量表现：** 2013—2014 年参加极早熟春玉米品种区域试验，两年平均亩产 674.2 千克，比对照增产 3.5%。2014 年生产试验，平均亩产 694.5 千克，比对照德美亚 1 号增产 8.5%。

**特征特性：** 极早熟春玉米区出苗至成熟 118 天，与对照德美亚 1 号相同。幼苗叶鞘淡紫色，叶片绿色，叶缘淡紫色，花药黄色，颖壳紫色。株型半紧凑，株高 248 厘米，穗位高 90 厘米，成株叶片数 17～18 片。花丝浅紫色，果穗筒形，穗长 16.5 厘米，平均穗行数 15.8 行，穗轴红色，籽粒黄色、半马齿型，百粒重 27.7 克。接种鉴定，抗穗腐病，中抗镰孢茎腐病和灰斑病，感大斑病、丝黑穗病。籽粒容重 759 克/升，粗蛋白含量 9.72%，粗脂肪含量 3.74%，粗淀粉含量 73.98%，赖氨酸含量 0.27%。

**栽培技术要点：** 中等肥力以上地块栽培，4 月下旬至 5 月上旬播种，种植密度 5 500～6 000 株/亩。亩施农家肥 2 000～2 500 千克或玉米专用复合肥 40 千克作基肥，大喇叭口期追施尿素 30 千克。

**审定意见：** 该品种符合国家玉米品种审定标准，通过审定。适宜河北张家口及承德北部接坝冷凉区、吉林东部极早熟区、黑龙江第四积温带、内蒙古呼伦贝尔岭南及通辽市北部、赤峰市北部地区、宁夏南部极早熟玉米区春播种植。注意防治大斑病和丝黑穗病。

### 44. 元华 8 号

**审定编号：** 国审玉 2015002

**申请者：** 曹冬梅、徐英华

**育种者：** 曹冬梅、徐英华

**品种来源：** WFC0148×WFC0427

**产量表现：** 2013—2014年参加极早熟春玉米品种区域试验，两年平均亩产684.0千克，比对照增产5.0%。2014年生产试验，平均亩产697.9千克，比对照德美亚1号增产9.1%。

**特征特性：** 极早熟春玉米区出苗至成熟112天，比德美亚1号早2天。幼苗叶鞘紫色，叶片绿色，叶缘绿色，花药黄色，颖壳绿色。株型半紧凑，株高248厘米，穗位高81厘米，成株叶片数16片。花丝绿色，果穗锥形，穗长17.7厘米，穗行数12～16行，穗轴白色，籽粒黄色、硬粒型，百粒重35.5克。接种鉴定，抗灰斑病、穗腐病，中抗茎腐病、弯孢叶斑病，感大斑病、丝黑穗病。籽粒容重798克/升，粗蛋白含量10.92%，粗脂肪含量4.86%，粗淀粉含量72.77%，赖氨酸含量0.30%。

**栽培技术要点：** 适期早播，中等肥力以上地块栽培，4月下旬至5月上旬播种，种植密度6 000株/亩左右。

**审定意见：** 该品种符合国家玉米品种审定标准，通过审定。适宜河北张家口及承德北部接坝冷凉区、吉林东部极早熟区、黑龙江第四积温带、内蒙古呼伦贝尔岭南及通辽市北部、赤峰市北部极早熟区、宁夏南部极早熟玉米区春播种植。注意防治大斑病和丝黑穗病。

## 45. 先达101

**审定编号：** 国审玉2015003

**申请者：** 先正达（中国）投资有限公司隆化分公司

**育种者：** 先正达（中国）投资有限公司隆化分公司

**品种来源：** NP1914×NP1941-357

**产量表现：** 2013—2014年参加极早熟春玉米品种区域试验，两年平均亩产683.1千克，比对照增产4.8%。2014年生产试验，平均亩产685.2千克，比对照德美亚1号增产7.1%。

**特征特性：**极早熟春玉米区出苗至成熟116天，比德美亚1号早2天。幼苗叶鞘紫色，叶片绿色，叶缘紫红色，花药紫色，颖壳紫色。株型紧凑，株高256厘米，穗位高88厘米，成株叶片数16片。花丝紫色，果穗筒形，穗长17.7厘米，穗行数12～16行，穗轴红色，籽粒黄色、硬粒型，百粒重32.4克。接种鉴定，抗穗腐病，中抗茎腐病、弯孢叶斑病，感大斑病、丝黑穗病和灰斑病。籽粒容重790克/升，粗蛋白含量11.98%，粗脂肪含量4.92%，粗淀粉含量72.71%，赖氨酸含量0.30%。

**栽培技术要点：**适期早播，中等肥力以上地块栽培，4月下旬至5月上旬播种，种植密度6 000株/亩左右。

**审定意见：**该品种符合国家玉米品种审定标准，通过审定。适宜河北张家口及承德北部接坝冷凉区、吉林东部极早熟区、黑龙江第四积温带、内蒙古呼伦贝尔岭南及通辽市北部、赤峰市北部极早熟区、宁夏南部极早熟玉米区春播种植。注意防治大斑病、丝黑穗病和灰斑病。

## 46. 垦沃3号

**审定编号：**国审玉2015601

**申请者：**北大荒垦丰种业股份有限公司

**育种者：**北大荒垦丰种业股份有限公司

**品种来源：**KW9F591×KW6F600

**产量表现：**2012—2013年参加中玉科企东华北早熟春玉米组区域试验，两年平均亩产622.8千克，比对照哲单37增产13.2%。2013—2014年生产试验，平均亩产725.3千克，比哲单37增产12.9%。

**特征特性：**东华北早熟春玉米区出苗至成熟119.5天，与哲单37熟期相当，幼苗叶鞘紫色，叶片绿色，花药绿色，花丝绿色。株型半紧凑，株高252厘米，穗位高89厘米，成株叶片数16片。果穗圆筒形，穗长17.77厘米，穗粗4.51厘米，行粒数是39.76粒，秃尖长0.53厘米，百粒重30.07克，出籽率79.32%，田间倒伏率 0.86%，倒折率 0.92%，空秆率 0.73%。接种鉴定，中抗大斑病、弯孢叶斑病，感灰斑病、腐霉茎腐病、丝黑穗病。籽粒容重 744 克/升，粗淀粉含量 74.24%，粗蛋白含量 9.25%，粗脂肪含量 3.55%。

**栽培技术要点：**中等肥力以上地块栽培，种植密度 4 500 株/亩。

**审定意见：**该品种符合国家玉米品种审定标准，通过审定。适宜河北北部、山西北部早熟区，内蒙古兴安盟、呼伦贝尔市、赤峰北部，黑龙江省第三积温带春玉米区种植。

## 47. 东科 308

**审定编号：**国审玉 2015602

**申请者：**辽宁东亚种业有限公司

**育种者：**辽宁东亚种业有限公司

**品种来源：**Q88×B321

**产量表现：**2012—2013 年参加中玉科企东华北早熟春玉米组区域试验，两年平均亩产 635.3 千克，比对照哲单 37 增产 15.35%。2013—2014 年生产试验，两年平均亩产 719.7 千克，比哲单 37 增产 11.84%。

**特征特性：**东华北早熟区出苗至成熟 121.5 天，比对照绥玉 7 号晚 2 天。幼苗叶鞘紫色，叶片绿色，花药深紫色，花丝紫色。株型紧凑，株高 280.5 厘米，穗位高 104 厘米，成株叶片数 16.6 片。果穗筒形，穗长 19.1 厘米，穗粗 4.8 厘米，秃尖长 0.81 厘米，穗轴红色，行粒数 37.9 粒，籽粒黄色、半马齿型，百粒重 33.6 克。接种鉴定，高抗腐霉茎腐病，中抗大斑病、灰斑病、镰孢穗腐病，感丝黑穗病。籽粒容重 755 克/升，粗蛋白含量 9.19%，粗脂肪含量 3.02%，粗淀粉含量 75.65%。

**栽培技术要点：**中等肥力以上地块栽培，4 月下旬至 5 月上旬，种植密度 3 500～4 000 株/亩。

**审定意见：**该品种符合国家玉米品种审定标准，通过审定。适宜河北北部、山西北部早熟区，内蒙古兴安盟、呼伦贝尔市、赤峰北部，黑龙江省第三积温带春玉米区种植。茎腐病重发区慎用，注意防治丝黑穗病和大斑病。

## 48. 大民 7702

**审定编号：** 国审玉 2015603

**申请者：** 大民种业股份有限公司

**育种者：** 大民种业股份有限公司

**品种来源：** L7×L22

**产量表现：** 2012—2013 年参加中玉科企东华北中早熟组玉米品种区域试验，两年平均亩产 803.2 千克，比对照吉单 519 增产 11.7%。2013—2014 年生产试验，两年平均亩产 733.1 千克，比对照吉单 27 增产 4.99%。

**特征特性：** 东华北中早熟区出苗至成熟 120 天，比对照吉单 27 晚 1 天，需有效积温 2 520 ℃左右。幼苗叶鞘紫色，花药浅紫色，花丝浅紫色。株型开展，株高 303 厘米，穗位高 113 厘米，成株叶片 18.5 片。果穗锥形，穗长 21.5 厘米，穗行数 17.2 行，穗轴红色，籽粒黄色、半马齿型，百粒重 33.2 克。接种鉴定，高抗镰孢茎腐病、镰孢穗腐病，抗大斑病，感灰斑病、丝黑穗病。籽粒容重 708 克/升，粗蛋白含量 8.27%，粗脂肪含量 3.73%，粗淀粉含量 75.34%。

**栽培技术要点：** 中等肥力以上地块栽培，种植密度 4 500 株/亩。

**审定意见：** 该品种符合国家玉米品种审定标准，通过审定。适宜河北北部、山西北部、内蒙古中早熟区，黑龙江省第二积温带下限、第三积温带上限，且与吉单 27 熟期相当的春玉米区种植。注意防治丝黑穗病。

## 49. 富尔 116

**审定编号：** 国审玉 2015604

**申请者：** 齐齐哈尔市富尔农艺有限公司

**育种者：** 齐齐哈尔市富尔农艺有限公司

**品种来源：** TH45R×TH21A

**产量表现：** 2012—2013年参加中玉科企东华北中早熟春玉米组品种区域试验，两年平均亩产776.3千克，比对照吉单519增产5.49%。2013—2014年生产试验，平均亩产740.8千克，2013年比对照吉单519增产6.82%，2014年比对照吉单27增产4.47%。

**特征特性：** 东华北中早熟春玉米区出苗至成熟115天，与对照品种吉单27相近，需≥10℃活动积温2 450℃左右。幼苗叶鞘紫色，叶片绿色，叶缘绿色，花药浅紫色，颖壳浅紫色。株型半紧凑，株高261厘米，穗位高86厘米，成株叶片数19片。花丝绿色，果穗筒形，穗长19.9厘米，穗行数15.7行，穗轴红色，籽粒橘黄色、半马齿型，百粒重42克。接种鉴定，高抗茎腐病，中抗大斑病和灰斑病，感丝黑穗病。籽粒容重720克/升，粗蛋白含量9.24%，粗脂肪含量4.08%，粗淀粉含量72.90%。

**栽培技术要点：** 中等以上肥力地块种植，种植密度4 500株/亩。

**审定意见：** 该品种符合国家玉米品种审定标准，通过审定。适宜河北北部、山西北部、内蒙古中早熟区，黑龙江省第二积温带下限、第三积温带上限，且与吉单27熟期相当的春玉米区种植。注意防治丝黑穗病。

## 50. 垦沃6号

**审定编号：** 国审玉2016603

**申请者：** 北大荒垦丰种业股份有限公司

**育种者：** 北大荒垦丰种业股份有限公司

**品种来源：** KW9F619×KW6F576

**产量表现：** 2013—2014年参加中玉科企东华北早熟春玉米组区域试验，两年平均亩产703.5千克，比对照哲单37增产11.0%。2015年生产试验，平均亩产670.8千克，比对照哲单37增产7.3%。

**特征特性：** 东华北早熟区出苗至成熟121天，与对照哲单37相当。幼苗叶鞘紫色，叶片绿色，花药绿色，花丝绿色。株型为半紧凑，株高 283 厘米，穗位高 96 厘米，成株叶片数 19 片。果穗筒形，穗长 19.4 厘米，穗粗 4.8 厘米，行粒数 39.0 粒，秃尖长 0.2 厘米，穗轴红色，籽粒橙黄色、半马齿型，百粒重 33.1 克。接种鉴定，中抗弯孢叶斑病，感大斑病、灰斑病、腐霉茎腐病和丝黑穗病。籽粒容重 775 克/升，粗蛋白含量 9.12%，粗脂肪含量 3.64%，粗淀粉含量 70.84%。

**栽培技术要点：**中等肥力以上地块栽培，种植密度 5 000 株/亩。

**审定意见：**该品种符合国家玉米品种审定标准，通过审定。适宜河北北部、山西北部早熟区，内蒙古兴安盟、呼伦贝尔市、赤峰北部，吉林省东部早熟区，黑龙江省第三积温带春玉米区种植。注意防治大斑病、灰斑病、腐霉茎腐病和丝黑穗病。

## 51. 院军一号

**审定编号：**国审玉 20170009

**申请者：**中国科学院遗传与发育生物学研究所、沈阳军区直属农副业基地管理局、魏巍种业（北京）有限公司

**育种者：**中国科学院遗传与发育生物学研究所、沈阳军区直属农副业基地管理局、魏巍种业（北京）有限公司

**品种来源：**H11×Y45－1

**产量表现：**2014—2015 年参加极早熟春玉米品种区域试验，2014 年平均亩产 698.7 千克，比对照增产 3.9%，2015 年平均亩产 741.1 千克，比对照增产 9.6%。2016 年生产试验，平均亩产 716 千克，比对照增产 7.6%。

**特征特性：**出苗至成熟 118 天，与对照品种德美亚 1 号相当。幼苗叶鞘紫色，叶片绿色，叶缘紫色，花药紫色，颖壳浅紫色。株型半紧凑，株高 263 厘米，穗位高 83.3 厘米，成株叶片数 15～16 片。花丝浅紫色，果穗筒形，穗长 18 厘米，穗行数 12～18 行，穗轴白色，籽粒黄色、硬粒型，百粒重 32.45 克。接种鉴定，高抗镰孢茎腐病，抗灰斑病、穗腐病，感大斑病、丝黑穗病。籽粒容重 773 克/升，粗蛋白含量 10.30%，粗脂肪含量 4.65%，粗淀粉含

量 71.68%，赖氨酸含量 0.26%。

**栽培技术要点：**中等肥力以上种植，4 月下旬至 5 月上旬播种，种植密度 6 000 株/亩。

**审定意见：**该品种符合国家玉米品种审定标准，通过审定。适宜在黑龙江省北部及东南部山区第四积温带，内蒙古呼伦贝尔市部分地区、兴安盟部分地区、锡林郭勒盟部分地区、乌兰察布盟部分地区、通辽市部分地区、赤峰市部分地区、包头市北部、呼和浩特市北部，吉林省延边朝鲜族自治州、白山市的部分山区，河北省北部接坝的张家口市和承德市的部分地区，宁夏南部山区海拔 2 000 米以上的极早熟春玉米区种植。注意防治大斑病和丝黑穗病。

## 52. 富成 198

**审定编号：**国审玉 20170010

**申请者：**顾秀玲

**育种者：**顾秀玲

**品种来源：**Am31×Am119

**产量表现：**2014—2015 年参加北方极早熟春玉米品种区域试验，两年平均亩产 740.0 千克，比对照增产 9.6%。2016 年生产试验，平均亩产 721.8 千克，比对照增产 8.5%。

**特征特性：**出苗至成熟 119 天，比对照品种德美亚 1 号晚 1 天。幼苗叶鞘绿色，叶片绿色，叶缘紫色，花药黄色，颖壳紫色。株型半紧凑，株高 247 厘米，穗位高 78 厘米，成株叶片数 17 片。花丝绿色，果穗筒形，穗长 18.5 厘米，穗行数 16～18 行，穗轴红色，籽粒黄色、硬粒型，百粒重 30.8 克。接种鉴定，抗茎腐病、穗腐病，感大斑病、丝黑穗病、灰斑病。籽粒容重 770 克/升，粗蛋白含量 9.87%，粗脂肪含量 4.70%，粗淀粉含量 72.31%，赖氨酸含量 0.26%。

**栽培技术要点：**中等肥力以上地块栽培，4 月下旬至 5 月上旬播种，种植密度 6 000 株/亩。

**审定意见：**该品种符合国家玉米品种审定标准，通过审定。适

宜在黑龙江、内蒙古、吉林及宁夏等省和自治区极早熟区春播种植。也适宜在黑龙江省北部及东南部山区第四积温带，内蒙古呼伦贝尔市、兴安盟、锡林郭勒盟、乌兰察布盟、通辽市、赤峰市、包头市与呼和浩特市北部；吉林省延边朝鲜族自治州、白山市的部分山区，河北省北部接坝的张家口市和承德市的部分地区，宁夏南部山区海拔 2 000 米以上的极早熟春玉米区种植。注意防治大斑病、丝黑穗病和灰斑病。

## 53. 农华 501

**审定编号：**国审玉 20176095

**申请者：**北京金色农华种业科技股份有限公司

**育种者：**北京金色农华种业科技股份有限公司

**品种来源：**NH17B1×NHW28

**产量表现：**2015—2016 年参加极早熟区域试验，两年平均亩产 695.6 千克，比对照增产 4.4%。2016 年生产试验，平均亩产 696.7 千克，比对照德美亚 1 号增产 6.7%。

**特征特性：**生育期 119 天，熟期与对照品种德美亚 1 号相当。幼苗叶鞘浅紫色，叶片绿色，叶缘紫色，花药浅紫色，颖壳绿色，雄穗分枝 9～11 个。株型半紧凑，株高 270 厘米左右，穗位 95 厘米左右，全株 18～19 片叶。花丝紫色，果穗筒形，穗长 18 厘米，穗粗 4.8 厘米，穗行数 14～16 行，穗轴白色，籽粒橙色、硬粒型，百粒重 32 克。接种鉴定，中抗茎腐病、灰斑病、穗腐病，感大斑病、丝黑穗病。籽粒容重 794 克/升，粗蛋白 11.84%，粗脂肪 5.76%，粗淀粉 70.74%，赖氨酸 0.31%。

**栽培技术要点：**中等肥力以上地块栽培，4 月下旬至 5 月上旬播种，种植密度 5 500～6 000 株/亩。

**审定意见：**该品种符合国家玉米品种审定标准，通过审定。适宜在河北张家口及承德北部接坝冷凉区、吉林东部极早熟区、黑龙江第四积温带、内蒙古呼伦贝尔岭南及通辽市北部、赤峰市北部极早熟区、宁夏南部等极早熟玉米区春播种植。注意防治大斑病和丝黑穗病。

# 二、普通玉米夏播组

## （一）黄淮海普通玉米夏播组

### 54. 登海685

**审定编号：**国审玉2015011

**申请者：**山东登海种业股份有限公司

**育种者：**山东登海种业股份有限公司

**品种来源：**DH382×DH357－14

**产量表现：**2013—2014年参加黄淮海夏玉米品种区域试验，两年平均亩产674.6千克，比对照增产3.7％。2014年生产试验，平均亩产668.2千克，比对照郑单958增产4.7％。

**特征特性：**黄淮海夏玉米区出苗至成熟104天，比郑单958晚熟1天。幼苗叶鞘紫色，叶片绿色，叶缘绿色，花药绿色，颖壳浅紫色。株型紧凑，株高265厘米，穗位高97厘米，成株叶片数18～19片。花丝浅紫色，果穗筒形，穗长19厘米，穗行数14～16行，穗轴紫色，籽粒黄色、马齿型，百粒重30.8克。接种鉴定，中抗小斑病，感茎腐病和穗腐病，高感弯孢叶斑病、瘤黑粉病和粗缩病。籽粒容重729克/升，粗蛋白含量9.42％，粗脂肪含量3.76％，粗淀粉含量73.7％，赖氨酸含量0.30％。

**栽培技术要点：**中等肥力以上地块栽培，6月上中旬播种，种植密度4 500株/亩。

**审定意见：**该品种符合国家玉米品种审定标准，通过审定。适宜北京、天津、河北保定及以南地区、山西南部、河南、山东、江苏淮北、安徽淮北、陕西关中灌区夏播种植。注意防治叶斑病和粗缩病。

## 55. 滑玉 168

**审定编号：** 国审玉 2015012

**申请者：** 河南滑丰种业科技有限公司

**育种者：** 河南滑丰种业科技有限公司

**品种来源：** HF2458－1×MC712－2111

**产量表现：** 2013—2014 年参加黄淮海夏玉米品种区域试验，两年平均亩产 685.6 千克，比对照增产 5.3%。2014 年生产试验，平均亩产 674 千克，比对照郑单 958 增产 5.8%。

**特征特性：** 黄淮海夏玉米区出苗至成熟 102 天，与郑单 958 相当。幼苗叶鞘紫色，叶片绿色，花药浅紫色。株型紧凑，株高 292 厘米，穗位高 100 厘米，成株叶片数 19～20 片。花丝浅紫色，果穗筒形，穗长 17.3 厘米，穗行数 16～18 行，穗轴红色，籽粒黄色、半马齿型，百粒重 32.5 克。接种鉴定，抗大斑病，中抗小斑病、茎腐病和穗腐病，感弯孢叶斑病，高感瘤黑粉病和粗缩病。籽粒容重 790 克/升，粗蛋白含量 10.64%，粗脂肪含量 3.13%，粗淀粉含量 73.54%，赖氨酸含量 0.35%。

**栽培技术要点：** 中等肥力以上地块栽培，6 月上中旬播种，种植密度 4 000～4 500 株/亩。

**审定意见：** 该品种符合国家玉米品种审定标准，通过审定。适宜北京、天津、河北保定及以南地区、山西南部、河南、山东、江苏淮北、安徽淮北、陕西关中灌区夏播种植。注意防治粗缩病和玉米螟。

## 56. 伟科 966

**审定编号：** 国审玉 2015013

**申请者：** 郑州伟科作物育种科技有限公司

**育种者：** 郑州伟科作物育种科技有限公司

**品种来源：** WK3958×WK898

**产量表现：** 2013—2014 年参加黄淮海夏玉米品种区域试验，

两年平均亩产 681.5 千克，比对照增产 4.5%。2014 年生产试验，平均亩产 683.1 千克，比对照郑单 958 增产 6.9%。

**特征特性：**黄淮海夏玉米区出苗至成熟 104 天，与郑单 958 相当。幼苗叶鞘紫色，叶片绿色，叶缘绿色，花药绿色，颖壳绿色。株型紧凑，株高 261 厘米，穗位高 110 厘米，成株叶片数 20 片。花丝浅紫色，果穗筒形，穗长 17.4 厘米，穗行数 16～18 行，穗轴白色，籽粒黄色、半马齿型，百粒重 31.7 克。接种鉴定，中抗小斑病、穗腐病，感弯孢叶斑病和茎腐病，高感瘤黑粉病和粗缩病。籽粒容重 744 克/升，粗蛋白含量 10.04%，粗脂肪含量 3.34%，粗淀粉含量 73.71%，赖氨酸含量 0.28%。

**栽培技术要点：**中上等肥力地块种植，6 月上中旬播种，种植密度 4 000～4 500 株/亩；亩施农家肥 2 000～3 000 千克或三元复合肥 30 千克作基肥，大喇叭口期亩追施尿素 30 千克。

**审定意见：**该品种符合国家玉米品种审定标准，通过审定。适宜北京、天津、河北保定及以南地区、山西南部、河南、山东、江苏淮北、安徽淮北、陕西关中灌区夏播种植。注意防治瘤黑粉病和粗缩病。

## 57. 农大 372

**审定编号：**国审玉 2015014

**申请者：**北京华奥农科玉育种开发有限公司

**育种者：**宋同明

**品种来源：**X24621×BA702

**产量表现：**2013—2014 年参加黄淮海夏玉米品种区域试验，两年平均亩产 691.1 千克，比对照增产 6.1%。2014 年生产试验，平均亩产 689.3 千克，比对照郑单 958 增产 8.3%。

**特征特性：**黄淮海夏玉米区出苗至成熟 103 天，与对照郑单 958 相当。幼苗叶鞘紫色，叶片绿色，叶缘浅紫色，花药浅紫色，颖壳浅紫色。株型半紧凑，株高 280 厘米，穗位高 105 厘米，成株叶片数 21 片。花丝绿色，果穗长筒形，穗长 21 厘米，穗行数 14～

16 行，穗轴红色，籽粒黄色、半马齿型，百粒重 35.7 克。接种鉴定，抗镰孢茎腐病和大斑病，中抗小斑病和腐霉茎腐病，感弯孢叶斑病、茎腐病和穗腐病，高感瘤黑粉病和粗缩病。籽粒容重 764 克/升，粗蛋白含量 8.61%，粗脂肪含量 3.05%，粗淀粉含量 75.86%，赖氨酸含量 0.28%。

**栽培技术要点：**中上等肥力地块种植，6 月上中旬播种，种植密度 4 500～5 000 株/亩；亩施农家肥 2 000～3 000 千克或三元复合肥 30 千克作基肥，大喇叭口期亩追施尿素 30 千克。

**审定意见：**该品种符合国家玉米品种审定标准，适宜河北保定以南地区、山西南部、山东、河南、江苏淮北、安徽淮北、陕西关中灌区夏播种植。注意防治瘤黑粉病、粗缩病。

## 58. 联创 808

**审定编号：**国审玉 2015015

**申请者：**北京联创种业股份有限公司

**育种者：**北京联创种业股份有限公司

**品种来源：**CT3566×CT3354

**产量表现：**2013—2014 年参加黄淮海夏玉米品种区域试验，两年平均亩产 695.8 千克，比对照增产 5.6%。2014 年生产试验，平均亩产 687.0 千克，比对照郑单 958 增产 7.8%。

**特征特性：**黄淮海夏玉米区出苗至成熟 102 天，比郑单 958 早熟 1 天。幼苗叶鞘紫色，叶片绿色，叶缘绿色，花药浅紫色，颖壳绿色。株型半紧凑，株高 285 厘米，穗位高 102 厘米，成株叶片数 19～20 片。花丝浅绿色，果穗筒形，穗长 18.3 厘米，穗行数 14～16 行，穗轴红色，籽粒黄色、半马齿型，百粒重 32.9 克。接种鉴定，中抗大斑病，感小斑病、粗缩病和茎腐病，高感弯孢叶斑病、瘤黑粉病和粗缩病。籽粒容重 765 克/升，粗蛋白含量 9.65%，粗脂肪含量 3.06%，粗淀粉含量 74.46%，赖氨酸含量 0.29%。

**栽培技术要点：**中等肥力以上地块栽培，5 月下旬至 6 月中旬播种，种植密度 4 000 株/亩左右。

**审定意见：**该品种符合国家玉米品种审定标准，通过审定。适宜北京、天津、河北保定及以南地区、山西南部、河南、山东、江苏淮北、安徽淮北、陕西关中灌区夏播种植。注意防治粗缩病、弯孢叶斑病、瘤黑粉病、茎腐病和玉米螟。

## 59. 农华 816

**审定编号：**国审玉 2015016

**申请者：**北京金色农华种业科技股份有限公司

**育种者：**北京金色农华种业科技股份有限公司

**品种来源：**7P402×B8328

**产量表现：**2013—2014 年参加黄淮海夏玉米品种区域试验，两年平均亩产 683.8 千克，比对照增产 3.8%。2014 年生产试验，平均亩产 680.8 千克，比对照郑单 958 增产 6.5%。

**特征特性：**黄淮海夏玉米区出苗至成熟 101 天，比郑单 958 早 1 天。幼苗叶鞘紫色，叶片绿色，叶缘紫色，花药浅紫色，颖壳绿色。株型半紧凑，株高 265 厘米，穗位高 100 厘米，成株叶片数 18～19 片。花丝绿色，果穗筒形，穗长 18.3 厘米，穗行数 14～16 行，穗轴红色，籽粒黄色、马齿型，百粒重 30.9 克。接种鉴定，抗大斑病，中抗小斑病、弯孢叶斑病和腐霉茎腐病，感镰孢茎腐病和穗腐病，高感瘤黑粉病和粗缩病。籽粒容重 743 克/升，粗蛋白含量 9.62%，粗脂肪含量 3.86%，粗淀粉含量 74.77%，赖氨酸含量 0.31%。

**栽培技术要点：**中等肥力以上地块栽培，6 月中上旬播种，种植密度 4 500～5 000 株/亩。

**审定意见：**该品种符合国家玉米品种审定标准，通过审定。适宜河北保定及以南地区、山西南部、河南、山东、江苏淮北、安徽淮北、陕西关中灌区夏播种植。注意防治瘤黑粉病和粗缩病。

## 60. 郑单 1002

**审定编号：**国审玉 2015017

**申请者**：河南省农业科学院粮食作物研究所

**育种者**：河南省农业科学院粮食作物研究所

**品种来源**：郑588×郑H71

**产量表现**：2013—2014年参加黄淮海夏玉米品种区域试验，两年平均亩产673.6千克，比对照增产2.3%。2014年生产试验，平均亩产666.9千克，比对照郑单958增产4.4%。

**特征特性**：黄淮海夏玉米区出苗至成熟103天，与郑单958相同。幼苗叶鞘紫色，叶片绿色，叶缘绿色，花药浅紫色，颖壳绿色。株型紧凑，株高257厘米，穗位高105厘米，成株叶片数19～20片。花丝浅紫色，果穗筒形，穗长16.5厘米，穗行数14～16行，穗轴白色，籽粒黄色、半马齿型，百粒重33.2克。接种鉴定，高抗小斑病，感瘤黑粉病和茎腐病，高感弯孢叶斑病、穗腐病和粗缩病。籽粒容重776克/升，粗蛋白含量9.64%，粗脂肪含量4.11%，粗淀粉含量74.22%，赖氨酸含量0.28%。

**栽培技术要点**：中等肥力以上地块栽培，5月下旬至6月中旬播种，种植密度4 500～5 000株/亩。

**审定意见**：该品种符合国家玉米品种审定标准，通过审定。适宜河北保定及以南地区、山西南部、河南、山东、江苏淮北、安徽淮北、陕西关中灌区夏播种植。注意防治瘤黑粉病、粗缩病、茎腐病、弯孢叶斑病和玉米螟。

## 61. 豫单606

**审定编号**：国审玉2015018

**申请者**：河南农业大学

**育种者**：河南农业大学

**品种来源**：豫A9241×新A3

**产量表现**：2013—2014年参加黄淮海夏玉米品种区域试验，两年平均亩产679.3千克，比对照增产4.5%。2014年生产试验，平均亩产679千克，比对照郑单958增产6.2%。

**特征特性**：黄淮海夏玉米区出苗至成熟103天，比郑单958早熟1天。幼苗叶鞘紫色，雄穗分枝中等，花药紫色，花丝浅紫色。株型半紧凑，株高284厘米，穗位高104厘米，成株叶片数20片，茎秆坚韧。果穗筒形，穗长16.9厘米，穗行数16行。白轴黄粒，硬粒型，百粒重32.9克。接种鉴定，高抗弯孢叶斑病，中抗小斑病、穗腐病和茎腐病，高感瘤黑粉病和粗缩病。籽粒容重792克/升，粗蛋白含量9.56%，粗脂肪含量3.79%，粗淀粉含量73.65%，赖氨酸含量0.31%。

**栽培技术要点：**适期早播，中上等肥力地块种植，种植密度4 000～4 200株/亩；亩施三元复合肥30千克作基肥，大喇叭口期亩追施尿素15～30千克。

**审定意见：**该品种符合国家玉米品种审定标准，通过审定。适宜北京、天津、河北及山西南部、河南、山东、江苏淮北、安徽淮北、陕西关中灌区夏播种植。注意防治瘤黑粉病和粗缩病。

## 62. 东科301

**审定编号：**国审玉2015608

**申请者：**辽宁东亚种业有限公司

**育种者：**辽宁东亚种业有限公司

**品种来源：**东3887×东3578

**产量表现：**2012—2013年参加中玉科企黄淮海夏玉米品种区域试验，两年平均亩产671.6千克，比对照郑单958增产8.32%。2013—2014年生产试验，两年平均亩产655.3千克，比郑单958增产5.72%。

**特征特性：**黄淮海夏播区出苗至成熟103.8天，比对照郑单958晚1天。幼苗叶鞘浅紫色，叶片绿色，花药紫色，花丝深紫色。株型紧凑，株高261厘米，穗位111厘米，成株叶片数20片。果穗筒形，穗长17.0厘米，穗粗5.1厘米，穗轴白色，行粒数32.8粒，秃尖长0.54厘米，籽粒黄色、马齿型，百粒重35.3克。接种鉴定，抗腐霉茎腐病、大斑病，中抗小斑病、南方锈病，感弯孢菌叶斑病和瘤黑粉病，高感粗缩病。籽粒容重724克/升，粗蛋白白含量11.73%，粗脂肪含量3.60%，粗淀粉含量73.60%，赖氨酸含量0.31%。

**栽培技术要点：**中等肥力以上地块栽培，6月初至6月15日播种，种植密度4 500株/亩。

**审定意见：**该品种符合国家玉米品种审定标准，通过审定。适宜北京、天津、河北保定及以南地区、山西南部、河南、山东、江苏淮北、安徽淮北、陕西关中灌区夏播种植。注意防治粗缩病。

## 63. 中单856

**审定编号：**国审玉2015609

**申请者：**河南金博士种业股份有限公司、中国农业科学院作物科学研究所

**育种者：**河南金博士种业股份有限公司、中国农业科学院作物科学研究所

**品种来源：**11DM124×CA616

**产量表现：**2012—2013年参加中玉科企黄淮海夏玉米组品种区域试验，两年平均亩产660.9千克，比对照郑单958增产6.65%。2013—2014年生产试验，两年平均亩产642.6千克，比郑单958增产4.47%。

**特征特性：**黄淮海夏玉米区出苗至成熟100天，比郑单958早1～2天。幼苗叶鞘紫色，叶片绿色，花药浅紫色，花丝紫色。株型紧凑，株高268厘米，穗位高101厘米，成株叶片数20片。果穗筒形，穗长16～18厘米，穗粗5.1厘米，穗行数14～16行，穗轴红色，籽粒黄色、半马齿型，百粒重32.0克。接种鉴定，高抗腐霉茎腐病，抗瘤黑粉病，中抗小斑病、大斑病，感南方锈病、弯孢菌叶斑病、粗缩病。籽粒容重731克/升，粗蛋白含量10.62%，粗脂肪含量3.29%，粗淀粉含量73.78%，赖氨酸含量0.32%。

**栽培技术要点：**中等肥力以上地块栽培，种植密度4 500～5 000株/亩。

**审定意见：**该品种符合国家玉米品种审定标准，通过审定。适

宜北京、天津、河北保定及以南地区、山西南部、河南、山东、江苏淮北、安徽淮北、陕西关中灌区夏播种植。注意防治粗缩病。

## 64. 秋乐 218

**审定编号：**国审玉 2015610

**申请者：**河南秋乐种业科技股份有限公司

**育种者：**河南秋乐种业科技股份有限公司

**品种来源：**NK05×NK07

**产量表现：**2012—2013 年参加中玉科企黄淮海夏玉米组品种区域试验，两年平均亩产 670.9 千克，比对照郑单 958 增产 8.47%。2013—2014 年生产试验，平均亩产 643.9 千克，比郑单 958 增产 6.77%。

**特征特性：**黄淮海夏玉米区出苗至成熟 101 天，比郑单 958 早熟 1 天，需积温 2 600 ℃以上。幼苗叶鞘深紫色，叶片绿色，叶缘红色，花药深紫色，花丝紫色，颖壳浅紫色。株型半紧凑，株高 285 厘米，穗位高 115 厘米，成株叶片数 19～20 片。果穗筒形，穗长 18 厘米，穗粗 5.0 厘米，穗行数 14～16 行，穗轴红色，籽粒黄色、马齿型，百粒重 33.4 克。接种鉴定，抗弯孢霉叶斑病，中抗小斑病和腐霉茎腐病，感大斑病和南方锈病，高感瘤黑粉病、粗缩病。籽粒容重 744 克/升，粗蛋白含量 12.85%，粗脂肪含量 3.26%，粗淀粉含量 72.09%，赖氨酸含量 0.34%。

**栽培技术要点：**中等肥力以上地块栽培，种植密度 4 500～5 000 株/亩。

**审定意见：**该品种符合国家玉米品种审定标准，通过审定。适宜北京、天津、河北保定及以南地区、山西南部、河南、山东、江苏淮北、安徽淮北、陕西关中灌区夏播种植。注意防治粗缩病、瘤黑粉病、玉米螟。

## 65. 泛玉 298

**审定编号：**国审玉 20170024

**申请者：**河南黄泛区地神种业有限公司

**育种者：**河南黄泛区地神种业有限公司

**品种来源：**D005－3×F335

**产量表现：**2014—2015年参加黄淮海夏玉米品种区域试验，两年平均亩产734.8千克，比对照增产11.3%。2016年参加同组生产试验，平均亩产702.2千克，比对照增产9.8%。

**特征特性：**黄淮海夏玉米区出苗至成熟103天，与对照品种郑单958熟期相当。幼苗叶鞘紫色，叶片绿色。花药紫色，花丝浅紫色。株型半紧凑，株高287厘米，穗位110厘米，成株叶片数19～20片。果穗筒形，穗长16.9厘米，穗行数16行左右，穗轴红色，籽粒黄色、半马齿型，百粒重32.9克。2014—2015年接种鉴定，中抗弯孢叶斑病，感茎腐病、穗腐病和小斑病，高感瘤黑病和粗缩病。籽粒容重775克/升，粗蛋白10.47%，粗脂肪3.75%，粗淀粉73.93%、赖氨酸0.34%。

**栽培技术要点：**中等肥力以上地块栽培，5月下旬至6月上中旬播种，种植密度4 500～5 000株/亩。

**审定意见：**该品种符合国家玉米品种审定标准，通过审定。适宜在北京、天津、河北保定及以南地区、山西南部、河南、山东、江苏淮北、安徽淮北、陕西关中灌区等黄淮海夏玉米区种植。注意防治瘤黑病、小斑病、穗腐病、茎腐病和粗缩病。

## 66. 怀玉23

**审定编号：**国审玉20170025

**申请者：**河南怀川种业有限责任公司

**育种者：**河南怀川种业有限责任公司

**品种来源：**HC212×HC141

**产量表现：**2014—2015年参加黄淮海夏玉米品种区域试验，两年平均亩产722.5千克，比对照增产9.2%。2016年参加同组生产试验，平均亩产692.2千克，比对照增产7.8%。

**特征特性：**黄淮海夏玉米区出苗至成熟104天，比对照品种郑单958晚熟1天。幼苗叶鞘紫色，叶片淡绿色，花药浅紫色，花丝浅紫色。株型紧凑，株高300厘米，穗位105厘米，成株叶片数20片。果穗筒形，穗长16.5厘米，穗行数14～16行，穗轴红色，籽粒黄色、半马齿型，百粒重34.0克。2014—2015年接种鉴定，中抗弯孢叶斑病，感小斑病、茎腐病和穗腐病，高感瘤黑粉病和粗缩病。籽粒容重766克/升，粗蛋白含量11.07%，粗脂肪含量3.43%，粗淀粉含量74.19%，赖氨酸含量0.35%。

**栽培技术要点：**中等肥力以上地块栽培，播种期6月上中旬，种植密度4 500～5 000株/亩。

**审定意见：**该品种符合国家玉米品种审定标准，通过审定。适宜在北京、天津、河北保定及以南地区、山西南部、河南、山东、江苏淮北、安徽淮北、陕西关中灌区等黄淮海夏玉米区种植。注意防治灰飞虱、玉米螟、小斑病、茎腐病、穗腐病、瘤黑粉病和粗缩病。

### 67. 万盛68

**审定编号：**国审玉20170026

**申请者：**石家庄市藁城区金诺农业科技园

**育种者：**石家庄市藁城区金诺农业科技园

**品种来源：**JN01×JN483

**产量表现：**2014—2015年参加黄淮海夏玉米品种区域试验，两年平均亩产735.3千克，比对照郑单958增产11.4%。2016年参加同组生产试验，平均亩产716.2千克，比对照郑单958增产10.5%。

**特征特性：**黄淮海夏玉米区出苗至成熟103天，与对照品种郑单958熟期相同。幼苗叶鞘浅紫色，叶片绿色，叶缘绿色，花药浅紫色，颖壳绿色。株型半紧凑，株高258厘米，穗位106厘米，成株叶片数20～21片。果穗筒形，与茎秆夹角小，穗柄短，苞叶长，花丝浅紫色，穗长16.7厘米，穗行数18行左右，穗轴白色，籽粒黄色、半马齿型，百粒重30.3克。2014—2015年接种鉴定，抗穗腐病，中抗小斑病，感茎腐病，高感弯孢菌叶斑病、瘤黑粉病和粗缩病。籽粒容重 763 克/升，粗蛋白含量 10.36%，粗脂肪含量 4.41%，粗淀粉含量 72.12%，赖氨酸含量 0.34%。

**栽培技术要点：**在中上等肥力地块种植，播期 6 月 15 日左右，种植密度 4 000～4 500 株/亩。

**审定意见：**该品种符合国家玉米品种审定标准，通过审定。适宜在北京、天津、河北保定及以南地区、山西南部、河南、山东、江苏淮北、安徽淮北、陕西关中灌区等黄淮海夏玉米区种植。注意防治瘤黑粉病、粗缩病、弯孢菌叶斑病、茎腐病和玉米螟。

## 68. 宁玉 468

**审定编号：**国审玉 20170027

**申请者：**江苏金华隆种子科技有限公司

**育种者：**江苏金华隆种子科技有限公司

**品种来源：**宁晨 224×宁晨 243

**产量表现：**2014—2015 年参加黄淮海夏玉米品种区域试验，两年平均亩产 719 千克，比对照增产 8.6%。2016 年参加同组生产试验，平均亩产 673.1 千克，比对照增产 8.9%。

**特征特性：**黄淮海夏玉米区出苗至成熟 102 天，比对照品种郑单 958 早熟 1 天。幼苗叶鞘紫色，叶片绿色，花药紫色，花丝浅紫色。株型半紧凑，株高 283 厘米，穗位高 101 厘米，成株叶片数 19～20 片。果穗长筒形，穗长 19.1 厘米，穗行数 16 行左右，穗轴红色，籽粒黄色、马齿型，百粒重 33.1 克。2014—2015 年接种鉴定，抗弯孢叶斑病，感小斑病和茎腐病，高感穗腐病、瘤黑粉病和粗缩病。籽粒容重 748 克/升，粗蛋白含量 10.86%，粗脂肪含量 3.07%，粗淀粉含量 74.04%，赖氨酸含量 0.33%。

**栽培技术要点：**中等肥力以上地块栽培，播种期 4 月下旬至 6 月中旬，种植密度 4 500～5 000 株/亩。

**审定意见：**该品种符合国家玉米品种审定标准，通过审定。适

宜在北京、天津、河北保定及以南地区、山西南部、河南、山东、江苏淮北、安徽淮北、陕西关中灌区等黄淮海夏玉米区种植。注意防倒伏，注意防治瘤黑粉病、禾谷镰孢穗腐病和粗缩病。

## 69. 源丰 008

**审定编号：**国审玉 20170028

**申请者：**北京雨田丰源农业科学研究院、河北华丰种业开发有限公司

**育种者：**北京雨田丰源农业科学研究院、河北华丰种业开发有限公司

**品种来源：**YTM308×YTF415

**产量表现：**2014—2015 年国家黄淮海夏玉米品种区域试验，两年平均亩产 717.4 千克，比对照郑单 958 增产 8.7%。2016 年参加同组生产试验，平均亩产 680 千克，比对照郑单 958 增产 6.8%。

**特征特性：**黄淮海夏玉米区出苗至成熟 101 天，比对照品种郑单 958 早熟 1 天。幼苗拱土快，苗势强，长势旺，幼苗叶鞘紫色，叶色深绿。花丝浅紫色，花药黄色。株型紧凑，株高 261 厘米，穗位 114 厘米，成株叶片数 19～20 片。果穗筒形，穗长 17.4 厘米，穗行数 14～16 行，穗轴白色，籽粒黄色、半马齿型，百粒重 31.7 克。2014—2015 年接种鉴定，抗小斑病，感茎腐病，高感弯孢菌叶斑病、粗缩病、禾谷镰孢穗腐病和瘤黑粉病。籽粒容重 765 克/升，粗蛋白 9.68%，粗脂肪 3.87%，粗淀粉 74.61%，赖氨酸 0.32%。

**栽培技术要点：**中等肥力以上地块栽培，播种期 6 月上中旬，适宜密度 4 000～4 500 株/亩。

**审定意见：**该品种符合国家玉米品种审定标准，通过审定。适宜在北京、天津、河北保定及以南地区、山西南部、河南、山东、江苏淮北、安徽淮北、陕西关中灌区等黄淮海夏玉米区种植。注意防治灰飞虱、玉米螟和瘤黑粉病、禾谷镰孢穗腐病。

## 70. 京品 50

**审定编号：**国审玉 20170029

**申请者：**河南平安种业有限公司、北京谷德玮国际农业技术研究院

**育种者：**河南平安种业有限公司、北京谷德玮国际农业技术研究院

**品种来源：**P18×J62

**产量表现：**2014—2015 年参加黄淮海夏玉米品种区域试验，两年平均亩产 735 千克，比对照郑单 958 增产 11.3%。2016 年参加同组生产试验，平均亩产 691 千克，比对照郑单 958 增产 8.8%。

**特征特性：**黄淮海夏玉米区出苗至成熟 102 天，比对照品种郑单 958 早熟 1 天。幼苗叶鞘紫色，叶片深绿色，叶缘紫色。花药浅紫色，颖壳紫色，花丝浅紫色。株型紧凑，株高 283 厘米，穗位 113 厘米，成株叶片数 19 片。果穗筒形，穗长 18.5 厘米，穗粗 4.6 厘米，穗行数 14～16 行，穗轴红色，籽粒黄色、半马齿型，百粒重 31 克。经接种鉴定，抗弯孢叶斑病，中抗小斑病、茎腐病（复检），高感瘤黑粉病、穗腐病和粗缩病。籽粒容重 746 克/升，粗蛋白含量 10.88%，粗脂肪含量 5.06%，粗淀粉含量 73.23%，赖氨酸含量 0.35%。

**栽培技术要点：**中等肥力以上地块栽培，播种期 6 月 10 日左右，种植密度在 4 500 株/亩左右。

**审定意见：**该品种符合国家玉米品种审定标准，通过审定。适宜在北京、天津、河北保定及以南地区、山西南部、河南、山东、江苏淮北、安徽淮北、陕西关中灌区等黄淮海夏玉米区种植。注意防治瘤黑粉病、穗腐病、粗缩病和玉米螟。

## 71. 强盛 368

**审定编号：**国审玉 20170033

**申请者：**山西强盛种业有限公司

**育种者：**山西强盛种业有限公司

**品种来源：**瑞 1×Q1141

**产量表现：**2013—2014 年参加黄淮海夏玉米品种区域试验，两年平均亩产 672.6 千克，比对照增产 6.8%。2014 年生产试验，平均亩产 687.9 千克，比对照郑单 958 增产 8%。

**特征特性：**在黄淮海地区出苗至成熟 102 天，比郑单 958 早 2 天。幼苗叶鞘紫色，叶片绿色，叶缘绿色，花药浅紫色，花粉黄色。株型紧凑，株高 262 厘米，穗位高 112 厘米，成株叶片数 19～20 片。花丝浅紫色，果穗长筒形，穗长 17.0 厘米，穗行数 14～16 行，穗轴红色，籽粒黄色、半马齿型，百粒重 32.1 克。接种鉴定，中抗大斑病、小斑病、茎腐病（复检），感穗腐病、弯孢菌叶斑病、瘤黑粉病和粗缩病。籽粒容重 756 克/升，粗蛋白含量 9.37%，粗脂肪含量 4.27%，粗淀粉含量 72.96%，赖氨酸含量 0.28%。

**栽培技术要点：**中等肥力以上地块栽培，播种期 6 月初，适宜密度 4 500～5 000 株/亩。

**审定意见：**该品种经复审，符合国家玉米品种审定标准，通过复审。适宜在河北保定及以南地区、山西南部、河南、山东、江苏淮北、安徽淮北、陕西关中灌区夏播种植。注意防治瘤黑粉病和粗缩病。

## 72. 农星 207

**审定编号：**国审玉 20170034

**申请者：**泰安市农星种业有限公司

**育种者：**泰安市农星种业有限公司

**品种来源：**泰 048 系×泰 053 系

**产量表现：**2013—2014 年参加黄淮海夏玉米品种区域试验，两年平均亩产 684 千克，比对照增产 3.9%。2014 年生产试验，平均亩产 679 千克，比对照郑单 958 增产 6.4%。

**特征特性：**黄淮海夏玉米区出苗至成熟 102 天，比郑单 958 早熟1天。幼苗叶鞘紫色，叶片绿色，花药紫色，颖壳绿色。株型紧凑，株高298厘米，穗位高118厘米，成株叶片数19.7片，平均倒伏率0.3%，倒折率0.6%。花丝浅紫色，果穗筒形，穗长17.2厘米，穗行数16行，穗轴红色，籽粒黄色、半马齿型，百粒重33.4克。接种鉴定，抗弯孢菌叶斑病，中抗小斑病、茎腐病（复检），感黑穗病、黑粉病和粗缩病。籽粒容重790克/升，粗蛋白含量10.45%，粗脂肪含量4.01%，粗淀粉含量73.28%，赖氨酸含量0.30%。

**栽培技术要点：**中等肥力以上地块种植，播种期6月上中旬，种植密度4 500～5 000株/亩。

**审定意见：**该品种经复审，符合国家玉米品种审定标准，通过复审。适宜河北保定及以南地区、山西南部、山东、河南、江苏淮北、安徽淮北、陕西关中灌区夏播种植。注意防治黑穗病、黑粉病和粗缩病。

## 73. 奥玉405

**审定编号：**国审玉20176053

**申请者：**北京奥瑞金种业股份有限公司

**育种者：**北京奥瑞金种业股份有限公司

**品种来源：**OSL414×OSL437

**产量表现：**2015—2016年参加绿色通道黄淮海夏玉米品种区域试验，两年平均亩产708.6千克，比对照增产9.1%。2016年生产试验，平均亩产634.0千克，比对照增产3.9%。

**特征特性：**黄淮海夏玉米区出苗至成熟101天，与对照品种郑单958相当。幼苗叶鞘紫色，叶片绿色，叶缘紫色，花药紫色，颖壳浅紫色。株型半紧凑，平均株高289厘米，穗位高105厘米。花丝浅紫色，果穗筒形，穗长17.8厘米，穗行数14～16行，穗轴红色，籽粒黄色、半马齿型，百粒重36.3克。接种鉴定，抗弯孢叶斑病，中抗小斑病、穗腐病和茎腐病，感粗缩病，高感瘤黑粉病。籽粒容重770克/升，粗蛋白含量9.4%，粗脂肪含量3.5%，粗淀粉含量 75.6%，赖氨酸含量 0.34%。

**栽培技术要点：**中上等肥力地块种植，6 月上中旬播种，种植密度 4 000～4 500 株/亩。

**审定意见：**该品种符合国家玉米品种审定标准，通过审定。适宜在北京、天津、河北保定及以南地区、山西南部、河南、山东、江苏淮北、安徽淮北、陕西关中灌区等黄淮海夏玉米区种植。注意防治粗缩病和瘤黑粉病。

## 74. 丰乐 301

**审定编号：**国审玉 20176054

**申请者：**合肥丰乐种业股份有限公司

**育种者：**合肥丰乐种业股份有限公司

**品种来源：**F103×PM1

**产量表现：**2014—2015 年参加绿色通道黄淮海夏玉米品种区域试验，两年平均亩产 696.97 千克，比对照增产 6.29%。2016 年生产试验，平均亩产 629.2 千克，比对照郑单 958 增产 6.28%。

**特征特性：**黄淮海夏播区出苗至成熟 103 天，与郑单 958 相当。幼苗叶鞘紫色，叶片绿色，花药紫色。株型半紧凑，株高 291 厘米，穗位高 107 厘米，成株叶片数 19 片左右。花丝浅紫色，果穗筒形，穗长 17.5 厘米，穗行数 16～18 行，穗轴红色，籽粒黄色、半马齿型，百粒重 32.3 克。接种鉴定，中抗小斑病、茎腐病，感穗腐病，高感弯孢叶斑病、瘤黑粉病和粗缩病。籽粒容重为 766 克/升，粗蛋白质含量 10.54%，粗脂肪含量 3.32%，粗淀粉含量 74.50%，赖氨酸含量 0.34%。

**栽培技术要点：**要求中上等肥力土壤，排灌方便，适宜播期为 6 月上中旬，种植密度 4 500 株/亩。播种前施足底肥（土杂肥或复合肥），5～6 片叶时第一次追肥，大喇叭口期第二次追肥，两次追肥总量（尿素）约 35～40 千克。

**审定意见：**该品种符合国家玉米品种审定标准，通过审定。适宜在北京、天津、河北保定及以南地区、山西南部、河南、山东、江苏淮北、安徽淮北、陕西关中灌区等黄淮海夏玉米区种植。苗期注意防治蓟马及蚜虫危害，大喇叭口期注意防治玉米螟、穗腐病、弯孢叶斑病、瘤黑粉病，注意防倒伏。

## 75. 丰乐303

**审定编号：**国审玉20176055

**申请者：**合肥丰乐种业股份有限公司

**育种者：**合肥丰乐种业股份有限公司

**品种来源：**京725×京2416

**产量表现：**2014—2015年参加绿色通道黄淮海夏玉米品种区域试验，两年平均亩产691.25千克，比对照增产5.41%。2016年生产试验，平均亩产618.6千克，比对照郑单958增产4.48%。

**特征特性：**生育期103天，与郑单958相当。幼苗叶鞘紫色，叶片绿色，花药紫色。株型紧凑，株高278厘米，穗位高105厘米，成株叶片数18片左右。花丝浅紫色，果穗筒形，穗长16.5厘米，穗行数16～18行，穗轴红色，籽粒黄色、半马齿型，百粒重31.9克。接种鉴定，中抗茎腐病，感小斑病、穗腐病，高感弯孢叶斑病、瘤黑粉病和粗缩病。籽粒容重为786克/升，粗蛋白质含量9.42%，粗脂肪含量4.18%，粗淀粉含量74.87%，赖氨酸含量0.32%。

**栽培技术要点：**要求中上等肥力土壤，排灌方便，6月上中旬播种，密度4 500株/亩。播种前施足底肥（土杂肥或复合肥），5～6片叶时第一次追肥，大喇叭口期第二次追肥，两次追肥总量（尿素）35～40千克。苗期注意防治蓟马及蚜虫危害，大喇叭口期注意防治玉米螟和病害。籽粒乳线消失出现黑层后收获，充分发挥该品种的高产潜力。

**审定意见：**该品种符合国家玉米品种审定标准，通过审定。适宜在北京、天津、河北保定及以南地区、山西南部、河南、山东、江苏淮北、安徽淮北、陕西关中灌区等黄淮海夏玉米区种植。

## 76. 裕丰 308

**审定编号：**国审玉 20176056

**申请者：**承德裕丰种业有限公司

**育种者：**承德裕丰种业有限公司

**品种来源：**承系 299×承系 136

**产量表现：**2015—2016 年参加绿色通道黄淮海夏玉米品种区域试验，两年平均亩产 691.2 千克，比对照郑单 958 增产 7.8%。2016 年生产试验，平均亩产 655.2 千克，比对照郑单 958 增产 7.1%。

**特征特性：**黄淮海夏播玉米区出苗至成熟平均 103 天，比郑单 958 早 1 天。幼苗叶鞘紫色，叶缘绿色，花药紫色，颖壳绿色，花丝紫色。株型紧凑，株高 289 厘米，穗位高 107 厘米，成株叶片数 20 片。果穗筒形，穗长 17.1 厘米，秃尖 1.7 厘米，穗行数 16～18 行，穗轴红色，籽粒黄色、马齿型，百粒重 39 克。接种鉴定：中抗弯孢菌叶斑病、茎腐病，感小斑病、穗腐病，高感瘤黑粉、粗缩病。籽粒容重 778 克/升，粗蛋白（干基）10.39%，粗脂肪（干基）3.81%，粗淀粉（干基）73.52%，赖氨酸（干基）0.31%。

**栽培技术要点：**中上等肥力地块种植，6 月中旬播种，适宜种植密度 4 000～4 500 株/亩。

**审定意见：**该品种符合国家玉米品种审定标准，通过审定。适宜在河北保定以南、唐山、山西南部、河南、山东、安徽、江苏、陕西、天津、北京等黄淮海夏玉米区种植。注意防治瘤黑粉病、粗缩病、小斑病和穗腐病。

## 77. 隆平 218

**审定编号：**国审玉 20176057

**申请者：**安徽隆平高科种业有限公司

**育种者：**安徽隆平高科种业有限公司

**品种来源：**LB03×LJ876

**产量表现：**2014—2015年参加绿色通道黄淮海夏玉米品种区域试验，两年平均亩产724.90千克，比对照增产9.11%。2016年生产试验，平均亩产610.92千克，比对照郑单958增产3.35%。

**特征特性：**黄淮海夏玉米区出苗至成熟101天，比对照品种郑单958晚1天。幼苗叶鞘紫色，叶片深绿色，叶缘绿色，花药紫色，颖壳紫色。株型紧凑，株高290厘米，穗位高108厘米，成株叶片数20片。花丝绿色，果穗筒形，穗长17.9厘米，穗行数16～18行，穗轴红色，籽粒黄色、半硬粒型，百粒重36.5克。接种鉴定，高抗腐霉茎腐病、中抗小斑病、镰孢茎腐病，感穗腐病，高感弯孢叶斑病、瘤黑粉病、粗缩病。籽粒容重776克/升，粗蛋白含量9.66%，粗脂肪含量3.50%，粗淀粉含量74.77%，赖氨酸含量0.28%。

**栽培技术要点：**中等肥力以上地块栽培，6月中上旬播种，种植密度5 000株/亩。

**审定意见：**该品种符合国家玉米品种审定标准，通过审定。适宜在北京、天津、河北，山西南部、河南、山东、江苏淮北、安徽淮北、陕西关中灌区等黄淮海夏玉米区种植。注意防治瘤黑粉病、弯孢叶斑病和粗缩病。

## 78. 隆平240

**审定编号：**国审玉20176058

**申请者：**安徽隆平高科种业有限公司

**育种者：**安徽隆平高科种业有限公司

**品种来源：**LJ2047×L236

**产量表现：**2014—2015年参加绿色通道黄淮海夏玉米品种区域试验，两年平均亩产703.68千克，比对照增产5.95%。2016年生产试验，平均亩产623.96千克，比对照郑单958增产5.55%。

**特征特性：**黄淮海夏玉米出苗至成熟99天，比对照品种郑单958早1天。幼苗叶鞘紫色，叶片绿色，叶缘紫色，花丝浅紫色，颖壳绿色。株型紧凑，株高264厘米，穗位高94厘米，成株叶片数20片。花丝浅紫色，果穗筒形，穗长18.1厘米，穗行数14～16行，穗轴粉红色，籽粒黄色、半马齿型，百粒重35.2克。接种鉴定，高抗腐霉茎腐病，抗小斑病，感弯孢叶斑病、镰孢茎腐病，高感瘤黑粉病、穗腐病、粗缩病。籽粒容重750克/升，粗蛋白含量9.75%，粗脂肪含量3.49%，粗淀粉含量74.91%，赖氨酸含量0.32%。

**栽培技术要点：**中等肥力以上地块栽培，6月中上旬播种，种植密度5 000株/亩。

**审定意见：**该品种符合国家玉米品种审定标准，通过审定。适宜在北京、天津、河北，山西南部、河南、山东、江苏淮北、安徽淮北、陕西关中灌区等黄淮海夏玉米区种植。注意防治瘤黑粉病、弯孢叶斑病和粗缩病。

## 79. 隆平 269

**审定编号：**国审玉20176059

**申请者：**安徽隆平高科种业有限公司

**育种者：**安徽隆平高科种业有限公司

**品种来源：**LA731×L239

**产量表现：**2014—2015年参加绿色通道黄淮海夏玉米品种区域试验，两年平均亩产736.21千克，比对照增产10.82%。2016年生产试验，平均亩产626.73千克，比对照郑单958增产5.80%。

**特征特性：**黄淮海夏玉米区出苗至成熟102天，比郑单958晚2天。幼苗叶鞘紫色，叶片深绿色，叶缘紫色，花药浅紫色，颖壳绿色。株型紧凑，株高289厘米，穗位高109厘米，成株叶片数20片。花丝浅紫色，果穗筒形，穗长18.8厘米，平均穗行数14～16行，穗轴白色，籽粒黄色、半硬粒型，百粒重37.5克。接种鉴定，高抗腐霉茎腐病，中抗小斑病，感弯孢叶斑病、穗腐病、镰孢茎腐病，高感瘤黑粉病、粗缩病。籽粒容重766克/升，粗蛋白含量9.00%，粗脂肪含量3.37%，粗淀粉含量76.81%，赖氨酸含量0.30%。

**栽培技术要点：**中等肥力以上地块栽培，6月中上旬播种，种植密度5 000株/亩。

**审定意见：**该品种符合国家玉米品种审定标准，通过审定。适宜在北京、天津、河北，山西南部、河南、山东、江苏淮北、安徽淮北、陕西关中灌区等黄淮海夏玉米区种植。注意防治穗腐病、镰孢茎腐病、瘤黑粉病和弯孢叶斑病。

## 80. 华皖617

**审定编号：**国审玉20176060

**申请者：**安徽隆平高科种业有限公司

**育种者：**安徽隆平高科种业有限公司

**品种来源：**H811513×H996

**产量表现：**2014—2015年参加黄淮海夏玉米品种区域试验，两年平均亩产714.59千克，比对照增产7.56%。2016年生产试验，平均亩产626.77千克，比对照郑单958增产6.03%。

**特征特性：**黄淮海夏玉米出苗至成熟100天，与郑单958熟期相当。幼苗叶鞘紫色，叶片绿色，叶缘紫色，花药黄色，颖壳浅紫色。株型紧凑，株高284厘米，穗位高106厘米，成株叶片数19片。花丝红色，果穗筒形，穗长17.9厘米，穗行数14～16行，穗轴红色，籽粒黄色、马齿型，百粒重34.1克。接种鉴定，高抗腐霉茎腐病，中抗小斑病，感穗腐病、镰孢茎腐病，高感弯孢叶斑病、瘤黑粉病、粗缩病。籽粒容重763克/升，粗蛋白含量11.24%，粗脂肪含量3.85%，粗淀粉含量69.25%，赖氨酸含量0.36%。

**栽培技术要点：**在黄淮海各省中等肥力以上地块栽培，6月中上旬播种，种植密度5 000株/亩。

**审定意见：**该品种符合国家玉米品种审定标准，通过审定。适宜在北京、天津、河北，山西南部、河南、山东、江苏淮北、安徽淮北、陕西关中灌区等黄淮海夏玉米区种植。注意防治弯孢叶斑病、瘤黑粉病和粗缩病。

## 81. 隆平 275

**审定编号：**国审玉 20176061

**申请者：**安徽隆平高科种业有限公司

**育种者：**安徽隆平高科种业有限公司

**品种来源：**LE239×H996

**产量表现：**2015—2016 年参加绿色通道黄淮海夏玉米品种区域试验，两年平均亩产 705.49 千克，比对照增产 12.27%。2016 年生产试验，平均亩产 623.72 千克，比对照郑单 958 增产 7.03%。

**特征特性：**黄淮海夏玉米出苗至成熟 101 天，与郑单 958 晚 1 天。幼苗叶鞘紫色，叶片深绿色，叶缘紫色，花药紫色，颖壳绿色。株型半紧凑，株高 267 厘米，穗位高 98 厘米，成株叶片数 20 片。花丝紫色，果穗筒形，穗长 19.2 厘米，穗行数 14～16 行，穗轴红色，籽粒黄色、半马齿型，百粒重 38.4 克。接种鉴定，中抗小斑病，感穗腐病、镰孢感茎腐病，高感弯孢叶斑病、瘤黑粉病、粗缩病。籽粒容重 744 克/升，粗蛋白含量 9.19%，粗脂肪含量 3.42%，粗淀粉含量 75.65%，赖氨酸含量 0.32%。

**栽培技术要点：**中等肥力以上地块栽培，6 月中上旬播种，种植密度 5 000 株/亩。

**审定意见：**该品种符合国家玉米品种审定标准，通过审定。适宜在北京、天津、河北，山西南部、河南、山东、江苏淮北、安徽淮北、陕西关中灌区等黄淮海夏玉米区种植。注意防治弯孢叶斑病、瘤黑粉病和粗缩病。

## 82. 联创 825

**审定编号：**国审玉 20176062

**申请者：**北京联创种业股份有限公司

**育种者：**北京联创种业股份有限公司

**品种来源：**CT16621×CT3354

**产量表现：**2014—2015 年参加黄淮海夏玉米品种区域试验，

两年平均亩产 738.0 千克，比对照增产 8.6%。2016 年生产试验，平均亩产 677.9 千克，比对照郑单 958 增产 5.6%。

**特征特性：**黄淮海夏玉米区出苗至成熟 104 天，与郑单 958 相当。幼苗叶鞘紫色，叶片绿色，叶缘绿色，花药浅紫或紫色，颖壳绿色。株型半紧凑，株高 276 厘米，穗位高 100 厘米，成株叶片数 19～20 片。花丝紫色，果穗筒形，穗长 17.7 厘米，穗行数 14～18 行，穗轴红色，籽粒黄色、马齿型，百粒重 34.0 克。接种鉴定，感小斑病、穗腐病、茎腐病、弯孢叶斑病，高感瘤黑粉病、粗缩病。籽粒容重 760 克/升，粗蛋白含量 9.64%，粗脂肪含量 4.35%，粗淀粉含量 73.48%，赖氨酸含量 0.31%。

**栽培技术要点：**中等肥力以上地块栽培，5 月下旬至 6 月中旬播种，种植密度 4 000 株/亩左右。

**审定意见：**该品种符合国家玉米品种审定标准，通过审定。适宜在北京、天津、河北保定及以南地区、山西南部、河南、山东、江苏淮北、安徽淮北、陕西关中灌区等黄淮海夏玉米区种植。注意防治茎腐病、穗腐病、小斑病、弯孢菌叶斑病、瘤黑粉病、粗缩病。

## 83. 中科玉 501

**审定编号：**国审玉 20176063

**申请者：**北京联创种业股份有限公司

**育种者：**北京联创种业股份有限公司

**品种来源：**CT35665×CT3354

**产量表现：**2014—2015 年参加黄淮海夏玉米品种区域试验，两年平均亩产 735.7 千克，比对照增产 8.3%。2016 年生产试验，平均亩产 678.9 千克，比对照郑单 958 增产 5.7%。

**特征特性：**黄淮海夏玉米区出苗至成熟 103 天，比对照品种郑单 958 早 1 天。幼苗叶鞘紫色，叶片绿色，叶缘绿色，花药绿色，颖壳绿色。株型半紧凑，株高 285 厘米，穗位高 103 厘米，成株叶片数 19～21 片。花丝紫色，果穗筒形，穗长 18.2 厘米，穗行数

14～16行，穗轴红色，籽粒黄色、马齿型，百粒重34.2克。接种鉴定，中抗小斑病，感穗腐病、茎腐病，高感瘤黑粉病、弯孢叶斑病、粗缩病。籽粒容重772克/升，粗蛋白含量10.08%，粗脂肪含量3.66%，粗淀粉含量74.95%，赖氨酸含量0.34%。

**栽培技术要点：**中等肥力以上地块栽培，5月下旬至6月中旬播种，种植密度4 000株/亩左右。

**审定意见：**该品种符合国家玉米品种审定标准，通过审定。适宜在北京、天津、河北保定及以南地区、山西南部、河南、山东、江苏淮北、安徽淮北、陕西关中灌区等黄淮海夏玉米区种植。注意防治茎腐病、穗腐病、弯孢叶斑病、瘤黑粉病和粗缩病。

## 84. 登海533

**审定编号：**国审玉20176064

**申请者：**山东登海种业股份有限公司

**育种者：**山东登海种业股份有限公司

**品种来源：**登海22×DH382

**产量表现：**2014—2015年参加黄淮海夏玉米品种区域试验，两年平均亩产722.8千克，比对照增产7.8%。2016年生产试验，平均亩产717.2千克，比对照郑单958增产11.5%。

**特征特性：**黄淮海夏玉米区出苗至成熟104天左右，比郑单958晚1天。幼苗叶鞘紫色，叶片深绿色，叶缘绿色，花药黄色，颖壳绿色。株型紧凑，株高265厘米，穗位高94厘米，成株叶片数20片。花丝绿色，果穗筒形，穗长18.3厘米，穗行数14～16行，穗轴红色，籽粒黄色、半马齿型，百粒重35.6克。接种鉴定，抗小斑病，感弯孢叶斑病、茎腐病，高感穗腐病、瘤黑粉病和粗缩病。籽粒容重770克/升，粗蛋白含量11.52%，粗脂肪含量4.55%，粗淀粉含量73.35%，赖氨酸含量0.32%。

**栽培技术要点：**中等肥力以上地块栽培，6月上旬至中旬播种，种植密度4 500～5 000株/亩。

**审定意见：**该品种符合国家玉米品种审定标准，通过审定。适

宜在北京、天津、河北保定及以南地区、山西南部、河南、山东、江苏淮北、安徽淮北、陕西关中灌区等黄淮海夏玉米区种植。注意防治瘤黑粉病和粗缩病。

## 85. 登海 177

**审定编号：**国审玉 20176065

**申请者：**山东登海种业股份有限公司

**育种者：**山东登海种业股份有限公司

**品种来源：**DH392×登海 53

**产量表现：**2014—2015 年参加黄淮海夏玉米品种区域试验，两年平均亩产 754.5 千克，比对照增产 11.4%。2016 年生产试验，平均亩产 680.3 千克，比对照郑单 958 增 5.7%。

**特征特性：**黄淮海夏玉米区出苗至成熟 102 天左右，比郑单 958 早 1 天。幼苗叶鞘深紫色，叶片深绿色，叶缘紫色，花药紫色，颖壳绿色。株型紧凑，株高 247 厘米，穗位高 87 厘米，成株叶片数 19 片。花丝浅紫色，果穗筒形，穗长 17.3 厘米，穗行数平均 14.5 行，穗轴紫色，籽粒黄色、马齿型，百粒重 34.9 克。接种鉴定，中抗小斑病，感弯孢叶斑病、穗腐病和茎腐病，高感瘤黑粉病和粗缩病。籽粒容重 776 克/升，粗蛋白含量 10.94%，粗脂肪含量 4.41%，粗淀粉含量 73.22%，赖氨酸含量 0.29%。

**栽培技术要点：**中等肥力以上地块栽培，6 月上旬至中旬播种，种植密度 4 500～5 000 株/亩。

**审定意见：**该品种符合国家玉米品种审定标准，通过审定。适宜在北京、天津、河北保定及以南地区、山西南部、河南、山东、江苏淮北、安徽淮北、陕西关中灌区等黄淮海夏玉米区种植。注意防治瘤黑粉病和粗缩病。

## 86. 登海 105

**审定编号：**国审玉 20176066

**申请者：**山东登海种业股份有限公司

**育种者：** 山东登海种业股份有限公司

**品种来源：** DH392×登海 57

**产量表现：** 2014—2015 年参加黄淮海夏玉米品种区域试验，两年平均亩产 730.9 千克，比对照增产 8.0%。2016 年生产试验，平均亩产 693.2 千克，比对照郑单 958 增产 7.7%。

**特征特性：** 黄淮海夏玉米区出苗至成熟 102 天左右，比郑单 958 早 1 天。幼苗叶鞘紫色，叶片深绿色，叶缘浅紫色，花药紫色，颖壳浅紫色。株型紧凑，株高 259 厘米，穗位高 85 厘米，成株叶片数 19 片。花丝浅紫色，果穗筒形，穗长 18.6 厘米，穗行数平均 15.3 行，穗轴紫色，籽粒黄色、半马齿型，百粒重 31.9 克。接种鉴定，中抗小斑病，感弯孢叶斑病、穗腐病和茎腐病，高感瘤黑粉病和粗缩病。籽粒容重 787 克/升，粗蛋白含量 9.67%，粗脂肪含量 4.41%，粗淀粉含量 74.68%，赖氨酸含量 0.26%。

**栽培技术要点：** 中等肥力以上地块栽培，6 月上中旬播种，种植密度 4 500～5 000 株/亩。

**审定意见：** 该品种符合国家玉米品种审定标准，通过审定。适宜在北京、天津、河北保定及以南地区、山西南部、河南、山东、江苏淮北、安徽淮北、陕西关中灌区等黄淮海夏玉米区种植。注意防治瘤黑粉病和粗缩病。

## 87. 登海 187

**审定编号：** 国审玉 20176067

**申请者：** 山东登海种业股份有限公司

**育种者：** 山东登海种业股份有限公司

**品种来源：** M54×登海 61

**产量表现：** 2014—2015 年参加黄淮海夏玉米品种区域试验，两年平均亩产 735.8 千克，比对照增产 8.9%。2016 年生产试验，平均亩产 686.4 千克，比对照郑单 958 增产 6.7%。

**特征特性：** 黄淮海夏玉米区出苗至成熟 101 天左右，比郑单 958 早 2 天。幼苗叶鞘紫色，叶片深绿色，叶缘绿色，花药浅紫色，颖壳绿色。株型紧凑，株高 244 厘米，穗位高 87 厘米，成株叶片数 20 片。花丝绿色，果穗柱形，穗长 17.3 厘米，穗行数平均 16.0 行，穗轴红色，籽粒黄色、马齿型，百粒重 31.0 克。接种鉴定，中抗小斑病、弯孢叶斑病，感茎腐病，高感穗腐病、瘤黑粉病和粗缩病。籽粒容重 778 克/升，粗蛋白含量 12.12%，粗脂肪含量 4.13%，粗淀粉含量 71.02%，赖氨酸含量 0.35%。

**栽培技术要点：**中等肥力以上地块栽培，6 月上中旬播种，种植密度 4 500～5 000 株/亩。

**审定意见：**该品种符合国家玉米品种审定标准，通过审定。适宜在北京、天津、河北保定及以南地区、山西南部、河南、山东、江苏淮北、安徽淮北、陕西关中灌区等黄淮海夏玉米区种植。注意防治瘤黑粉病和粗缩病。

## 88. 登海 371

**审定编号：**国审玉 20176068

**申请者：**山东登海种业股份有限公司

**育种者：**山东登海种业股份有限公司

**品种来源：**M54×登海 591

**产量表现：**2015—2016 年参加黄淮海夏玉米品种区域试验，两年平均亩产 755.9 千克，比对照增产 10.6%。2016 年生产试验，平均亩产 703.1 千克，比对照郑单 958 增产 8.5%。

**特征特性：**黄淮海夏玉米区出苗至成熟 101 天左右，比郑单 958 早 1 天左右。幼苗叶鞘紫色，叶片深绿色，叶缘绿色，花药浅紫色，颖壳浅紫色。株型紧凑，株高 240 厘米，穗位高 86 厘米，成株叶片数 19 片。花丝绿色，果穗筒形，穗长 17.3 厘米，穗行数平均 14.5 行，穗轴红色，籽粒黄色、马齿型，百粒重 36.3 克。接种鉴定，中抗小斑病、弯孢叶斑病、茎腐病、穗腐病，感粗缩病，高感瘤黑粉病。籽粒容重 740 克/升，粗蛋白含量 10.83%，粗脂肪含量 3.47%，粗淀粉含量 73.72%，赖氨酸含量 0.32%。

**栽培技术要点：**中等肥力以上地块栽培，6 月上中旬播种，种植密度 4 500～5 000 株/亩。

**审定意见：**该品种符合国家玉米品种审定标准，通过审定。适宜在北京、天津、河北保定及以南地区、山西南部、河南、山东、江苏淮北、安徽淮北、陕西关中灌区等黄淮海夏玉米区种植。注意防治瘤黑粉病。

## 89. 德单 123

**审定编号：**国审玉 20176069

**申请者：**北京德农种业有限公司

**育种者：**北京德农种业有限公司

**品种来源：**CA24×BB31

**产量表现：**2014—2015 年参加黄淮海夏玉米品种区试试验，97 个试点中 75 点增产 22 点减产，增产点率 77.3%，两年平均亩产 697.4 千克，比对照郑单 958 增产 8.3%。2016 年参加黄淮海夏玉米品种生产试验，42 个试点中 37 点增产 5 点减产，增产点率 88.1%，平均亩产 663.0 千克，比对照郑单 958 增产 8.1%。

**特征特性：**在黄淮海夏玉米区出苗至成熟 103 天，与对照郑单 958 相当。幼苗叶鞘紫色，花药紫色。株型紧凑，株高 259 厘米，穗位高 99 厘米，成株叶片数 19.4 片。花丝紫色，果穗长锥形，穗长 16.7 厘米，穗粗 5.5 厘米，秃尖 0.60 厘米，穗行数 15 行，行粒数 33，穗轴白色，籽粒黄色、半马齿型，百粒重 35.7 克，平均倒伏（折）率 4.3%。经中国农业科学院作物科学研究所接种鉴定，抗腐霉茎腐病、小斑病，中抗镰孢穗腐病，感弯孢叶斑病、瘤黑粉病，高感粗缩病。籽粒容重 770 克/升，粗蛋白含量 9.09%，粗脂肪含量 3.25%，粗淀粉含量 76.34%。

**栽培技术要点：**中等肥力土壤条件下，种植密度 4 500～5 000 株/亩；一般土壤条件下种植密度 4 000～4 500 株/亩。

**审定意见：**该品种符合国家玉米品种审定标准，通过审定。适宜在河南省、山东省、河北省保定市和沧州市的南部及以南地区、陕西省关中灌区、山西省运城市和临汾市、晋城市部分平川地区、江苏和安徽两省淮河以北地区、河北省唐山市、北京市、天津市等黄淮海夏玉米区种植。注意防治弯孢叶斑病、瘤黑粉病和粗缩病。

## 90. 金博士 509

**审定编号：**国审玉 20176070

**申请者：**河南金博士种业股份有限公司

**育种者：**河南金博士种业股份有限公司

**品种来源：**金 5252×金 5254

**产量表现：**2013—2014 年参加中玉科企联合测试黄淮海夏播玉米组区域区试，两年平均亩产 633.3 千克，比对照郑单 958 增产 5.1%。2015 年生产试验，平均亩产 674.5 千克，比对照郑单 958 增产 5.4%。

**特征特性：**在黄淮海夏玉米区出苗至成熟 103 天，与对照郑单 958 相当。幼苗叶鞘紫色，雄穗分支 10～15 个，叶片绿色，花药浅紫色，花丝浅紫色。株型紧凑，株高 260 厘米，穗位高 110 厘米，成株叶片数 20 片。果穗筒形，穗长 18.0 厘米，穗粗 5.0 厘米，平均穗行数 16～18 行，行粒数是 34.5，百粒重 32.8 克，出籽率 88.3%。接种鉴定：高抗腐霉茎腐病，抗镰孢穗腐病，中抗小斑病，感瘤黑粉病，高感粗缩病、弯孢叶斑病。籽粒容重 718 克/升，粗蛋白含量 13.52%，粗脂肪含量 4.47%，粗淀粉含量 71.19%，赖氨酸含量 0.37%。

**栽培技术要点：**夏播一般在 5 月 25 日到 6 月 15 日，最好小麦收获后抢墒及时播种，种植密度 4 500 株/亩。

**审定意见：**该品种符合国家玉米品种审定标准，通过审定。适宜在北京南部、天津、河北唐山、廊坊及以南地区、河南、山东、山西南部、安徽北部、陕西关中夏播地区、江苏北部与郑单 958 同区的黄淮海夏玉米区种植。注意防治粗缩病、弯孢叶斑病。

## 91. 东单 7512

**审定编号：**国审玉 20176071

**申请者：**辽宁东亚种业有限公司

**育种者：**辽宁东亚种业有限公司

**品种来源：**H985×L9097

**产量表现：**2014—2015年两年区试平均亩产694.9千克，比对照郑单958增产8.14%，增产点率84.5%。2016年生产试验，亩产636.05千克，比对照郑单958增产3.68%，增产点率71.4%。

**特征特性：**在黄淮海夏玉米区出苗至成熟103天，与对照品种郑单958相当。幼苗叶鞘紫色，花丝粉色，雄穗分枝7～9，花药紫色。株型紧凑，株高272厘米，穗位高103厘米。果穗筒形，穗长16.7厘米，穗粗4.8厘米，穗行数16行，穗轴红色，籽粒黄色、马齿型，百粒重33克，出籽率84.1%。田间倒伏率/倒折率5.02%，空秆率1.77%。两年接种鉴定，高抗腐霉茎腐病，抗小斑病、穗腐病，感弯孢叶斑病、瘤黑粉病，高感粗缩病。品质分析，籽粒容重759克/升，粗蛋白含量9.57%，粗脂肪含量3.19%，粗淀粉含量75.78%。

**栽培技术要点：**应选择土质较肥沃的中等或中上等地块种植，夏播在6月上旬播种为宜，适宜密度5 000株/亩。

**审定意见：**该品种符合国家玉米品种审定标准，通过审定。适宜在河南省、山东省、河北省保定市和沧州市的南部及以南地区、陕西省关中灌区、山西省运城市和临汾市、晋城市部分平川地区、江苏和安徽两省淮河以北地区、湖北省襄阳地区等黄淮海夏玉米区播种。注意防治粗缩病、瘤黑粉病。

## 92. 中地88

**审定编号：**国审玉20176072

**申请者：**中地种业（集团）有限公司

**育种者：**北京中地种业科技有限公司、山西农业科学院玉米研究所

**品种来源：**M3-11×D2-7

**产量表现：**2014—2015年参加西北春玉米品种区域试验，两

年平均亩产 1 062.9 千克，比对照增产 6.57%；2016 年生产试验，平均亩产 998.2 千克，比对照郑单 958 增产 6.7%。2015—2016 年黄淮海夏播玉米品种区域试验平均亩产 693.0 千克，比对照增产 6.1%；2016 年生产试验，平均亩产 676.7 千克，比对照郑单 958 增产 5.2%。

**特征特性：**西北春玉米区出苗至成熟 132 天，比郑单 958 早 1 天。幼苗叶鞘紫色，叶片绿色，叶缘白色，花药黄色，颖壳浅紫色。株型紧凑，株高 295 厘米，穗位高 125 厘米，成株叶片数 19 片。花丝浅紫色，果穗筒形，穗长 18.6 厘米，穗行数 16～18 行，穗轴红色，籽粒黄色、半马齿型，百粒重 37.2 克。2014—2015 年接种鉴定，高抗茎腐病，中抗大斑病、禾谷镰孢穗腐病，感丝黑穗病。籽粒容重 770 克/升，粗蛋白含量 8.63%，粗脂肪含量 3.54%，粗淀粉含量 76.07%，赖氨酸含量 0.31%。

黄淮海夏播玉米区出苗至成熟 101 天。幼苗叶鞘紫色，叶片深绿色，叶缘白色，花药黄色，颖壳浅紫色。株型半紧凑，株高 295 厘米，穗位高 114 厘米，成株叶片数 20 片。花丝浅紫色，果穗筒形，穗长 17.5 厘米，穗行数 16 行，穗轴红色，籽粒黄色、半马齿型，百粒重 36.9 克。接种鉴定，抗粗缩病，中抗小斑病、弯孢叶斑病、茎腐病，高感瘤黑粉病。籽粒容重 780 克/升，粗蛋白含量 9.59%，粗脂肪含量 3.47%，粗淀粉含量 74.27%，赖氨酸含量 0.32%。

**栽培技术要点：**中等肥力以上地块栽培，西北春玉米品种区 4 月下旬至 5 月上旬播种，种植密度 5 000～5 500 株/亩。

中等肥力以上地块栽培，黄淮海夏播玉米品种区 6 月上中旬播种，种植密度 4 000～4 500 株/亩。

**审定意见：**该品种符合国家玉米品种审定标准，通过审定。西北春玉米区适宜种植范围为陕西榆林及延安地区、宁夏、甘肃、新疆和内蒙古西部地区等地。注意防治丝黑穗病。

黄淮海夏玉米区适宜种植范围为北京市、天津市、河南省、山东省、河北省保定市和沧州市及以南地区、陕西省关中灌区、山西省运城市和临汾市、晋城市部分平川地区、江苏和安徽两省淮河以北地区、湖北省襄阳地区等地。

## 93. 鑫研218

**审定编号：** 国审玉20176073

**申请者：** 山东鑫丰种业股份有限公司

**育种者：** 山东鑫丰种业股份有限公司

**品种来源：** SX1395×SX393

**产量表现：** 2014—2015年参加绿色通道黄淮海夏玉米品种区域试验，两年平均亩产712.6千克，比对照增产10.8%。2016年生产试验，平均亩产672.0千克，比对照增产6.0%。

**特征特性：** 黄淮海夏玉米区出苗至成熟101天，比对照品种郑单958早1天。幼苗叶鞘紫色，叶片深绿色，花药浅紫色。株型半紧凑，平均株高294厘米，穗位高111厘米，成株叶片数19片。花丝紫红色，果穗筒形，穗长18.0厘米，穗行数16～18行，穗轴红色，籽粒黄色、马齿型，百粒重33.5克。接种鉴定：中抗小斑病、弯孢叶斑病、茎腐病，感穗腐病、粗缩病，高感瘤黑粉病。籽粒容重783克/升，粗蛋白含量10.7%，粗脂肪含量3.9%，粗淀粉含量73.9%，赖氨酸含量0.32%。

**栽培技术要点：** 中等肥力以上地块栽培，6月中上旬播种，种植密度4 500～5 000株/亩。

**审定意见：** 该品种符合国家玉米品种审定标准，通过审定。适宜在北京、天津、河北保定及以南地区、山西南部、河南、山东、江苏淮北、安徽淮北、陕西关中灌区等黄淮海夏玉米区种植。注意防治穗腐病、粗缩病和瘤黑粉病。

## 94. 齐单703

**审定编号：** 国审玉20176074

**申请者：** 山东鑫丰种业股份有限公司

**育种者：** 山东鑫丰种业股份有限公司

**品种来源：** H210335×X2336

**产量表现：** 2014—2015年参加绿色通道黄淮海夏玉米品种区域试验，两年平均亩产693.8千克，比对照增产7.9%。2016年生产试验，平均亩产668.7千克，比对照增产5.3%。

**特征特性：** 黄淮海夏玉米区出苗至成熟101天，比对照品种郑单958早1天。幼苗叶鞘紫色，叶片深绿色，花药黄色。株型半紧凑，平均株高299厘米，穗位高113厘米，成株叶片数19片。花丝绿色，果穗筒形，穗长17.2厘米，穗行数16～18行，穗轴红色，籽粒黄色、马齿型，百粒重33.7克。接种鉴定：中抗弯孢叶斑病、茎腐病、粗缩病，感穗腐病、小斑病，高感瘤黑粉病。籽粒容重790克/升，粗蛋白含量9.1%，粗脂肪含量4.5%，粗淀粉含量74.0%，赖氨酸含量0.30%。

**栽培技术要点：** 中等肥力以上地块栽培，6月中上旬播种，种植密度4 500～5 000株/亩。

**审定意见：** 该品种符合国家玉米品种审定标准，通过审定。适宜在北京、天津、河北保定及以南地区、山西南部、河南、山东、江苏淮北、安徽淮北、陕西关中灌区等黄淮海夏玉米区种植。注意防治小斑病、穗腐病和瘤黑粉病。

## 95. 齐单101

**审定编号：** 国审玉20176075

**申请者：** 山东鑫丰种业股份有限公司

**育种者：** 山东鑫丰种业股份有限公司

**品种来源：** L58-58×JY727

**产量表现：** 2014—2015年参加绿色通道黄淮海夏玉米品种区域试验，两年平均亩产689.5千克，比对照增产7.3%。2016年生产试验，平均亩产671.3千克，比对照郑单958增产5.7%。

**特征特性：** 黄淮海夏玉米区出苗至成熟100天，比对照品种郑单958早2天。幼苗叶鞘紫色，叶片深绿色，花药黄色。株型紧凑，平均株高271厘米，穗位高108厘米，成株叶片数18片。花丝绿色，果穗筒形，穗长 17.4 厘米，穗行数 18～20 行，穗轴粉红色，籽粒黄色、马齿型，百粒重 29.8 克。接种鉴定：中抗小斑病，感弯孢叶斑病、茎腐病、粗缩病、穗腐病，高感瘤黑粉病。籽粒容重 770 克/升，粗蛋白含量 9.1%，粗脂肪含量 5.0%，粗淀粉含量 74.1%，赖氨酸含量 0.28%。

**栽培技术要点：**中等肥力以上地块栽培，6 月中上旬播种，种植密度 4 500～5 000 株/亩。

**审定意见：**该品种符合国家玉米品种审定标准，通过审定。适宜在北京、天津、河北保定及以南地区、山西南部、河南、山东、江苏淮北、安徽淮北、陕西关中灌区等黄淮海夏玉米区种植。注意防治穗腐病、弯孢叶斑病、茎腐病、粗缩病和瘤黑粉病。

## 96. 金博士 702

**审定编号：**国审玉 20176076

**申请者：**河南金博士种业股份有限公司

**育种者：**河南金博士种业股份有限公司

**品种来源：**J381×G125

**产量表现：**2015—2016 年参加黄淮海夏玉米品种区域试验，两年平均亩产 680.4 千克，比对照增产 5.26%。2016 年生产试验，平均亩产 660.7 千克，比对照郑单 958 增产 5.13%。

**特征特性：**在黄淮海夏玉米区平均生育期 104 天。幼苗叶鞘紫色，叶片绿色，叶缘白色，花药绿色，颖壳绿色。株型紧凑，株高 272 厘米，穗位高 99 厘米，成株叶片数 21 片。花丝浅紫色，果穗锥形，穗长 19 厘米，穗行数 14～16 行，穗轴红色，籽粒橙红、硬粒型，百粒重 34.4 克，出籽率 87.9%。经接种鉴定，中抗小斑病、穗腐病，感茎腐病、粗缩病，高感弯孢叶斑病、瘤黑粉病。籽粒容重 733 克/升，粗蛋白含量 10.02%，粗脂肪含量 3.19%，粗淀粉含量 74.65%，赖氨酸含量 0.30%。

**栽培技术要点：**5 月 25 日至 6 月 15 日播种，种植密度 4 000～4 500 株/亩。

**审定意见：**该品种符合国家玉米品种审定标准，通过审定。适宜在北京、天津、河北保定及以南地区、山西南部、河南、山东、江苏淮北、安徽淮北、陕西关中灌区等黄淮海夏玉米区种植。注意防治弯孢叶斑病和瘤黑粉病。

## 97. 豫禾 368

**审定编号：**国审玉 20176077

**申请者：**河南省豫玉种业股份有限公司

**育种者：**河南省豫玉种业股份有限公司

**品种来源：**M287×F784

**产量表现：**玉米品种产量表现，2015—2016 年两年区域试验，平均亩产 706.9 千克，比对照增产 8.8%。2016 年生产试验，平均亩产 662.9 千克，比对照增产 7.5%。

**特征特性：**黄淮海夏玉米区出苗至成熟 100 天，比郑单 958 早 2 天，幼苗叶鞘紫色，叶片绿色，花药黄色，花丝粉红色，颖壳绿色，雄穗分枝少且分枝长。株型半紧凑，株高 269 厘米，穗位高 98 厘米，成株叶片数 20 片，果穗筒形，穗长 17.2 厘米，穗行数 16～18 行，百粒重 34.1 克，穗轴红色，籽粒黄色、马齿型。接种鉴定，中抗小斑病、弯孢叶斑病和镰孢茎腐病，感穗腐病，高感瘤黑粉病和粗缩病。籽粒容重 771 克/升，粗蛋白含量 10.87%，粗脂肪含量 3.07%，粗淀粉含量 73.52%，赖氨酸含量 0.33%。

**栽培技术要点：**中等肥力以上地块栽培，5 月下旬至 6 月中旬播种，适宜种植密度 4 000～4 500 株/亩。

**审定意见：**该品种符合国家玉米品种审定标准，通过审定。适宜在北京、天津、河北保定及以南地区、山西南部、河南、山东、江苏淮北、安徽淮北、陕西关中灌区等黄淮海夏玉米区种植。注意防治穗腐病、粗缩病和瘤黑粉病。

## 98. 豫禾 512

**审定编号：**国审玉 20176078

**申请者：** 河南省豫玉种业股份有限公司

**育种者：** 河南省豫玉种业股份有限公司

**品种来源：** Y4122×Y4c

**产量表现：** 豫禾512玉米品种产量表现，2015—2016年两年区域试验，平均亩产704.5千克，比对照增产8.4%。2016年生产试验，平均亩产661.3千克，比对照增产7.1%。

**特征特性：** 黄淮海夏玉米区出苗至成熟102天，与郑单958相当，叶鞘紫色，叶片绿色，花药紫色，花丝绿色，颖壳浅紫色，雄穗分枝少且分枝长。株型半紧凑，株高279厘米，穗位高106厘米，成株叶片数20片，果穗筒形，穗长17.4厘米，穗行数16～18行，百粒重33.8克，穗轴红色，籽粒黄色、马齿型。接种鉴定，中抗弯孢叶斑病，感小斑病、穗腐病和镰孢茎腐病，高感瘤黑粉病和粗缩病。籽粒容重753克/升，粗蛋白含量10.77%，粗脂肪含量3.48%，粗淀粉含量72.23%，赖氨酸含量0.35%。

**栽培技术要点：** 中等肥力以上地块栽培，5月下旬至6月中旬播种，适宜种植密度4 000～4 500株/亩。

**审定意见：** 该品种符合国家玉米品种审定标准，通过审定。适宜在北京、天津、河北保定及以南地区、山西南部、河南、山东、江苏淮北、安徽淮北、陕西关中灌区等黄淮海夏玉米区种植。注意防治小斑病、穗腐病、粗缩病和瘤黑粉病。

## 99. 豫禾516

**审定编号：** 国审玉20176079

**申请者：** 河南省豫玉种业股份有限公司

**育种者：** 河南省豫玉种业股份有限公司

**品种来源：** Y1033×Y4c

**产量表现：** 豫禾516玉米品种产量表现，2015—2016年两年区域试验，平均亩产709.2千克，比对照增产9.0%。2016年生产试验，平均亩产669.9千克，比对照增产7.7%。

**特征特性：** 黄淮海夏玉米区出苗至成熟101天，比郑单958早

1天。幼苗叶鞘紫色，叶片绿色，花药紫色，花丝紫色，颖壳紫色，雄穗分枝少且分枝长。株型半紧凑，株高276厘米，穗位101厘米，成株叶片数19～20片。果穗筒形，穗长18.5厘米，穗行数14～16行，百粒重32.7克，穗轴红色，籽粒黄色、马齿型。接种鉴定，中抗弯孢叶斑病和镰孢茎腐病，感小斑病和穗腐病，高感瘤黑粉病和粗缩病。籽粒容重778克/升，粗蛋白含量11.34%，粗脂肪含量3.68%，粗淀粉含量72.55%，赖氨酸含量0.34%。

**栽培技术要点：**中等肥力以上地块栽培，5月下旬至6月中旬播种，适宜种植密度4 000～4 500株/亩。

**审定意见：**该品种符合国家玉米品种审定标准，通过审定。适宜在北京、天津、河北保定及以南地区、山西南部、河南、山东、江苏淮北、安徽淮北、陕西关中灌区等黄淮海夏玉米区种植。注意防治小斑病、穗腐病、粗缩病和瘤黑粉病。

## 100. 豫禾781

**审定编号：**国审玉20176080

**申请者：**河南省豫玉种业股份有限公司

**育种者：**河南省豫玉种业股份有限公司

**品种来源：**D71B34－5×BA702

**产量表现：**豫禾781玉米品种产量表现，2015—2016年两年区域试验，平均亩产702.9千克，比对照增产8.2%。2016年生产试验中，平均亩产663.3千克，比对照增产7.5%。

**特征特性：**黄淮海夏玉米区出苗至成熟101天，比郑单958早1天。幼苗叶鞘紫色，叶片绿色，花药紫色，花丝浅紫色，颖壳浅紫色，雄穗分枝中等。株型半紧凑，株高264厘米，穗位99厘米，成株叶片数20片。果穗筒形，穗长17.2厘米，穗行数14～16行，百粒重33.7克，穗轴红色，籽粒黄色、马齿型。接种鉴定，中抗镰孢茎腐病，感小斑病和弯孢叶斑病，高感穗腐病、瘤黑粉病和粗缩病。籽粒容重756克/升，粗蛋白含量11.21%，粗脂肪含量3.28%，粗淀粉含量74.15%，赖氨酸含量0.33%。

**栽培技术要点：**中等肥力以上地块栽培，5月下旬至6月中旬播种，适宜种植密度4 000～4500株/亩。

**审定意见：**该品种符合国家玉米品种审定标准，通过审定。适宜在北京、天津、河北保定及以南地区、山西南部、河南、山东、江苏淮北、安徽淮北、陕西关中灌区等黄淮海夏玉米区种植。注意防治小斑病、穗腐病、粗缩病和瘤黑粉病。

## 101. 豫禾357

**审定编号：**国审玉20176081

**申请者：**河南省豫玉种业股份有限公司

**育种者：**河南省豫玉种业股份有限公司

**品种来源：**Y581×H321

**产量表现：**豫禾357玉米品种产量表现，2015—2016年两年区域试验，平均亩产709.1千克，比对照增产8.9%。2016年生产试验，平均亩产669.2千克，比对照增产8.2%。

**特征特性：**黄淮海夏玉米区出苗至成熟102天，与郑单958相当。幼苗叶鞘紫色，叶片绿色，花药黄色，花丝浅紫色，花丝浅紫色，颖壳绿色，雄穗分枝中等。株型半紧凑，植株适中，株高258厘米，穗位105厘米，成株叶片数20片。果穗长筒形，穗长18.0厘米，穗行数16～18行，百粒重33.4克，穗轴白色，籽粒黄色、马齿型。接种鉴定，中抗小斑病，感穗腐病和镰孢茎腐病，高感弯孢叶斑病、瘤黑粉病和粗缩病。籽粒容重762克/升，粗蛋白含量10.87%，粗脂肪含量3.55%，粗淀粉含量71.91%，赖氨酸含量0.29%。

**栽培技术要点：**中等肥力以上地块栽培，5月下旬至6月中旬播种，适宜种植密度4 000～4 500株/亩。

**审定意见：**该品种符合国家玉米品种审定标准，通过审定。适宜在北京、天津、河北保定及以南地区、山西南部、河南、山东、江苏淮北、安徽淮北、陕西关中灌区等黄淮海夏玉米区种植。注意防治穗腐病、弯孢叶斑病、茎腐病、粗缩病和瘤黑粉病。

## 102. 美豫 168

**审定编号：** 国审玉 20176082

**申请者：** 河南省豫玉种业股份有限公司

**育种者：** 河南省豫玉种业股份有限公司

**品种来源：** YY02×YY10

**产量表现：** 美豫 168 玉米品种产量表现，2015—2016 年两年区域试验，平均亩产 713.6 千克，比对照增产 9.6%。2016 年生产试验，平均亩产 664.1 千克，比对照增产 7.6%。

**特征特性：** 黄淮海夏玉米区出苗至成熟 101 天，比郑单 958 早熟 1 天。幼苗叶鞘紫色，叶片绿色，花药浅紫色，花丝紫色，颖壳绿色，雄穗分枝少且分枝长。株型紧凑，株高 268 厘米，穗位 99 厘米，成株叶片数 19～20 片。果穗筒形，穗长 17.7 厘米，穗行数 16～18 行，百粒重 33.0 克，穗轴红色，籽粒黄色、马齿型。接种鉴定，中抗镰孢茎腐病，感小斑病和穗腐病，高感弯孢叶斑病、瘤黑粉病和粗缩病。籽粒容重 770 克/升，粗蛋白含量 11.25%，粗脂肪含量 3.05%，粗淀粉含量 73.62%，赖氨酸含量 0.34%。

**栽培技术要点：** 中等肥力以上地块栽培，5 月下旬至 6 月中旬播种，适宜种植密度 4 000～4 500 株/亩。

**审定意见：** 该品种符合国家玉米品种审定标准，通过审定。适宜在北京、天津、河北保定及以南地区、山西南部、河南、山东、江苏淮北、安徽淮北、陕西关中灌区等黄淮海夏玉米区种植。注意防治穗腐病、弯孢叶斑病、小斑病、粗缩病和瘤黑粉病。

## 103. 美豫 268

**审定编号：** 国审玉 20176083

**申请者：** 河南省豫玉种业股份有限公司

**育种者：** 河南省豫玉种业股份有限公司

**品种来源：** X7348×F727

**产量表现：** 美豫 268 玉米品种产量表现，2015—2016 年两年区域试验，平均亩产705.8千克，比对照增产8.5%。2016年生产试验，平均亩产665.4千克，比对照增产7.9%。

**特征特性：**黄淮海夏玉米区出苗至成熟101天，比郑单958早熟1天。幼苗叶鞘紫色，叶片绿色，花药紫色，花丝浅紫色，颖壳紫色，雄穗分枝少且分枝长。株型半紧凑，株高269厘米，穗位102厘米，成株叶片数20片。果穗筒形，穗长17.6厘米，穗行数16～18行，百粒重31.5克，穗轴红色，籽粒黄色、马齿型。接种鉴定，中抗镰孢茎腐病，感小斑病和弯孢叶斑病，高感穗腐病、瘤黑粉病和粗缩病。籽粒容重765克/升，粗蛋白含量11.75%，粗脂肪含量3.54%，粗淀粉含量71.39%，赖氨酸含量0.38%。

**栽培技术要点：**中等肥力以上地块栽培，5月下旬至6月中旬播种，适宜种植密度4 000～4 500株/亩。

**审定意见：**该品种符合国家玉米品种审定标准，通过审定。适宜在北京、天津、河北保定及以南地区、山西南部、河南、山东、江苏淮北、安徽淮北、陕西关中灌区等黄淮海夏玉米区种植。注意防治穗腐病、小斑病、粗缩病和瘤黑粉病。

## 104. 豫禾113

**审定编号：**国审玉20176084

**申请者：**河南省豫玉种业股份有限公司

**育种者：**河南省豫玉种业股份有限公司

**品种来源：**A34×B2

**产量表现：**豫禾113玉米品种产量表现，2015—2016年两年区域试验，平均亩产692.2千克，比对照增产7.4%。2016年生产试验，平均亩产649.2千克，比对照增产5.5%。

**特征特性：**黄淮海夏玉米区出苗至成熟101天，比郑单958早熟1天。幼苗叶鞘紫色，叶片绿色，花药紫色，花丝紫色，颖壳紫色，雄穗分枝少且分枝长。株型半紧凑，株高272厘米，穗位100厘米，成株叶片数19～20片。果穗筒形，穗长18.2厘米，穗行数16～18行，百粒重34.3克，穗轴红色，籽粒黄色、马齿型。

接种鉴定，中抗镰孢茎腐病和小斑病，高感穗腐病、弯孢叶斑病、瘤黑粉病和粗缩病。籽粒容重774克/升，粗蛋白含量10.80%，粗脂肪含量3.41%，粗淀粉含量74.64%，赖氨酸含量0.31%。

**栽培技术要点：**中等肥力以上地块栽培，5月下旬至6月中旬播种，适宜种植密度4 000～4 500株/亩。

**审定意见：**该品种符合国家玉米品种审定标准，通过审定。适宜在北京、天津、河北保定及以南地区、山西南部、河南、山东、江苏淮北、安徽淮北、陕西关中灌区等黄淮海夏玉米区种植。注意防治粗缩病、穗腐病、弯孢叶斑病、瘤黑粉病和粗缩病。

## 105. 天泰316

**审定编号：**国审玉20176085

**申请者：**山东中农天泰种业有限公司

**育种者：**山东中农天泰种业有限公司

**品种来源：**SM017×TF325

**产量表现：**2015—2016年参加黄淮海夏玉米品种区域试验，两年平均亩产705.6千克，比对照增产8.54%。2016年生产试验，平均亩产673.6千克，比对照郑单958增产6.25%。

**特征特性：**黄淮海夏玉米区出苗至成熟100天，比郑单958早2天。幼苗叶鞘紫色，叶片绿色，花药浅紫色，颖壳绿色。株型紧凑，株高266厘米，穗位高102厘米，成株叶片数18～20片。花丝浅紫色，果穗锥至筒形，穗长17.5厘米，穗行数16.4行，穗轴红色，籽粒黄色、半马齿型，百粒重32.7克。接种鉴定中抗小斑病、穗腐病、弯孢叶斑病、茎腐病，感粗缩病，高感瘤黑粉病。籽粒容重766克/升，粗蛋白含量8.99%，粗脂肪含量4.45%，粗淀粉含量74.51%，赖氨酸含量0.28%。

**栽培技术要点：**中等肥力以上地块栽培，种植密度5 000株/亩。

**审定意见：**该品种符合国家玉米品种审定标准，通过审定。适宜在北京、天津、河北保定及以南地区、山西南部、河南、山东、江苏淮北、安徽淮北、陕西关中灌区等黄淮海夏玉米区种植。注意防治瘤黑粉病。

## 106. 巡天 1102

**审定编号：**国审玉 20176086

**申请者：**河北巡天农业科技有限公司

**育种者：**河北巡天农业科技有限公司

**品种来源：**H111426×X1098

**产量表现：**2015—2016 年两年平均亩产 685.88 千克，比对照增产 5.36%。2016 年生产试验，亩产 679.15 千克，比对照增产 5.63%。

**特征特性：**黄淮海夏玉米区出苗至成熟 101 天，与对照品种郑单 958 相当。幼苗叶鞘浅紫色，叶片绿色，花药黄色，颖壳紫色。株型紧凑，株高 2.53 米，穗位高 1.06 米，成株叶片数 20～21 片。花丝紫红色，果穗筒形，穗长 16～18 厘米，穗粗 4.9 厘米，穗行数 14～16 行，穗轴白色，籽粒黄色、半马齿型，百粒重 37.3 克。接种鉴定，该品种中抗小斑病、穗腐病，感弯孢霉叶斑病、茎腐病和粗缩病，高感瘤黑粉病。籽粒容重 796 克/升，粗蛋白含量 9.10%，粗脂肪含量 4.51%，粗淀粉含量 74.25%，赖氨酸含量 0.24%。

**栽培技术要点：**中等肥力以上地块种植，黄淮海地区夏播一般在 6 月上旬播种，种植密度为 5 000～5 500 株/亩左右。

**审定意见：**该品种符合国家玉米品种审定标准，通过审定。适宜在河北省保定市及以南地区、山西省南部、山东省、河南省、江苏淮北、安徽淮北、陕西关中灌区等黄淮海夏玉米区种植。注意防治弯孢霉叶斑病、茎腐病、粗缩病和瘤黑粉病。

## 107. 农华 5 号

**审定编号：**国审玉 20176087

**申请者：**北京金色农华种业科技股份有限公司

**育种者：**北京金色农华种业科技股份有限公司

**品种来源：**JH0243×NH004

**产量表现：**2015—2016 年参加黄淮海区域试验，两年平均亩产 697.4 千克，比对照增产 11.1%。2016 年生产试验，平均亩产 618.9 千克，比对照郑单 958 增产 6.3%。

**特征特性：**生育期 100 天，熟期比郑单 958 早 1～2 天。幼苗叶鞘紫色，叶片绿色，叶缘绿色，花药紫色，颖壳绿色，雄穗分枝 5～7 个。株型半紧凑，株高 295 厘米左右，穗位高 115 厘米左右，成株叶片数 19～20 片。花丝紫色，果穗筒形，穗长 18 厘米，穗粗 4.8 厘米，穗行数 14～16 行，穗轴红色，籽粒黄色、半马齿型，百粒重 36 克。接种鉴定，中抗弯孢叶斑病，感小斑病、茎腐病，高感穗腐病、瘤黑粉病、粗缩病。籽粒容重 762 克/升，粗蛋白 10.04%，粗脂肪 3.73%，粗淀粉 74.63%，赖氨酸 0.32%。

**栽培技术要点：**中等肥力以上地块栽培，6 月上旬播种，种植密度 4 000～4 500 株/亩。

**审定意见：**该品种符合国家玉米品种审定标准，通过审定。适宜在北京、天津、河北保定及以南地区、山西南部、河南、山东、江苏淮北、安徽淮北、陕西关中灌区等黄淮海夏玉米区种植。注意防治小斑病、茎腐病、穗腐病、瘤黑粉病和粗缩病。

## 108. 农华 305

**审定编号：**国审玉 20176088

**申请者：**北京金色农华种业科技股份有限公司

**育种者：**北京金色农华种业科技股份有限公司

**品种来源：**XW9331×昌 8848

**产量表现：**2014—2015 年参加黄淮海区域试验，两年平均亩产 709.8 千克，比对照增产 7.3%。2016 年生产试验，平均亩产 602.7 千克，比对照郑单 958 增产 3.5%。

**特征特性：**生育期 100 天，熟期比郑单 958 早 1 天。幼苗叶鞘浅紫色，叶片绿色，叶缘绿色，花药浅紫色，颖壳绿色，雄穗分枝

5～7 个。株型半紧凑，株高 280 厘米左右，穗位高 115 厘米左右，成株叶片数 19～20 片。花丝浅紫色，穗长 18 厘米，穗粗 4.8 厘米，穗行数 14～16 行，穗轴红色，籽粒黄色、半马齿型，百粒重 35 克。接种鉴定，中抗穗腐病，感小斑病、弯孢叶斑病、茎腐病，高感瘤黑粉病、粗缩病。籽粒容重 772 克/升，粗蛋白 8.36%，粗脂肪 3.22%，粗淀粉 76.04%，赖氨酸 0.29%。

**栽培技术要点：** 中等肥力以上地块栽培，6 月上旬播种，种植密度 4 000～4 200 株/亩。

**审定意见：** 该品种符合国家玉米品种审定标准，通过审定。适宜在北京、天津、河北保定及以南地区、山西南部、河南、山东、江苏淮北、安徽淮北、陕西关中灌区等黄淮海夏玉米区种植。注意防治小斑病、弯孢叶斑病、茎腐病、瘤黑粉病和粗缩病。

## 109. 锦华 659

**审定编号：** 国审玉 20176089

**申请者：** 北京金色农华种业科技股份有限公司

**育种者：** 北京金色农华种业科技股份有限公司

**品种来源：** ZH14×ZH801

**产量表现：** 2014—2015 年参加黄淮海区域试验，两年平均亩产 720.0 千克，比对照增产 8.8%。2016 年生产试验，平均亩产 610.1 千克，比对照郑单 958 增产 4.8%。

**特征特性：** 生育期 101 天，熟期比郑单 958 早 1～2 天。幼苗叶鞘紫色，叶片绿色，叶缘绿色，花药紫色，颖壳绿色，雄穗分枝 5～7 个。株型半紧凑，株高 265 厘米左右，穗位 100 厘米左右，成株叶片数 19～20 片。花丝绿色，果穗筒形，穗长 18 厘米，穗粗 4.8 厘米，穗行数 14～16 行，穗轴白色，籽粒黄色、半马齿型，百粒重 33 克。接种鉴定，中抗小斑病、弯孢叶斑病、穗腐病，感茎腐病，高感黑粉病、粗缩病。籽粒容重 764 克/升，粗蛋白 9.39%，粗脂肪 4.23%，粗淀粉 73.59%，赖氨酸 0.31%。

**栽培技术要点：** 中等肥力以上地块栽培，6 月上旬播种，种植密度 4 000～4 500 株/亩。

**审定意见：**该品种符合国家玉米品种审定标准，通过审定。适宜在北京、天津、河北保定及以南地区、山西南部、河南、山东、江苏淮北、安徽淮北、陕西关中灌区等黄淮海夏玉米区种植。注意防治茎腐病、瘤黑粉病和粗缩病。

## 110. 秋乐 708

**审定编号：**国审玉 20176090

**申请者：**河南秋乐种业科技股份有限公司

**育种者：**河南秋乐种业科技股份有限公司

**品种来源：**CW123×LB124

**产量表现：**2015—2016 年参加绿色通道黄淮海夏玉米区域试验，两年平均亩产 659.4 千克，比对照增产 8.84%，增产点率 78.0%。2016 年参加绿色通道生产试验，平均亩产 583.2 千克，比对照增产 3.16%，增产点率 73.2%。

**特征特性：**在黄淮海夏播区出苗至成熟 101 天，与对照品种郑单 958 相当。幼苗叶鞘紫色，花药紫色，花丝紫色，株型半紧凑，株高 299 厘米，穗位高 115 厘米，成株叶片数 19 片。果穗筒形，穗长 19.0 厘米，秃尖长 1.45 厘米，百粒重 35.7 克。接种鉴定，中抗穗腐病、茎腐病，感弯孢叶斑病、小斑病，高感瘤黑粉病、粗缩病。容重 759 克/升，粗蛋白含量 10.26%，粗脂肪含量 2.9%，粗淀粉含量 76.09%，赖氨酸含量 0.36%。

**栽培技术要点：**6 月 1 日至 6 月 10 日播种为宜，适宜种植密度 4 500～5 000 株/亩左右。田间管理注意足墒播种，防治病虫害。

**审定意见：**该品种符合国家玉米品种审定标准，通过审定。适宜在河南省、山东省、河北省保定市和沧州市的南部及以南地区，唐山市、秦皇岛市、廊坊市、沧州市北部、保定市北部夏播区，北京市、天津市夏播区，陕西省关中灌区，山西省运城市和临汾市、晋城市夏播区，安徽和江苏两省的淮河以北地区等黄淮海夏玉米区种植。注意防治瘤黑粉病、粗缩病、小斑病和弯孢叶斑病。

## 111. 豫研 1501

**审定编号：** 国审玉 20176091

**申请者：** 河南秋乐种业科技股份有限公司

**育种者：** 河南秋乐种业科技股份有限公司

**品种来源：** 系 4115×PH4CV－1

**产量表现：** 2015—2016 年参加绿色通道黄淮海夏玉米区域试验，两年平均亩产 657.8 千克，比对照增产 8.53%，增产点率 79.3%。2016 年参加绿色通道生产试验，平均亩产 589.0 千克，比对照增产 4.2%，增产点率 70.73%。

**特征特性：** 在黄淮海夏播区出苗至成熟 100 天，比对照品种郑单 958 早 1～2 天。幼苗叶鞘紫色，叶片绿色，花药黄色。株型半紧凑，株高 278 厘米，穗位高 103 厘米，成株叶片数 15.3 片。花丝绿色，果穗锥形，穗长 18.2 厘米，秃尖长 1.3 厘米，百粒重 36.29 克。接种鉴定：中抗穗腐病、茎腐病，感小斑病，高感瘤黑粉病、弯孢叶斑病、粗缩病。容重 780 克/升，粗蛋白含量 10.66%，粗脂肪含量 3.4%，粗淀粉含量 74.18%，赖氨酸含量 0.35%。

**栽培技术要点：** 6 月 1 日至 6 月 10 日播种为宜，适宜种植密度 4 500 株/亩左右。田间管理注意足墒播种，防治病虫害。

**审定意见：** 该品种符合国家玉米品种审定标准，通过审定。适宜在河南省、山东省、河北省保定市和沧州市的南部及以南地区，河北唐山市、秦皇岛市、廊坊市、沧州市北部、保定市北部夏播区，北京市、天津市夏播区，陕西省关中灌区，山西省运城市和临汾市、晋城市夏播区，安徽和江苏两省的淮河以北地区等黄淮海夏玉米区种植。注意防治瘤黑粉病、弯孢叶斑病、粗缩病和小斑病。

## 112. 宽玉 1101

**审定编号：** 国审玉 20176092

**申请者：** 河北省宽城种业有限责任公司

**育种者：**河北省宽城种业有限责任公司
丹东登海良玉种业有限公司

**品种来源：**良玉 M53×良玉 S128

**产量表现：**2015—2016 年参加黄淮海夏玉米品种区域试验，两年平均亩产 688.9 千克，比对照增产 5.66%。2016 年生产试验，平均亩产 681.7 千克，比对照郑单 958 增产 6.89%。

**特征特性：**黄淮海夏玉米区出苗至成熟 102.5 天，比郑单 958 早 1 天。幼苗叶鞘紫色，叶片绿色，叶缘浅紫色，花药深紫色，颖壳绿色。株型半紧凑，株高 285 厘米，穗位高 111 厘米，成株叶片数 20 片。花丝紫色，果穗锥形，穗长 16.6 厘米，穗行数 14～16 行，穗轴红色，籽粒黄色、半马齿型，百粒重 32.3 克。接种鉴定，抗粗缩病，中抗小斑病穗腐病和弯孢菌叶斑病，感茎腐病，高感瘤黑粉病。籽粒容重 771 克/升，粗蛋白含量 10.55%，粗脂肪含量 3.15%，粗淀粉含量 74.82%，赖氨酸含量 0.30%。

**栽培技术要点：**中等肥力以上地块栽培，6 月上、中旬播种，种植密度 4 500～5 000 株/亩。

**审定意见：**该品种符合国家玉米品种审定标准，通过审定。适宜在适宜山东、河南、河北保定及以南地区及山西南部、陕西关中灌区和江苏北部、安徽北部等黄淮海夏玉米区种植。

## 113. 宽玉 356

**审定编号：**国审玉 20176093

**申请者：**河北省宽城种业有限责任公司

**育种者：**河北省宽城种业有限责任公司

**品种来源：**KT01×KH08

**产量表现：**2015—2016 年参加黄淮海夏玉米品种区域试验，两年平均亩产 697.9 千克，比对照增产 6.79%。2016 年生产试验，平均亩产 686.4 千克，比对照郑单 958 增产 7.37%。

**特征特性：**黄淮海夏玉米区出苗至成熟 103 天，比郑单 958 早 0.5 天。幼苗叶鞘紫色，叶片绿色，叶缘浅紫色，花药绿色，颖壳绿色。株型半紧凑，株高 301 厘米，穗位高 120 厘米，成株叶片数 21 片。花丝绿色，果穗筒形，穗长 18.7 厘米，穗行数 16～18 行，穗轴白色，籽粒黄色、半马齿型，百粒重 37.8 克。接种鉴定，抗小斑病，中抗茎腐病和穗腐病，感弯孢菌叶斑病和粗缩病，高感瘤黑粉病。籽粒容重 738 克/升，粗蛋白含量 10.84%，粗脂肪含量 3.61%，粗淀粉含量 73.90%，赖氨酸含量 0.32%。

**栽培技术要点：**中等肥力以上地块栽培，6 月上、中旬播种，种植密度 4 500～5 000 株/亩。

**审定意见：**该品种符合国家玉米品种审定标准，通过审定。适宜在山东、河南、河北保定及以南地区及山西南部、陕西关中灌区和江苏北部、安徽北部等黄淮海夏玉米区种植。

## 114. 宽玉 521

**审定编号：**国审玉 20176094

**申请者：**河北省宽城种业有限责任公司

**育种者：**河北省宽城种业有限责任公司

**品种来源：**K36434×C729

**产量表现：**2015—2016 年参加黄淮海夏玉米品种区域试验，两年平均亩产 682.9 千克，比对照增产 4.54%。2016 年生产试验，平均亩产 678.6 千克，比对照郑单 958 增产 6.37%。

**特征特性：**黄淮海夏玉米区出苗至成熟 103 天，比郑单 958 早 0.5 天。幼苗叶鞘紫色，叶片绿色，叶缘浅紫色，花药浅紫色，颖壳绿色。株型紧凑，株高 249 厘米，穗位高 108 厘米，成株叶片数 20 片。花丝浅紫色，果穗筒形，穗长 17.5 厘米，穗行数 12～14 行，穗轴红色，籽粒黄色、半马齿型，百粒重 33.8 克。接种鉴定，中抗小斑病、茎腐病、穗腐病和弯孢菌叶斑病，感粗缩病，高感瘤黑粉病。籽粒容重 770 克/升，粗蛋白含量 9.41%，粗脂肪含量 4.34%，粗淀粉含量 74.78%，赖氨酸含量 0.29%。

**栽培技术要点：**中等肥力以上地块栽培，6 月上、中旬播种，种植密度 4 500～5 000 株/亩。

**审定意见：**该品种符合国家玉米品种审定标准，通过审定。适宜在山东、河南、河北保定及以南地区及山西南部、陕西关中灌区和江苏北部、安徽北部等黄淮海夏玉米区种植。

## 115. 金海 13 号

**审定编号：**国审玉 20176107

**申请者：**莱州市金海作物研究所有限公司

**育种者：**莱州市金海作物研究所有限公司

**品种来源：**JH7313×JH3135

**产量表现：**2015—2016 年参加黄淮海夏播玉米组河南、河北省品种引种试验，两年平均亩产 616.52 千克，比对照郑单 958 增产 4.44%。2015—2016 年参加黄淮海夏播玉米组安徽、江苏省品种引种试验，两年平均亩产 702.43 千克，比对照郑单 958 增产 5.38%。

**特征特性：**该品种夏播生育期 100.5 天左右。幼苗叶鞘浅红色，叶色深绿，花药红色，花丝浅红色，雄穗分枝 9～12 个。成株株型紧凑，株高 280 厘米左右，穗位高 100 厘米左右，成株叶片数 19 片。果穗呈筒形，穗长 20～22 厘米，穗粗 5.3 厘米左右，穗行数 16～18 行，穗轴浅红色，籽粒黄色、马齿型，千粒重 335 克左右，出籽率 86.5%左右。经中国农业科学院作物科学研究所 2016 接种鉴定，高抗镰孢茎腐病、瘤黑粉病，感小斑病、弯孢叶斑病、禾谷镰孢穗腐病，高感粗缩病。经河北省农科院植保所 2016 接种鉴定，高抗茎腐病，中抗小斑病、弯孢叶斑病、穗腐病，感瘤黑粉病、粗缩病。籽粒容重 746 克/升，粗蛋白含量 9.03%，粗脂肪含量 5.07%，粗淀粉含量 72.51%，赖氨酸含量 0.28%。

**栽培技术要点：**该品种适宜夏播，可以套种、间作或者直播，适宜密度 4500 株/亩，肥水管理以促为主，轻施苗肥，酌施拔节肥，重施攻穗肥，适时浇水，注意防治蚜虫、玉米螟等虫害，其他栽培措施同普通大田管理，无特殊要求。

**审定意见：**该品种符合国家玉米品种审定标准，通过审定。适

宜在河北保定以南地区、山西南部、河南、江苏淮北、安徽淮北等黄淮海夏玉米区种植。注意防治蚜虫、玉米螟等虫害。

## 116. 冠丰 118

**审定编号：** 国审玉 20176111

**申请者：** 山东冠丰种业科技有限公司

**育种者：** 山东冠丰种业科技有限公司

**品种来源：** 冠 103×冠 128

**产量表现：** 2015—2016 年参加黄淮海夏玉米品种绿色通道同生态区相邻省份引种生产适应性试验，两年平均亩产分别为 687.6 和 679.6 千克，分别比对照郑单 958 增产 8.5%和 7.3%。

**特征特性：** 黄淮海夏播玉米区出苗至成熟 100～102 天，与对照郑单 958 相当。幼苗叶鞘紫色，株形紧凑，株高 250 厘米，穗位高 100 厘米，雄穗分枝 8～13 个，花药浅红色，花丝浅红色。穗长 18.2 厘米，穗轴白色，穗行数 15.7 行，行粒数 38 粒，籽粒黄色、半马齿型，百粒重 37.2 克，出籽率 88%。抗病性鉴定，2015—2016 年经河北省农业科学院植物保护研究所鉴定，抗穗腐病，中抗小斑病、禾谷镰孢茎腐病，感弯孢叶斑病、瘤黑粉病、粗缩病。品质检测，籽粒容重 777 克/升，粗蛋白 9.5%，粗脂肪 4.39%，粗淀粉 74.44%，赖氨酸 0.35%。

**栽培技术要点：** 中等肥力以上地块栽培，抢茬播种，亩留苗 4 000～4 500 株，地薄宜稀，地肥宜密；生长期间加强水肥管理和虫害防治。

**审定意见：** 该品种符合国家玉米品种审定标准，通过审定。适宜在河北省、河南省夏播玉米区种植。注意防治弯孢叶斑病、瘤黑粉病和粗缩病。

## 117. 登海 618

**审定编号：** 国审玉 20176113

**申请者：** 山东登海种业股份有限公司

**育种者：**山东登海种业股份有限公司

**品种来源：**521×DH392

**产量表现：**经过连续两年的相邻省份的生产试验，2014年平均亩产718.5千克，比对照品种郑单958增产5.8%，在参试的19个试点中有16点增3点减，增产点率84.2%。2015年平均亩产708.1千克，比对照品种郑单958增产13.3%，在参试的20个试点中有19点增1点减，增产点率95.0%。

**特征特性：**黄淮海夏玉米区出苗至成熟99天左右，比郑单958早3天。幼苗叶鞘紫色，叶片深绿色，叶缘紫色，花药浅紫色，颖壳绿色。株型紧凑，株高250厘米，穗位高82厘米，成株叶片数19片。花丝浅紫色，果穗筒形，穗长17～18厘米，穗行数平均14.7行，穗轴紫色，籽粒黄色、马齿型，百粒重32.8克。接种鉴定：抗小斑病、穗腐病，中抗茎腐病，感弯孢叶斑病、粗缩病，高感瘤黑粉病。品质分析：粗蛋白含量10.5%，粗脂肪3.7%，赖氨酸0.35%，粗淀粉72.9%。

**栽培技术要点：**中等肥力以上地块栽培，6月上旬至中旬播种，种植密度4 500～5 000株/亩。

**审定意见：**该品种符合国家玉米品种审定标准，通过审定。适宜在河北保定及以南地区、河南、江苏淮北、安徽淮北等黄淮海夏玉米区种植。注意防治瘤黑粉病。

## 118. 登海3737

**审定编号：**国审玉20176114

**申请者：**山东登海种业股份有限公司

**育种者：**山东登海种业股份有限公司

**品种来源：**Y5083/R230－6

**产量表现：**经过连续两年的相邻省份的生产试验，2014年平均亩产717.3千克，比对照品种郑单958增产5.7%，居第二位，在参试的19个试点中有14点增5点减，增产点率73.7%。2015年平均亩产663.0千克，比对照品种郑单958增产6.1%，在参试的 20 个试点中有 16 点增 4 点减，增产点率 80.0%。

**特征特性：** 黄淮海夏玉米区出苗至成熟 102 天左右，与郑单 958 同。幼苗叶鞘紫色，叶片绿色，叶缘紫色，花药黄色，颖壳绿色。株型紧凑，株高 278 厘米，穗位高 110 厘米，成株叶片数 20 片。花丝浅紫色，果穗筒形，穗长 18～20 厘米，穗行数平均 14 行，穗轴红色，籽粒黄色、半马齿型，百粒重 32.0 克。接种鉴定：抗穗腐病，中抗小斑病、茎腐病，感弯孢叶斑病，高感瘤黑粉病、粗缩病。品质分析：粗蛋白含量 9.2%，粗脂肪 4.3%，赖氨酸 0.30%，粗淀粉 74.3%。

**栽培技术要点：** 中等肥力以上地块栽培，6 月上旬至中旬播种，种植密度 4 500～5 000 株/亩。

**审定意见：** 该品种符合国家玉米品种审定标准，通过审定。适宜在河北保定及以南地区、河南、江苏淮北夏播种植。注意防治瘤黑粉病和粗缩病。

## （二）黄淮海夏播机收组

### 119. 迪卡 517

**审定编号：** 国审玉 20170005

**申请者：** 中种国际种子有限公司

**育种者：** 孟山都远东有限公司北京代表处、中种国际种子有限公司

**品种来源：** D1798Z×HCL645

**产量表现：** 2015—2016 年国家黄淮海夏玉米机收组区域试验，平均亩产 547.1 千克，比对照增产 5.5%，增产点次比例 72%。2016 年生产试验，平均亩产 586.9 千克，比对照增产 8.6%，增产点次比例 96%。

**特征特性：** 黄淮海夏玉米区出苗至成熟 103 天左右，比对照品种郑单 958 早熟。幼苗叶鞘浅紫色，叶片绿色，叶缘紫色，花丝绿色，花药浅紫色，颖壳绿色。株型紧凑，成株叶片数 18 片左右，

株高261厘米，穗位高115厘米，雄穗分支9～10个。果穗筒形，穗长14.6厘米，穗粗4.3厘米，穗行16～18行，穗轴红色，籽粒黄色、偏马齿型，百粒重28.9克。适收期籽粒含水量26%，抗倒性（倒伏、倒折率之和≤5.0%）达标点比例93%，籽粒破碎率为4.8%。经两年三点抗病性接种鉴定：中抗茎腐病，感小斑病、弯孢叶斑病，高感禾谷镰孢穗腐病、瘤黑粉病。籽粒容重785克/升，粗蛋白含量9.40%，粗脂肪含量4.00%，粗淀粉含量74.74%，赖氨酸含量0.31%。

**栽培技术要点：**中等肥力以上地块栽培，播种期5月下旬至6月中旬，种植密度4 500～5 000株/亩。

**审定意见：**该品种符合国家玉米品种审定标准，通过审定。适宜在黄淮海夏玉米区及京津唐机收种植。穗腐病或者瘤黑粉病重发区慎用。

## 120. LS111

**审定编号：**国审玉20170006

**申请者：**河南秋乐种业科技股份有限公司

**育种者：**河南秋乐种业科技股份有限公司

**品种来源：**LS1206×LS1249

**产量表现：**2015—2016年国家黄淮海夏玉米机收组区域试验，平均亩产550.8千克，比对照增产6.2%，增产点率77%。2016年参加生产试验，平均亩产564.6千克，比对照增产5.2%，增产点率83%。

**特征特性：**在黄淮海夏播区从出苗至成熟101天左右，较对照品种郑单958早熟。幼苗叶鞘深紫色，叶片绿色，叶缘绿色，花药紫红色，花丝紫色，颖壳紫色。株型半紧凑，成株叶片数18～19片，株高245厘米，穗位高79厘米。果穗筒形，穗长18.6厘米，穗粗4.6厘米，穗行数14～16行，穗轴红色，粒色黄色、半马齿型，百粒重29.9克。适收期籽粒含水量27.6%，抗倒性（倒伏、倒折率之和≤5.0%）达标点比例95%，籽粒破碎率7.4%。经两年三点抗病性接种鉴定：该品种感茎腐病、小斑病、弯孢叶斑病、穗腐病，高感瘤黑粉病。籽粒容重 736 克/升，粗蛋白含量 8.20%，粗脂肪含量 3.31%，粗淀粉含量 76.04%，赖氨酸含量 0.31%。

**栽培技术要点：**中等肥力以上地块栽培，播种期 5 月下旬至 6 月上旬，种植密度 5 000～5 500 株/亩。

**审定意见：**该品种符合国家玉米品种审定标准，通过审定。适宜在黄淮海夏玉米区及京津唐机收种植。瘤黑粉病重发区慎用。

## 121. 京农科 728

**审定编号：**国审玉 20170007

**申请者：**北京市农林科学院玉米研究中心

**育种者：**北京市农林科学院玉米研究中心

**品种来源：**京 MC01×京 2416

**产量表现：**2015—2016 年国家黄淮海夏玉米机收组区域试验，平均亩产 569.8 千克，比对照增产 9.9%，增产点率 77%。2016 年生产性试验，平均亩产 551.5 千克，比对照增产 8.5%，增产点率 83%。

**特征特性：**黄淮海夏玉米区出苗至成熟 100 天左右，比对照品种郑单 958 早熟。幼苗叶鞘深紫色，叶片绿色，花药淡紫色，花丝淡红色，护颖绿色。株型紧凑型，成株叶片数 19～20 片，株高 274 厘米，穗位高 105 厘米，雄穗一级分支 5～9 个。果穗筒形，穗轴红色，穗长 17.5 厘米，穗粗 4.8 厘米，穗行数 14 行。籽粒黄色、半马齿型，百粒重 31.5 克，出籽率 86.1%。适收期籽粒含水量 26.6%，抗倒性（倒伏、倒折率之和≤5.0%）达标点比例 83%，籽粒破碎率 5.9%。经两年三点抗病性接种鉴定：中抗粗缩病，感茎腐病、穗腐病、小斑病，高感弯孢叶斑病、瘤黑粉病。籽粒容重 782 克/升，粗蛋白含量 10.86%，粗脂肪含量 3.88%，粗淀粉含量 72.79%，赖氨酸含量 0.37%。

**栽培技术要点：**中等肥力以上地块栽培，播种期 6 月中旬，种植密度 4 500～5 000 株/亩。

**审定意见：**该品种符合国家玉米品种审定标准，通过审定。适宜在黄淮海夏玉米区及京津唐机收种植。瘤黑粉病重发区慎用。

## 122. 五谷 305

**审定编号：**国审玉 20170008

**申请者：**山东冠丰种业科技有限公司

**育种者：**甘肃五谷种业股份有限公司、山东冠丰种业科技有限公司

**品种来源：**WG3258×WG6319

**产量表现：**2015—2016 年国家黄淮海夏玉米机收组区域试验，平均亩产 570.7 千克，比对照郑单 958 增产 10.0%，增产点率 78%。2016 年生产试验，平均亩产 583.9 千克，比对照郑单 958 增产 9.9%，增产点率 91%。

**特征特性：**在黄淮海夏播区从出苗至成熟 102 天，比郑单 958 早熟。幼苗叶鞘紫色，叶片绿色，叶缘绿色，花丝浅紫色，花药浅紫色，颖壳浅紫色。株型紧凑，株高 279 厘米，穗位高 96 厘米，成株叶片数 19 片左右，雄穗分支数为 4～7。果穗短筒形，穗长 17.9 厘米，穗粗 4.7 厘米，穗行数 14～16 行，百粒重 32.1 克，穗轴红色，籽粒黄色、硬粒型。适收期籽粒含水量 28%，抗倒性（倒伏、倒折率之和≤5.0%）达标点比例 85%，籽粒破碎率 9.3%。经两年三点抗病性接种鉴定：中抗茎腐病、粗缩病；感弯孢叶斑病，高感穗腐病、瘤黑粉病。籽粒容重 774 克/升，粗蛋白含量 9.86%，粗脂肪含量 3.01%，粗淀粉含量 74.5%，赖氨酸含量 0.34%

**栽培技术要点：**中等肥力以上地块栽培，播种期在 6 月 15 号前为好。种植密度 4 500～5 000 株/亩。

**审定意见：**该品种符合国家玉米品种审定标准，通过审定。适宜在黄淮海及京津唐夏玉米区机收种植。穗腐病或瘤黑粉病重发区慎用。

# 三、特用玉米组

## 123. 万糯2000

**审定编号：**国审玉2015032

**申请者：**河北省万全县华穗特用玉米种业有限责任公司

**育种者：**河北省万全县华穗特用玉米种业有限责任公司

**品种来源：**W67×W68

**产量表现：**2013—2014年参加东华北鲜食糯玉米品种区域试验，两年平均亩产鲜穗1 160千克，比对照垦粘1号增产16.3%；2014年生产试验，平均亩产鲜穗1 201千克，比垦粘1号增产9.0%。2013—2014年参加黄淮海鲜食糯玉米品种区域试验，两年平均亩产鲜穗861.1千克，比对照苏玉糯2号增产10.9%；2014年生产试验，平均亩产鲜穗928.1千克，比苏玉糯2号增产8.1%。

**特征特性：**东华北春玉米区出苗至鲜穗采摘期90天，比垦粘1号晚6天。幼苗叶鞘浅紫色，叶片深绿色，叶缘白色，花药浅紫色，颖壳绿色。株型半紧凑，株高243.8厘米，穗位高100.3厘米，成株叶片数20片。花丝绿色，果穗长筒形，穗长21.7厘米，穗行数14～16行，穗轴白色，籽粒白色、硬粒型，百粒重（鲜籽粒）44.1克。接种鉴定，抗丝黑穗病，感大斑病。专家品尝鉴定87.1分，达到鲜食糯玉米二级标准；支链淀粉占总淀粉含量的98.72%，皮渣率3.86%。

黄淮海夏玉米区出苗至鲜穗采摘期77天，比苏玉糯2号晚3天。株高226.8厘米，穗位高85.9厘米，成株叶片数20片。果穗长锥形，穗长20.3厘米，穗行数14～16行，百粒重（鲜籽粒）41.3克。接种鉴定，高抗茎腐病，感小斑病、瘤黑粉病，高感矮花叶病。品尝鉴定 88.35 分，达到鲜食糯玉米二级标准；粗淀粉含量 63.86%，支链淀粉占总淀粉含量的 99.01%，皮渣率 9.09%。

**栽培技术要点：**中等肥力以上地块栽培，种植密度 3 500 株/亩，隔离种植。及时防治苗期地下害虫。

**审定意见：**该品种符合国家玉米品种审定标准，通过审定。适宜北京、河北、山西、内蒙古、辽宁、吉林、黑龙江、新疆作鲜食糯玉米品种春播种植。注意防治玉米螟、大斑病。该品种还适宜北京、天津、河北、山东、河南、江苏淮北、安徽淮北、陕西关中灌区作鲜食糯玉米品种夏播种植。注意及时防治玉米螟、小斑病、矮花叶病、瘤黑粉病。

## 124. 佳糯 668

**审定编号：**国审玉 2015033

**申请者：**万全县万佳种业有限公司

**育种者：**万全县万佳种业有限公司

**品种来源：**糯 49×糯 69

**产量表现：**2013—2014 年参加东华北鲜食糯玉米品种区域试验，两年平均亩产鲜穗 1 148 千克，比对照垦粘 1 号增产 10.1%；2014 年生产试验，平均亩产鲜穗 1 122 千克，比垦粘 1 号增产 1.8%。2013—2014 年参加黄淮海鲜食糯玉米品种区域试验，两年平均亩产鲜穗 925.0 千克，比对照苏玉糯 2 号增产 18.7%；2014 年生产试验，平均亩产鲜穗 993.0 千克，比苏玉糯 2 号增产 15.6%。

**特征特性：**东华北春玉米区出苗至鲜穗采收 90 天。幼苗叶鞘紫色，叶片绿色，叶缘紫色，花药黄色，颖壳紫色。株型半紧凑，株高 260.0 厘米，穗位高 118.6 厘米，成株叶片数 20 片。花丝绿色，果穗筒形，穗长 20.9 厘米，穗行数 12～14 行，穗轴白色，籽粒白色、马齿型，百粒重（鲜籽粒）39.6 克，平均倒伏（折）率 4.9%。接种鉴定，高抗丝黑穗病，感大斑病。品尝鉴定 85.9 分；支链淀粉占粗淀粉的 99.04%，皮渣率 5.4%。

黄淮海夏玉米区出苗至鲜穗采收75天。株高233.0厘米，穗位高102厘米，成株叶片数20片。果穗长锥形，穗长19.6厘米，穗行数12～14行，籽粒白色、硬粒型，百粒重（鲜籽粒）37.8克。平均倒伏（折）率3.4%。接种鉴定，抗茎腐病，感小斑病和感瘤黑粉病，高感矮花叶病。品尝鉴定86.1分，达到部颁鲜食糯玉米二级标准；品质检测，支链淀粉占总淀粉含量的98.0%，皮渣率8.99%。

**栽培技术要点：**中等肥力以上地块栽培。种植密度，东华北区3 500株/亩，黄淮海区3 500～4 000株/亩。隔离种植，适时采收。

**审定意见：**该品种符合国家玉米品种审定标准，通过审定。适宜北京、河北、山西、内蒙古、辽宁、吉林、黑龙江、新疆作鲜食糯玉米品种春播种植。注意防治大斑病。该品种还适宜北京、天津、河北、河南、山东、江苏淮北、安徽淮北、陕西关中灌区作鲜食糯玉米夏播种植。注意防治小斑病、矮花叶病、瘤黑粒病。

## 125. 农科玉368

**审定编号：**国审玉2015034

**申请者：**北京市农林科学院玉米研究中心、北京华奥农科玉育种开发有限责任公司

**育种者：**北京市农林科学院玉米研究中心、北京华奥农科玉育种开发有限责任公司

**品种来源：**京糯6×D6644

**产量表现：**2013—2014年参加黄淮海鲜食糯玉米品种区域试验，两年平均亩产鲜穗848.7千克，比对照苏玉糯2号增产9.0%。2014年生产试验，平均亩产鲜穗927.2千克，比苏玉糯2号增产8.0%。

**特征特性：**黄淮海夏玉米区出苗至鲜穗采收期76天。幼苗叶鞘紫色，叶片绿色，叶缘绿色，花药紫色，颖壳淡紫色。株型半紧凑，株高233.2厘米，穗位高97.5厘米，成株叶片数19片。花丝淡紫色，果穗锥形，穗长18.6厘米，穗行数12～14行，穗轴白

色，籽粒白色、硬粒质型，百粒重（鲜籽粒）38.7 克。接种鉴定，中抗茎腐病，感小斑病、矮花叶病和瘤黑粉病。品尝鉴定 86.4 分；粗淀粉含量 64.3%，直链淀粉占粗淀粉的 2.4%，皮渣率 7.4%。

**栽培技术要点：**中等肥力以上地块栽培，4 月底 5 月初播种，种植密度 3 500 株/亩左右。隔离种植，授粉后 22～25 天为最佳采收期。

**审定意见：**该品种符合国家玉米品种审定标准，通过审定。适宜北京、天津、河北、山东、河南、江苏淮北、安徽淮北、陕西关中灌区作鲜食糯玉米夏播种植。注意防治小斑病、矮花叶病和瘤黑粉病。

## 126. 京科甜 179

**审定编号：**国审玉 2015040

**申请者：**北京市农林科学院玉米研究中心

**育种者：**北京市农林科学院玉米研究中心

**品种来源：**T68×T8867

**产量表现：**2013—2014 年参加东华北鲜食甜玉米品种区域试验，两年平均亩产鲜穗 933.3 千克，比对照中农大甜 413 减产 0.5%。2014 年生产试验，平均亩产鲜穗 889.8 千克，比中农大甜 413 增产 0.8%；2013—2014 年参加黄淮海鲜食甜玉米品种区域试验，两年平均亩产鲜穗 786.7 千克，比对照中农大甜 413 增产 4.1%；2014 年生产试验，平均亩产鲜穗 820.9 千克，比中农大甜 413 增产 5.7%。

**特征特性：**东华北春玉米区出苗至鲜穗采摘 82 天，比中农大甜 413 早 6 天。幼苗叶鞘绿色，叶片浅绿色，叶缘绿色，花药粉色，颖壳浅绿色。株型平展，株高 224 厘米，穗位高 82.6 厘米，成株叶片数 18 片。花丝绿色，果穗筒形，穗长 19.9 厘米，穗粗 4.9 厘米，穗行数 14～16 行，穗轴白色，籽粒黄白色、甜质型，百粒重（鲜籽粒）38.0 克。接种鉴定，中抗丝黑穗病，感大斑病。品尝鉴定 86.6 分；品质检测，还原糖含量 9.9%，水溶性糖含量

33.6%，皮渣率4.5%。

黄淮海夏玉米区出苗至鲜穗采摘72天，比中农大甜413早2天。株高207.8厘米，穗位高66.9厘米，穗长18.7厘米，穗粗4.8厘米，百粒重（鲜籽粒）39.2克。接种鉴定，感小斑病、茎腐病、瘤黑粉病，高感矮花叶病。品尝鉴定86.8分；品质检测，皮渣率11.2%，还原糖含量7.76%，水溶性糖含量23.47%。

**栽培技术要点：**中等肥力以上地块栽培，4月底5月初播种，种植密度3 500株/亩。隔离种植，适时采收。

**审定意见：**该品种符合国家玉米品种审定标准，通过审定。适宜北京、河北、山西、内蒙古、辽宁、吉林、黑龙江、新疆作鲜食甜玉米春播种植。注意防治大斑病。该品种还适宜北京、天津、河北、山东、河南、江苏淮北、安徽淮北、陕西关中灌区作鲜食甜玉米品种夏播种植。注意防治小斑病、茎腐病、瘤黑粉病和矮花叶病。

## 127. 中农甜414

**审定编号：**国审玉2015041

**申请者：**中国农业大学

**育种者：**中国农业大学

**品种来源：**BS641W×BS638

**产量表现：**2012—2013年参加黄淮海鲜食甜玉米品种区域试验，两年平均亩产鲜穗725.2千克，比对照中农大甜413号减产1.7%。2014年生产试验，平均亩产鲜穗751.7千克，比中农大甜413减产3.2%。

**特征特性：**黄淮海地区夏播出苗至采收70天，比中农大413早5天。幼苗叶鞘绿色，叶片绿色，花丝绿色，花药黄绿色。株高176厘米，穗位高52厘米。果穗筒形，穗长19厘米，穗粗4.6厘米，穗行数14～16行，穗轴白色，籽粒黄白色、百粒重（鲜籽粒）37.6克。接种鉴定，中抗茎腐病、小斑病，感瘤黑粉病，高感矮花叶病。品尝鉴定为84.72分；品质检测，水溶糖含量20.3%，还原糖含量11.8%，皮渣率10.51%。

**栽培技术要点：**中等肥力以上地块栽培，种植密度3 500株/亩。隔离种植、适时采收。

**审定意见：**该品种符合国家玉米品种审定标准，通过审定。适宜北京、天津、河北保定及以南地区、山东、河南、江苏淮北、安徽淮北作鲜食甜玉米夏播种植。注意防治瘤黑粉病和矮花叶病。

## 128. 鲁星糯1号

**审定编号：**国审玉2015045

**申请者：**莱州市鲁丰种业有限公司

**育种者：**莱州市鲁丰种业有限公司

**品种来源：**N46119×B108

**产量表现：**2012—2013年参加黄淮海鲜食糯玉米品种区域试验，两年平均亩产鲜穗916.3千克，比苏玉糯2号增产19.0%。

**特征特性：**黄淮海夏玉米区出苗至鲜穗采收77天，比苏玉糯2号晚2天。幼苗叶鞘紫色，叶片浓绿色，叶缘紫红色，花药黄色，颖壳浅紫色。株型半紧凑，株高271厘米，穗位高117厘米，成株叶片数21片。花丝淡紫色，果穗长筒形，穗长22.6厘米，穗行数16～18行，穗轴白色，籽粒白色、偏硬粒型，百粒重（鲜籽粒）35.75克。接种鉴定，高抗镰孢茎腐病和腐霉茎腐病，中抗小斑病，感矮花叶病，高感瘤黑粉病。专家品尝鉴定，达到部颁鲜食糯玉米二级标准；品质检测，支链淀粉占总淀粉含量的98.97%。

**栽培技术要点：**中等肥力以上地块栽培，5月初至7月中旬播种，种植密度3 500～4 000株/亩，苗期适当蹲苗控制株高，早春播种和冷凉地区注意药剂拌种。

**审定意见：**该品种符合国家玉米品种审定标准，通过审定。适宜河北、山东、河南、江苏北部、安徽北部、山西南部、陕西关中灌区作鲜食糯玉米种植。注意防治大斑病、小斑病、矮花叶病和瘤黑粉病和棉铃虫。

## 129. 佳彩甜糯

**审定编号：** 国审玉 2016005

**申请者：** 万全县万佳种业有限公司

**育种者：** 万全县万佳种业有限公司

**品种来源：** 糯 123×糯 128

**省级审定情况：** 冀审玉 2015036

**产量表现：** 2014—2015 年参加黄淮海鲜食甜玉米品种区域试验，两年平均亩产鲜穗 907.7 千克，比对照增产 10.9%。

**特征特性：** 黄淮海夏玉米区出苗至鲜穗采收期 74 天，比苏玉糯 2 号早 2 天。幼苗叶鞘浅紫色。株型半紧凑，株高 222.2 厘米，穗位 88.8 厘米。花丝绿色，果穗锥形，穗长 19.8 厘米，穗行数 12～14 行，穗轴白色，籽粒紫白混色，百粒重（鲜籽粒）38.1 克。接种鉴定，高抗矮花叶病、抗小斑病、感茎腐病和瘤黑粉病。品尝鉴定 84.5 分。品质检测，粗淀粉含量 62.43%，支链淀粉占粗淀粉 98.3%，皮渣率 6.8%。

**栽培技术要点：** 中等肥力以上地块栽培，5 月下旬至 6 月中旬播种，种植密度 3 500 株/亩。隔离种植，适时采收。

**审定意见：** 该品种符合国家玉米品种审定标准，通过审定。适宜在北京、天津、河北、山东、河南、陕西、江苏北部、安徽北部黄淮海地区作鲜食糯玉米种植。注意防治茎腐病和瘤黑粉病。

## 130. 鲜玉糯 5 号

**审定编号：** 国审玉 2016006

**申请者：** 海南省农业科学院粮食作物研究所

**育种者：** 海南省农业科学院粮食作物研究所

**品种来源：** J25－1×B3078

**产量表现：** 2014—2015 年国家鲜食黄淮海糯玉米区域试验，

两年平均亩产鲜穗 925.0 千克，比对照增产 13.0%。

**特征特性：**黄淮海夏玉米区出苗至鲜穗采收期 78 天，比苏玉糯 2 号晚 2 天。幼苗叶鞘紫色。株型半紧凑，株高 246.2 厘米，穗位 102.7 厘米。花丝浅紫色，果穗锥形，穗长 20.3 厘米，穗行数 14～16 行，穗轴白色，籽粒白色、硬粒型，百粒重（鲜籽粒）34.8 克。接种鉴定，抗小斑病，中抗茎腐病，感矮花叶病和瘤黑粉病。品尝鉴定 85.5 分；品质检测，粗淀粉含量 61.31%，支链淀粉占粗淀粉的 98.1%，皮渣率 7.4%。

**栽培技术要点：**中等肥力以上地块栽培，5 月下旬至 6 月中旬播种，种植密度 3 500 株/亩。隔离种植，适时采收。

**审定意见：**该品种符合国家玉米品种审定标准，通过审定。适宜在河北、河南、山东、安徽北部、江苏北部、北京、天津、陕西作鲜食糯玉米夏播种植。注意防治矮花叶病和瘤黑粉病。

## 131. 金冠 218

**审定编号：**国审玉 2016014

**申请者：**北京四海种业有限责任公司

**育种者：**北京中农斯达农业科技开发有限公司、北京四海种业有限责任公司

**品种来源：**甜 62×甜 601

**省级审定情况：**津审玉 2011007、浙种引 2013 第 002、赣审玉 2012004、京审玉 2014008、湘审玉 2015010

**产量表现：**2014—2015 年参加东华北鲜食甜玉米品种区域试验，两年平均亩产鲜穗 1 061.0 千克，比对照中农大甜 413 增产 23.5%；2014—2015 年参加黄淮海鲜食甜玉米品种区域试验，两年平均亩产鲜穗 1 025.8 千克，比对照中农大甜 413 增产 26.9%。

**特征特性：**东华北春玉米区出苗至鲜穗采收期 90 天。幼苗叶鞘绿色。株形半紧凑，株高 253.4 厘米，穗位高 103.8 厘米，成株叶片数 17～20 片。花丝绿色，果穗筒形，穗长 23.1 厘米，穗粗 5.0 厘米，穗行 16～18 行，穗轴白色，籽粒黄色、甜质型，百粒

重（鲜籽粒）34.8克。接种鉴定，中抗大斑病，感丝黑穗病。品尝鉴定85.5分；品质检测，还原糖含量9.56%，水溶性糖含量29.50%，皮渣率5.97%。

黄淮海夏玉米区出苗至鲜穗采收77天。株高233.0厘米，穗位高89.0厘米。穗长21.6厘米，穗粗5.0厘米，百粒重（鲜籽粒）37.7克。接种鉴定，抗小斑病，中抗茎腐病，感矮花叶病和瘤黑粉病。品尝鉴定84.76分；品质检测，还原糖含量7.85%，水溶性糖含量23.68%，皮渣率8.78%。

**栽培技术要点：**中等肥力以上地块栽培，4月下旬至7月上旬播种，种植密度3 500株/亩。隔离种植，适时采收。

**审定意见：**该品种符合国家玉米品种审定标准，通过审定。适宜北京、河北、山西、内蒙古、黑龙江、吉林、辽宁、新疆作鲜食甜玉米春播种植。注意防治丝黑穗病。该品种还适宜北京、天津、河北、山东、河南、陕西、江苏北部、安徽北部作鲜食甜玉米夏播种植。注意防治矮花叶病和瘤黑粉病。

## 132. 石甜玉1号

**审定编号：**国审玉2016015

**申请者：**石家庄市农林科学研究院

**育种者：**石家庄市农林科学研究院

**品种来源：**TF01×TF02

**产量表现：**2014—2015年参加黄淮海鲜食甜玉米品种区域试验，两年平均亩产鲜穗897.3千克，比对照中农大甜413增产10.8%。

**特征特性：**黄淮海夏玉米区出苗至鲜穗采收期76天，比中农大甜413晚1天。幼苗叶鞘绿色。株型松散，株高243.5厘米，穗位高90.7厘米。花丝绿色，果穗筒形，穗长20.9厘米，穗粗4.8厘米，穗行数14～16行，穗轴白色，籽粒黄色、硬粒型，百粒重（鲜籽粒）36.7克。接种鉴定，抗茎腐病，感小斑病和瘤黑粉病，高感矮花叶病。品尝鉴定85.7分；品质检测，还原糖含量

8.17%，水溶性糖含量23.90%，皮渣率8.66%。

**栽培技术要点：**中等肥力以上地块栽培，5月下旬至6月中旬播种，种植密度3 500株/亩。隔离种植，适时采收。

**审定意见：**该品种符合国家玉米品种审定标准，通过审定。适宜北京、天津、河北、山东、河南、陕西、江苏北部、安徽北部作鲜食甜玉米夏播种植。注意防治小斑病、矮花叶病和瘤黑粉病。

## 133. ND488

**审定编号：**国审玉2016016

**申请者：**北京华耐农业发展有限公司

**育种者：**中国农业大学

**品种来源：**S3268×NV19

**产量表现：**2014—2015年参加黄淮海鲜食甜玉米品种区域试验，两年平均亩产鲜穗867.7千克，比对照中农大甜413增产7.7%。

**特征特性：**黄淮海夏玉米区出苗至鲜穗采收期71天，比中农大甜413早5天。幼苗叶鞘绿色。株型松散，株高197.5厘米，穗位高68.8厘米。花丝绿色，果穗筒形，穗长19.3厘米，穗粗4.9厘米，穗行数14～16行，穗轴白色，籽粒黄色、硬粒型，百粒重（鲜籽粒）41.8克。接种鉴定，中抗小斑病，感茎腐病和瘤黑粉病，高感矮花叶病。品尝鉴定86.7分；品质检测，还原糖含量7.65%，水溶性糖含量24.08%，皮渣率8.31%。

**栽培技术要点：**中等肥力以上地块栽培，5月下旬至6月中旬播种，种植密度3 500株/亩。隔离种植，适时采收。

**审定意见：**该品种符合国家玉米品种审定标准，通过审定。适宜北京、天津、河北、山东、河南、陕西、江苏、安徽北部作鲜食甜玉米夏播种植。注意防治茎腐病、矮花叶病和瘤黑粉病。

## 134. 郑甜66

**审定编号：**国审玉2016017

**申请者：**河南省农业科学院粮食作物研究所

**育种者：**河南省农业科学院粮食作物研究所

**品种来源：**66T195×66T205

**产量表现：**2014—2015 年参加黄淮海鲜食甜玉米品种区域试验，两年平均亩产鲜穗 881.6 千克，比对照中农大甜 413 增产 9.5%。

**特征特性：**黄淮海夏玉米区出苗至采收期 78 天，比对照中农大甜 413 晚 3 天。幼苗叶鞘绿色。株型半紧凑，株高 253.7 厘米，穗位高 91.4 厘米。花丝绿色，果穗筒形，穗长 21.2 厘米，穗粗 4.7 厘米，穗行数 14～16 行，穗轴白色，籽粒黄色、硬粒型，百粒重（鲜籽粒）38.1 克。接种鉴定，中抗茎腐病和小斑病，感瘤黑粉病，高感矮花叶病。品尝鉴定 84.2 分；品质检测，还原糖含量 7.46%，水溶性糖含量 23.57%，皮渣率 10.11%。

**栽培技术要点：**中等肥力以上地块栽培，5 月下旬至 6 月中旬播种，种植密度 3 500 株/亩。隔离种植，适时采收。

**审定意见：**该品种符合国家玉米品种审定标准，通过审定。适宜北京、天津、河北、山东、河南、陕西、江苏、安徽北部作鲜食甜玉米夏播种植。注意防治矮花叶病和瘤黑粉病。

## 135. 京科甜 533

**审定编号：**国审玉 2016025

**申请者：**北京市农林科学院玉米研究中心

**育种者：**北京市农林科学院玉米研究中心

**品种来源：**T68×T520

**产量表现：**2012—2013 年参加黄淮海鲜食甜玉米品种区域试验，两年平均亩产鲜穗 629.4 千克，比对照中农大甜 413 减产 10.9%。2013 年生产试验，平均亩产鲜穗 636 千克，比中农大甜 413 减产 6.9%。

**特征特性：**黄淮海夏玉米区出苗至鲜穗采摘 72 天，比中农大甜 413 早 3 天。幼苗叶鞘绿色，叶片浅绿色，叶缘绿色，花药粉色，颖壳浅绿色。株型平展，株高 182 厘米，穗位高 53.6 厘米，成株叶片数 18 片。花丝绿色，果穗筒形，穗长 17.3 厘米，穗行数 14～16 行，穗轴白色，籽粒黄色、甜质型，百粒重（鲜籽粒）37.5 克。接种鉴定，中抗矮花叶病，中感小斑病。还原糖含量 7.48%，水溶性糖含量 23.09%。

**栽培技术要点：**中等肥力以上地块栽培，4 月底 5 月初播种，种植密度 3 500 株/亩。隔离种植，适时采收。注意及时防治小斑病。

**审定意见：**该品种符合国家玉米品种审定标准，通过审定。适宜北京、天津、河北、山东、河南、江苏淮北、安徽淮北、陕西关中灌区作鲜食甜玉米品种夏播种植。

## 136. 洛白糯 2 号

**审定编号：**国审玉 20170041

**申请者：**洛阳农林科学院、洛阳市中垦种业科技有限公司

**育种者：**洛阳农林科学院、洛阳市中垦种业科技有限公司

**品种来源：**LBN2586×LBN0866

**产量表现：**2015—2016 年参加北方（黄淮海）糯玉米组区域试验。2015 年平均亩产鲜穗 878.1 千克，比对照增产 5.97%，增产点率 75.0%；2016 年平均亩产鲜穗 873.5 千克，比对照增产 11.0%，13 个试点中 10 点增产 3 点减产，增产点率 76.9%。两年平均亩产 875.8 千克，比对照增产 8.5%。

**特征特性：**黄淮海区夏播鲜穗播种至采收期平均 75.7 天。苗期叶鞘紫色，第一叶片尖端为卵圆形，花丝粉红色，花药黄色。株型半紧凑，平均株高 255.3 厘米，穗位 101.5 厘米，空株率 2.1%，倒伏率 0.1%，倒折率 1.6%，成株叶片数 19～20 片。果穗柱形，平均鲜穗穗长 19.8 厘米，秃尖 0～3.0 厘米，穗粗 5.0 厘米，穗行数 16.2，商品果穗率 80.5%，穗轴白色，籽粒白色，糯质。专家品尝鉴定平均 86.9 分。据河南农业大学品质检测，平均粗淀粉含量 56.4%，支链淀粉占粗淀粉 97.8%，皮渣率 7.4%。

河北省农林科学院植物保护研究所接种抗性鉴定结果，抗茎腐病(14.5%)，中抗小斑病，感瘤黑粉病，高感矮花叶病。

**栽培技术要点：**中等肥力以上地块栽培，4月下旬至6月下旬播种，种植密度3 000～3 500株/亩。

**审定意见：**该品种符合国家鲜食糯玉米品种审定标准，通过审定。适宜在北京、天津、河北保定及以南地区、山西南部、河南、山东、江苏淮北、安徽淮北、陕西关中灌区等黄淮海鲜食糯玉米区种植。注意防治矮花叶病和瘤黑粉病。

## 137. 粮源糯1号

**审定编号：**国审玉20170042

**申请者：**河南省粮源农业发展有限公司

**育种者：**河南省粮源农业发展有限公司

**品种来源：**CM07－300×FW20－2

**产量表现：**2015—2016年参加北方（黄淮海）糯玉米组区域试验。2015年平均亩产鲜穗809.1千克，比对照减产2.4%，居第10位，12个试点中3点增产9点减产，增产点率25.0%；2016年平均亩产鲜穗764.0千克，比对照减产2.5%，居第10位，13个试点中5点增产8点减产，增产点率38.5%。两年平均亩产786.6千克，比对照减产2.4%。

**特征特性：**黄淮海区夏播出苗至鲜穗采收平均76天。幼苗叶鞘紫色，第一叶片尖端为软圆形，叶片深绿色，花药浅紫色。株型半紧凑，株高243厘米，穗位高117厘米，空株率2.5%，倒伏率12.1%，倒折率0.7%，花丝浅紫色，果穗苞叶适中，穗长19.1厘米，穗粗4.6厘米，秃尖1.1～1.0厘米，穗行数14～16行，穗轴白色，籽粒白色。专家品尝鉴定86.5分；据河南农业大学品质检测，粗淀粉含量61.2%，支链淀粉占粗淀粉98.4%，皮渣率7.9%；河北省农林科学院植物保护研究所接种抗性鉴定结果，中抗茎腐病，瘤黑粉，感小斑病，高感矮花叶病。

**栽培技术要点：**中等肥力以上地块栽培，种植密度3 800株/

亩左右。隔离种植，适时采收。

**审定意见：**该品种符合国家玉米品种审定标准，通过审定。适宜在北京、天津、河北保定及以南地区、山西南部、河南、山东、江苏淮北、安徽淮北、陕西关中灌区等黄淮海鲜食糯玉米区种植。注意防治小斑病和矮花叶病。

## 138. 大京九 26

**审定编号：**国审玉 20170049

**申请者：**河南省大京九种业有限公司

**育种者：**河南省大京九种业有限公司

**品种来源：**9889×2193

**产量表现：**2014—2015 年参加国家青贮玉米北方组品种区域试验，两年生物产量（干重）平均亩产 1751.8 千克，比对照增产 4.6%。2016 年生产试验，生物产量（干重）平均亩产 1923.0 千克，比对照雅玉青贮 26 增产 9.3%。

**特征特性：**东华北、西北春玉米区出苗至收获 123 天，比对照雅玉青贮 26 早 2 天。幼苗叶鞘浅紫色，叶片深绿色，叶缘紫色，花药浅紫色，颖壳绿色。株型半紧凑，株高 341 厘米，穗位高 160.5 厘米，成株叶片数 20 片。花丝浅紫色，果穗长筒形，穗长 22 厘米，穗行数 16～18 行，穗轴白色，籽粒黄色、马齿型，百粒重 36.0 克。接种鉴定，抗小斑病，中抗弯孢叶斑病，感大斑病、纹枯病、丝黑穗病。中性洗涤纤维含量 40.81%～42.77%，酸性洗涤纤维含量 17.09%～18.73%，粗蛋白含量 7.43%～8.14%，淀粉含量 27.43%～31.32%。

**栽培技术要点：**中等肥力以上地块栽培，4 月下旬至 5 月上旬播种，种植密度 5 000 株/亩。

**审定意见：**该品种符合国家玉米品种审定标准，通过审定。适宜在东华北黑龙江、吉林、辽宁、北京、河北、天津、山西、内蒙古春玉米类型区和新疆、陕西、甘肃、宁夏西北春玉米类型区作专用青贮玉米种植。注意预防倒伏，并防治大斑病、纹枯病和丝黑穗病。

# 附 录

# 附录1　河北省2017年同一适宜生态区引种备案品种目录（第一批）*

| 序号 | 作物 | 品种名称 | 引种者 | 育种者 | 审定编号 | 原审定适宜种植区域 | 引种适宜种植区域 | 备注 |
| --- | --- | --- | --- | --- | --- | --- | --- | --- |
| 1 | 玉米 | 航星118 | 河北华茂种业有限公司 | 张树立、罗桂珍、米心奎、李小芳、路向阳等 | 豫审玉2015010 | 河南各地推广种植 | 衡水市，石家庄市（含辛集市），邢台市，邯郸市，保定市（含定州市）和沧州市的适宜地区 | 黄淮海夏玉米类型区 |
| 2 | 玉米 | 沁单969 | 河北华茂种业有限公司 | 喀喇沁旗三泰种业有限公司 | 蒙审玉2015035号 | 内蒙古自治区≥10 ℃活动积温在2 700 ℃以上地区种植 | 张家口市和承德市的坝下适宜地区，秦皇岛市，唐山市，廊坊市，保定市和沧州市的北部适宜地区 | 东华北中晚熟春玉米类型区 |
| 3 | 玉米 | 大京九6号 | 北京大京九农业开发有限公司 | 河南省大京九种业有限公司 | 陕审玉2012004号 | 陕西省关中灌区夏播种植 | 衡水市，石家庄市（含辛集市），邢台市，邯郸市，保定市（含定州市）和沧州市的适宜地区 | 黄淮海夏玉米类型区 |

* 公告文件号为冀农告字〔2017〕2号，引种备案公告号为（冀）引种〔2017〕1号。

（续）

| 序号 | 作物 | 品种名称 | 引种者 | 育种者 | 审定编号 | 原审定适宜种植区域 | 引种适宜种植区域 | 备注 |
| --- | --- | --- | --- | --- | --- | --- | --- | --- |
| 4 | 玉米 | 先达601 | 三北种业有限公司 | 先正达（中国）投资有限公司隆化分公司 | 陕审玉2013014号 | 陕西省关中灌区夏播种植 | 衡水市，石家庄市（含辛集市），邢台市，邯郸市，保定市（含定州市）和沧州市的适宜地区 | 黄淮海夏玉米类型区 |
| 5 | 玉米 | 苏玉42 | 山东富华种业有限公司 | 江苏徐淮地区淮阴农业科学研究所 | 苏审玉201503 | 江苏淮北夏播地区种植 | 衡水市，石家庄市（含辛集市），邢台市，邯郸市，保定市（含定州市）和沧州市的适宜地区 | 黄淮海夏玉米类型区 |
| 6 | 玉米 | 美锋969 | 辽宁东亚种业有限公司 | 辽宁东亚种业科技股份有限公司、辽宁富友种业有限公司 | 辽审玉2013015 | 辽宁省内≥10 ℃活动积温在2 800 ℃以上的玉米区种植 | 张家口市和承德市的坝下适宜地区，秦皇岛市，唐山市，廊坊市，保定市和沧州市的北部适宜地区 | 东华北中晚熟春玉米类型区 |
| 7 | 玉米 | 辽单588 | 辽宁东亚种业有限公司 | 辽宁省农业科学院玉米所 | 辽审玉2015059 | 辽宁省内≥10 ℃活动积温在3 000 ℃以上的玉米区种植 | 张家口市和承德市的坝下适宜地区，秦皇岛市，唐山市，廊坊市，保定市和沧州市的北部适宜地区 | 东华北中晚熟春玉米类型区 |

（续）

| 序号 | 作物 | 品种名称 | 引种者 | 育种者 | 审定编号 | 原审定适宜种植区域 | 引种适宜种植区域 | 备注 |
|---|---|---|---|---|---|---|---|---|
| 8 | 玉米 | 东单 6531 | 辽宁东亚种业有限公司 | 辽宁东亚种业有限公司、辽宁东亚种业科技股份有限公司 | 辽审玉 2013007 | 辽宁省内≥10 ℃活动积温在 2 800 ℃以上的中晚熟玉米区种植 | 张家口市和承德市的坝下适宜地区，秦皇岛市，唐山市，廊坊市，保定市和沧州市的北部适宜地区 | 东华北中晚熟春玉米类型区 |
| 9 | 玉米 | 东单 1501 | 辽宁东亚种业有限公司 | 辽宁富友种业有限公司 | 辽审玉 2015027 | 辽宁省内≥10 ℃活动积温在 2 800 ℃以上的中晚熟玉米区种植 | 张家口市和承德市的坝下适宜地区，秦皇岛市，唐山市，廊坊市，保定市和沧州市的北部适宜地区 | 东华北中晚熟春玉米类型区 |
| 10 | 玉米 | 金华瑞 F99 | 北京中农华瑞农业科技有限公司 | 北京中农华瑞农业科技有限公司 | 辽审玉 2013014 | 辽宁省内≥10 ℃活动积温在 2 800 ℃以上的玉米区种植，弯孢叶斑病高发区慎用 | 张家口市和承德市的坝下适宜地区，秦皇岛市，唐山市，廊坊市，保定市和沧州市的北部适宜地区 | 东华北中晚熟春玉米类型区 |
| 11 | 玉米 | 金华瑞 T82 | 北京中农华瑞农业科技有限公司 | 北京中农华瑞农业科技有限公司 | 辽审玉 2012562 | 辽宁东部、西部、北部、中部≥10 ℃活动积温在 2 800 ℃以上的中晚熟玉米区种植 | 张家口市和承德市的坝下适宜地区，秦皇岛市，唐山市，廊坊市，保定市和沧州市的北部适宜地区 | 东华北中晚熟春玉米类型区 |

（续）

| 序号 | 作物 | 品种名称 | 引种者 | 育种者 | 审定编号 | 原审定适宜种植区域 | 引种适宜种植区域 | 备注 |
|---|---|---|---|---|---|---|---|---|
| 12 | 玉米 | 金苹618 | 武威金苹果农业股份有限公司 | 武威金苹果有限责任公司、山西益田农业科技有限公司、山西省农业科学院农业环境与资源研究所 | 晋审玉2013006 | 山西春播早熟玉米区 | 张家口市和承德市的适宜地区 | 东华北中熟春玉米类型区 |
| 13 | 玉米 | 明玉19 | 葫芦岛市明玉种业有限责任公司 | 济南鑫瑞种业科技有限公司 | 鲁审玉20160013 | 山东全省适宜地区作为夏玉米品种种植，玉米矮花叶病高发区慎用 | 衡水市，石家庄市（含辛集市），邢台市，邯郸市，保定市（含定州市）和沧州市的适宜地区 | 黄淮海夏玉米类型区 |
| 14 | 玉米 | 中地606 | 中地种业（集团）有限公司 | 中地种业（集团）有限公司 | 蒙审玉2015003 | 内蒙古自治区≥10 ℃活动积温在2 400 ℃以上地区种植 | 张家口市、承德市的适宜地区 | 东华北中熟春玉米类型区 |
| 15 | 玉米 | 中地88 | 中地种业（集团）有限公司 | 山西农业科学院玉米研究所、北京中地种业科技有限公司 | 晋审玉2014009 | 山西春播中晚熟玉米区 | 张家口市和承德市的坝下适宜地区，秦皇岛市，唐山市，廊坊市，保定市和沧州市的北部适宜地区 | 东华北中晚熟春玉米类型区 |

（续）

| 序号 | 作物 | 品种名称 | 引种者 | 育种者 | 审定编号 | 原审定适宜种植区域 | 引种适宜种植区域 | 备注 |
| --- | --- | --- | --- | --- | --- | --- | --- | --- |
| 16 | 玉米 | 浚单 3136 | 河南永优种业科技有限公司 | 河南省鹤壁市农业科学院、河南永优种业科技有限公司 | 陕审玉 2014006 | 陕西省关中灌区中等水肥以上地区夏玉米区域 | 衡水市，石家庄市（含辛集市），邢台市，邯郸市，保定市（含定州市）和沧州市的适宜地区 | 黄淮海夏玉米类型区 |
| 17 | 玉米 | 浚单 509 | 河南永优种业科技有限公司 | 鹤壁市农业科学院 | 鄂审玉 2015009 | 湖北省北部岗地作夏玉米种植，大斑病重病地不宜种植 | 衡水市，石家庄市（含辛集市），邢台市，邯郸市，保定市（含定州市）和沧州市的适宜地区 | 黄淮海夏玉米类型区 |
| 18 | 玉米 | NK718 | 合肥丰乐种业股份有限公司 | 北京市农林科学院玉米研究中心、合肥丰乐种业股份有限公司 | 鲁审玉 20160006 | 山东全省适宜地区作为夏玉米品种种植，瘤黑粉病高发区慎用 | 衡水市，石家庄市（含辛集市），邢台市，邯郸市，保定市（含定州市）和沧州市的适宜地区 | 黄淮海夏玉米类型区 |
| 19 | 玉米 | 鲁单 818 | 合肥丰乐种业股份有限公司 | 山东省农业科学院玉米研究所 | 鲁农审 2010005 号 | 山东省适宜地区作为夏玉米品种种植 | 衡水市，石家庄市（含辛集市），邢台市，邯郸市，保定市（含定州市）和沧州市的适宜地区 | 黄淮海夏玉米类型区 |

（续）

| 序号 | 作物 | 品种名称 | 引种者 | 育种者 | 审定编号 | 原审定适宜种植区域 | 引种适宜种植区域 | 备注 |
|---|---|---|---|---|---|---|---|---|
| 20 | 玉米 | 陕科6号 | 合肥丰乐种业股份有限公司 | 宝鸡迪兴农业科技有限公司 | 陕审玉2010006号 | 陕西省关中灌区夏播区 | 衡水市，石家庄市（含辛集市），邢台市，邯郸市，保定市（含定州市）和沧州市的适宜地区 | 黄淮海夏玉米类型区 |
| 21 | 玉米 | 京科739 | 合肥丰乐种业股份有限公司 | 赵久然 王元东 段民孝 邢锦丰 杨国航 王继东 张雪原 张华生 张春原 | 京审玉2010004 | 北京地区夏播种植 | 唐山市，秦皇岛市，廊坊市，沧州市和保定市的适宜地区 | 京津冀早熟玉米类型区 |
| 22 | 玉米 | 大丰30 | 山西大丰种业有限公司 | 山西大丰种业有限公司 | 晋审玉2012007；陕引玉2012008号 | 山西春播早熟及中晚熟玉米区，陕西春、夏播玉米区 | 张家口市和承德市的坝下适宜地区，秦皇岛市，唐山市，廊坊市，保定市和沧州市的北部适宜地区； | 东华北中晚熟春玉米类型区 |
| | | | | | | | 衡水市，石家庄市（含辛集市），邢台市，邯郸市，保定市（含定州市）和沧州市的适宜地区 | 黄淮海夏玉米类型区 |

（续）

| 序号 | 作物 | 品种名称 | 引种者 | 育种者 | 审定编号 | 原审定适宜种植区域 | 引种适宜种植区域 | 备注 |
|---|---|---|---|---|---|---|---|---|
| 23 | 玉米 | 大丰 133 | 山西大丰种业有限公司 | 山西大丰种业有限公司 | 晋审玉 2013024 | 山西南部夏播玉米区 | 衡水市，石家庄市（含辛集市），邢台市，邯郸市，保定市（含定州市）和沧州市的适宜地区 | 黄淮海夏玉米类型区 |
| 24 | 玉米 | 中元 128 | 沈阳中元种业有限公司 | 沈阳中元种业有限公司 | 辽审玉 2015016 | 辽宁省内≥10 ℃活动积温在 2 800 ℃以上的中晚熟玉米区种植 | 张家口市和承德市的坝下适宜地区，秦皇岛市，唐山市，廊坊市，保定市和沧州市的北部适宜地区 | 东华北中晚熟春玉米类型区 |
| 25 | 玉米 | 中地 9988 | 沈阳中元种业有限公司 | 中地种业（集团）有限公司 | 辽审玉 2013038 | 辽宁省内≥10 ℃活动积温在 2 800 ℃以上的中晚熟玉米区种植 | 张家口市和承德市的坝下适宜地区，秦皇岛市，唐山市，廊坊市，保定市和沧州市的北部适宜地区 | 东华北中晚熟春玉米类型区 |
| 26 | 玉米 | 中地 79 | 沈阳中元种业有限公司 | 中地种业（集团）有限公司 | 辽审玉 2013025 | 辽宁省内≥10 ℃活动积温在 2 800 ℃以上的玉米区种植，弯孢叶斑病高发区慎用 | 张家口市和承德市的坝下适宜地区，秦皇岛市，唐山市，廊坊市，保定市和沧州市的北部适宜地区 | 东华北中晚熟春玉米类型区 |

（续）

| 序号 | 作物 | 品种名称 | 引种者 | 育种者 | 审定编号 | 原审定适宜种植区域 | 引种适宜种植区域 | 备注 |
|---|---|---|---|---|---|---|---|---|
| 27 | 玉米 | 佳玉538 | 北京禾佳源农业科技股份有限公司 | 北京禾佳源农业科技股份有限公司 | 陕审玉2014015号 | 陕西关中灌区夏播种植 | 衡水市，石家庄市（含辛集市），邢台市，邯郸市，保定市（含定州市）和沧州市的适宜地区 | 黄淮海夏玉米类型区 |
| | | | | | 吉审玉2010031 | 吉林省玉米晚熟区种植，弯孢菌叶斑病重发区慎用 | 张家口市和承德市的坝下适宜地区，秦皇岛市，唐山市，廊坊市，保定市和沧州市的北部适宜地区 | 东华北中晚熟春玉米类型区 |
| 28 | 玉米 | 翔玉198 | 吉林省鸿翔农业集团鸿翔种业有限公司 | 吉林省鸿翔农业集团鸿翔种业有限公司 | 吉审玉2015018 | 吉林省玉米中熟区 | 张家口市和承德市的坝下适宜地区，秦皇岛市，唐山市，廊坊市，保定市和沧州市的北部适宜地区 | 东华北中晚熟春玉米类型区 |
| 29 | 玉米 | 军育288 | 吉林省鸿翔农业集团鸿翔种业有限公司、吉林省军育农业有限公司 | 吉林省军育农业有限公司、吉林省鸿翔农业集团鸿翔种业有限公司 | 吉审玉2016028 | 吉林省玉米中熟区 | 张家口市和承德市的坝下适宜地区，秦皇岛市，唐山市，廊坊市，保定市和沧州市的北部适宜地区 | 东华北中晚熟春玉米类型区 |

（续）

| 序号 | 作物 | 品种名称 | 引种者 | 育种者 | 审定编号 | 原审定适宜种植区域 | 引种适宜种植区域 | 备注 |
| --- | --- | --- | --- | --- | --- | --- | --- | --- |
| 30 | 玉米 | 军育 535 | 吉林省鸿翔农业集团鸿翔种业有限公司、吉林省军育农业有限公司 | 吉林省鸿翔种业有限公司、扶余县军育种业有限公司 | 吉审玉 2012017 | 吉林省玉米中熟区 | 张家口市和承德市的坝下适宜地区，秦皇岛市，唐山市，廊坊市，保定市和沧州市的北部适宜地区 | 东华北中晚熟春玉米类型区 |
| 31 | 玉米 | 翔玉 218 | 吉林省鸿翔农业集团鸿翔种业有限公司 | 吉林省鸿翔农业集团鸿翔种业有限公司 | 蒙审玉 2016001 | 内蒙古自治区≥10 ℃活动积温在 2 800 ℃以上的中晚熟玉米区种植 | 张家口市和承德市的坝下适宜地区，秦皇岛市，唐山市，廊坊市，保定市和沧州市的北部适宜地区 | 东华北中晚熟春玉米类型区 |
| 32 | 玉米 | 翔玉 998 | 吉林省鸿翔农业集团鸿翔种业有限公司 | 吉林省鸿翔农业集团鸿翔种业有限公司 | 吉审玉 2014038 | 吉林省玉米中晚熟区 | 张家口市和承德市的坝下适宜地区，秦皇岛市，唐山市，廊坊市，保定市和沧州市的北部适宜地区 | 东华北中晚熟春玉米类型区 |
| 33 | 玉米 | 翔玉 T68 | 吉林省鸿翔农业集团鸿翔种业有限公司 | 吉林省鸿翔种业有限公司 | 吉审玉 2011036 | 吉林省玉米晚熟区 | 张家口市和承德市的坝下适宜地区，秦皇岛市，唐山市，廊坊市，保定市和沧州市的北部适宜地区 | 东华北中晚熟春玉米类型区 |

（续）

| 序号 | 作物 | 品种名称 | 引种者 | 育种者 | 审定编号 | 原审定适宜种植区域 | 引种适宜种植区域 | 备注 |
|---|---|---|---|---|---|---|---|---|
| 34 | 玉米 | 翔玉 211 | 吉林省鸿翔农业集团鸿翔种业有限公司 | 吉林省鸿翔农业集团鸿翔种业有限公司 | 吉审玉 2016056 | 吉林省玉米中晚熟区 | 张家口市和承德市的坝下适宜地区，秦皇岛市，唐山市，廊坊市，保定市和沧州市的北部适宜地区 | 东华北中晚熟春玉米类型区 |
| 35 | 玉米 | 优迪 919 | 吉林省鸿翔农业集团鸿翔种业有限公司、吉林省优旗现代农业科研开发有限公司 | 吉林省鸿翔农业集团鸿翔种业有限公司、吉林省优旗现代农业科研开发有限公司 | 吉审玉 2016039 | 吉林省玉米中晚熟区 | 张家口市和承德市的坝下适宜地区，秦皇岛市，唐山市，廊坊市，保定市和沧州市的北部适宜地区 | 东华北中晚熟春玉米类型区 |
| 36 | 玉米 | 优旗 199 | 吉林省鸿翔农业集团鸿翔种业有限公司 | 吉林省鸿翔农业集团鸿翔种业有限公司 | 辽审玉 2015033 | 辽宁省内≥10 ℃活动积温在 2 800 ℃以上的中晚熟玉米区种植 | 张家口市和承德市的坝下适宜地区，秦皇岛市，唐山市，廊坊市，保定市和沧州市的北部适宜地区 | 东华北中晚熟春玉米类型区 |

（续）

| 序号 | 作物 | 品种名称 | 引种者 | 育种者 | 审定编号 | 原审定适宜种植区域 | 引种适宜种植区域 | 备注 |
| --- | --- | --- | --- | --- | --- | --- | --- | --- |
| 37 | 玉米 | 强硕 68 | 河北奔诚种业有限公司 | 衣泰龙 | 辽审玉 2007351 号 | 在辽宁沈阳、丹东、锦州、鞍山、大连、葫芦岛等辽东、辽南沿海活动积温在 3 200 ℃以上的极晚熟玉米区种植 | 张家口市和承德市的坝下适宜地区，秦皇岛市，唐山市，廊坊市，保定市和沧州市的北部适宜地区 | 东华北中晚熟春玉米类型区 |
| 38 | 玉米 | 奔城 6 号 | 河北奔诚种业有限公司 | 河北奔诚种业有限公司 | 津审玉 2011001 | 天津市作春玉米种植 | 张家口市和承德市的坝下适宜地区，秦皇岛市，唐山市，廊坊市，保定市和沧州市的北部适宜地区 | 东华北中晚熟春玉米类型区 |
| 39 | 玉米 | 中地 168 | 河北奔诚种业有限公司 | 辽宁省风沙地改良利用研究所、沈阳中元种业有限公司 | 辽审玉 2011520 号 | 适宜在辽宁沈阳、丹东、锦州、阜新、辽阳、铁岭、朝阳等活动积温在2 800 ℃以上的中晚熟玉米区种植 | 张家口市和承德市的坝下适宜地区，秦皇岛市，唐山市，廊坊市，保定市和沧州市的北部适宜地区 | 东华北中晚熟春玉米类型区 |
| 40 | 玉米 | 强硕 88 | 河北奔诚种业有限公司 | 大连市农业科学研究院 | 辽审玉 2011547 号 | 在辽宁沈阳、大连、鞍山、丹东、锦州、葫芦岛等活动积温在 3 200 ℃以上的极晚熟玉米区种植 | 张家口市和承德市的坝下适宜地区，秦皇岛市，唐山市，廊坊市，保定市和沧州市的北部适宜地区 | 东华北中晚熟春玉米类型区 |

（续）

| 序号 | 作物 | 品种名称 | 引种者 | 育种者 | 审定编号 | 原审定适宜种植区域 | 引种适宜种植区域 | 备注 |
| --- | --- | --- | --- | --- | --- | --- | --- | --- |
| 41 | 玉米 | 沈玉 29 号 | 河北奔诚种业有限公司 | 沈阳市农业科学院 | 辽审玉 2007333 号 | 适宜在辽宁沈阳、铁岭、丹东、阜新、鞍山、锦州、朝阳等活动积温在 2 800 ℃以上的中晚熟玉米区种植，弯孢菌叶斑病和丝黑穗病高发区慎用 | 张家口市和承德市的坝下适宜地区，秦皇岛市，唐山市，廊坊市，保定市和沧州市的北部适宜地区 | 东华北中晚熟春玉米类型区 |
| 42 | 玉米 | 天泰 33 | 河北佳佐农业科技有限公司 | 平邑县种子有限公司 | 鲁农审 2009008 号 | 山东省适宜地区作为夏玉米品种推广利用 | 衡水市，石家庄市（含辛集市），邢台市，邯郸市，保定市（含定州市）和沧州市的适宜地区 | 黄淮海夏玉米类型区 |
| 43 | 玉米 | 天泰 55 | 河北佳佐农业科技有限公司 | 平邑县种子有限公司 | 鲁农审 2008003 号 | 山东省适宜地区作为夏玉米品种推广利用 | 衡水市，石家庄市（含辛集市），邢台市，邯郸市，保定市（含定州市）和沧州市的适宜地区 | 黄淮海夏玉米类型区 |

（续）

| 序号 | 作物 | 品种名称 | 引种者 | 育种者 | 审定编号 | 原审定适宜种植区域 | 引种适宜种植区域 | 备注 |
| --- | --- | --- | --- | --- | --- | --- | --- | --- |
| 44 | 玉米 | 邦玉 339 | 山东中农天泰种业有限公司 | 山东天泰种业有限公司 | 鲁审玉 20160019 | 山东省夏玉米区，弯孢菌叶斑病、矮花叶病、瘤黑粉病高发区慎用 | 衡水市，石家庄市（含辛集市），邢台市，邯郸市，保定市（含定州市）和沧州市的适宜地区 | 黄淮海夏玉米类型区 |
| 45 | 玉米 | 邦玉 359 | 山东中农天泰种业有限公司 | 山东邦泰生物技术研究所 | 鲁农审 2015006 号 | 山东省夏玉米区，茎腐病和瘤黑粉病高发区慎用 | 衡水市，石家庄市（含辛集市），邢台市，邯郸市，保定市（含定州市）和沧州市的适宜地区 | 黄淮海夏玉米类型区 |
| 46 | 玉米 | 宏硕 737 | 辽宁宏硕种业科技有限公司 | 丹东市振安区丹兴玉米育种研究所 | 辽审玉 2015020 | 辽宁省内≥10 ℃活动积温在 2 800 ℃以上的中晚熟玉米区种植 | 张家口市和承德市的坝下适宜地区，秦皇岛市，唐山市，廊坊市，保定市和沧州市的北部适宜地区 | 东华北中晚熟春玉米类型区 |
| 47 | 玉米 | 宏硕 787 | 辽宁宏硕种业科技有限公司 | 丹东市振安区丹兴玉米育种研究所 | 辽审玉 2015068 | 辽宁省内≥10 ℃活动积温在 2 800 ℃以上的中晚熟玉米区种植 | 张家口市和承德市的坝下适宜地区，秦皇岛市，唐山市，廊坊市，保定市和沧州市的北部适宜地区 | 东华北中晚熟春玉米类型区 |

（续）

| 序号 | 作物 | 品种名称 | 引种者 | 育种者 | 审定编号 | 原审定适宜种植区域 | 引种适宜种植区域 | 备注 |
|---|---|---|---|---|---|---|---|---|
| 48 | 玉米 | 良玉 818 | 丹东登海良玉种业有限公司 | 丹东登海良玉种业有限公司 | 辽审玉2011536号 | 适宜在辽宁沈阳、大连、鞍山、丹东、锦州、铁岭、朝阳、葫芦岛等活动积温在 3 000 ℃以上的晚熟玉米区种植 | 张家口市和承德市的坝下适宜地区，秦皇岛市，唐山市，廊坊市，保定市和沧州市的北部适宜地区 | 东华北中晚熟春玉米类型区 |
| 49 | 玉米 | 良玉 718 | 丹东登海良玉种业有限公司 | 丹东登海良玉种业有限公司 | 辽审玉2010489号 | 适宜在辽宁沈阳、铁岭、丹东、大连、鞍山、锦州、朝阳、葫芦岛等活动积温在 3 000 ℃以上的晚熟玉米区种植 | 张家口市和承德市的坝下适宜地区，秦皇岛市，唐山市，廊坊市，保定市和沧州市的北部适宜地区 | 东华北中晚熟春玉米类型区 |
| 50 | 玉米 | 良玉 618 | 丹东登海良玉种业有限公司 | 丹东登海良玉种业有限公司 | 辽审玉2010480号 | 适宜在辽宁沈阳、铁岭、丹东、大连、鞍山、锦州、朝阳、葫芦岛等活动积温在 3 000 ℃以上的晚熟玉米区种植 | 张家口市和承德市的坝下适宜地区，秦皇岛市，唐山市，廊坊市，保定市和沧州市的北部适宜地区 | 东华北中晚熟春玉米类型区 |

（续）

| 序号 | 作物 | 品种名称 | 引种者 | 育种者 | 审定编号 | 原审定适宜种植区域 | 引种适宜种植区域 | 备注 |
| --- | --- | --- | --- | --- | --- | --- | --- | --- |
| 51 | 玉米 | 良玉 518 | 丹东登海良玉种业有限公司 | 丹东登海良玉种业有限公司 | 辽审玉 2010469 号 | 适宜在辽宁沈阳、铁岭、丹东、阜新、鞍山、锦州、朝阳、辽阳等活动积温在 2 800 ℃以上的中晚熟玉米区种植 | 张家口市和承德市的坝下适宜地区，秦皇岛市，唐山市，廊坊市，保定市和沧州市的北部适宜地区 | 东华北中晚熟春玉米类型区 |
| 52 | 玉米 | 良玉 99 | 丹东登海良玉种业有限公司 | 丹东登海良玉种业有限公司 | 辽审玉 2015064 号 | 辽宁省内≥10 ℃活动积温在 28 00 ℃以上的中晚熟玉米区种植 | 张家口市和承德市的坝下适宜地区，秦皇岛市，唐山市，廊坊市，保定市和沧州市的北部适宜地区 | 东华北中晚熟春玉米类型区 |
| 53 | 玉米 | 良玉 88 | 丹东登海良玉种业有限公司 | 丹东登海良玉种业有限公司 | 辽审玉 2008387 号 | 适宜在辽宁沈阳、铁岭、丹东、大连、鞍山、锦州、朝阳、葫芦岛等活动积温在 3 000 ℃以上的晚熟玉米区种植，弯孢菌叶斑病高发区慎用 | 张家口市和承德市的坝下适宜地区，秦皇岛市，唐山市，廊坊市，保定市和沧州市的北部适宜地区 | 东华北中晚熟春玉米类型区 |

（续）

| 序号 | 作物 | 品种名称 | 引种者 | 育种者 | 审定编号 | 原审定适宜种植区域 | 引种适宜种植区域 | 备注 |
|---|---|---|---|---|---|---|---|---|
| 54 | 玉米 | 良玉66号 | 丹东登海良玉种业有限公司 | 丹东登海良玉种业有限公司 | 辽审玉2008365号 | 适宜在辽宁沈阳、铁岭、丹东、阜新、鞍山、锦州、朝阳等活动积温在2 800 ℃以上的中晚熟玉米区种植，弯孢菌叶斑病和丝黑穗病高发区慎用 | 张家口市和承德市的坝下适宜地区，秦皇岛市，唐山市，廊坊市，保定市和沧州市的北部适宜地区 | 东华北中晚熟春玉米类型区 |
| 55 | 玉米 | 良玉11 | 丹东登海良玉种业有限公司 | 丹东登海良玉种业有限公司 | 吉审玉2008041 | 吉林省玉米晚熟区，叶斑病重发区慎用 | 张家口市和承德市的坝下适宜地区，秦皇岛市，唐山市，廊坊市，保定市和沧州市的北部适宜地区 | 东华北中晚熟春玉米类型区 |
| 56 | 玉米 | 锦润919 | 辽宁东润种业有限公司 | 锦州农业科学院、辽宁东润种业有限公司 | 辽审玉2012568号 | 辽宁东部、西部、北部、中部≥10 ℃活动积温在2 800 ℃以上的中晚熟玉米区种植 | 张家口市和承德市的坝下适宜地区，秦皇岛市，唐山市，廊坊市，保定市和沧州市的北部适宜地区 | 东华北中晚熟春玉米类型区 |

注：引种适宜种植区域具体详见《河北省农作物品种审定委员会关于河北省主要农作物品种引种同一适宜生态区的公告（冀品审〔2017〕1号）》

# 附录2 河北省2017年同一适宜生态区引种备案品种目录（第二批）*

| 序号 | 作物 | 品种名称 | 引种者 | 育种者 | 审定编号 | 原审定适宜种植区域 | 引种适宜种植区域 | 备注 |
| --- | --- | --- | --- | --- | --- | --- | --- | --- |
| 1 | 小麦 | 京麦9号 | 河北宏瑞种业有限公司 | 北京杂交小麦工程技术研究中心 | 京审麦2015002 | 北京地区中等及中上等肥力地块种植 | 河北省唐山市、廊坊市全部，秦皇岛市除青龙县以外的区域，保定市除曲阳县、定州市、安国市、博野县以外区域，沧州市除献县、泊头市、南皮县、盐山县、吴桥县、东光县以外区域 | 北部冬麦水地品种类型区 |
| 2 | 小麦 | 良星67 | 河北洰丰种业有限公司 | 山东良星种业有限公司 | 晋审麦2016002 | 山西省南部中熟冬麦区水地 | 河北省邯郸市、邢台市、衡水市、石家庄市（含辛集市）全部，保定市的曲阳县、定州市、安国市、博野县，沧州市的献县、泊头市、南皮县、盐山县、吴桥县、东光县 | 黄淮冬麦北片水地品种类型区 |

* 公告文件号为冀农告字〔2017〕4号，引种备案公告号为（冀）引种〔2017〕2号。

（续）

| 序号 | 作物 | 品种名称 | 引种者 | 育种者 | 审定编号 | 原审定适宜种植区域 | 引种适宜种植区域 | 备注 |
|---|---|---|---|---|---|---|---|---|
| 3 | 小麦 | 太麦 198 | 山东中农汇德丰种业科技有限公司 | 泰安市泰山区久和作物研究所 | 鲁审麦 20160056 | 山东省高肥水地块种植 | 河北省邯郸市、邢台市、衡水市、石家庄市（含辛集市）全部，保定市的曲阳县、定州市、安国市、博野县，沧州市的献县、泊头市、南皮县、盐山县、吴桥县、东光县 | 黄淮冬麦北片水地品种类型区 |
| 4 | 小麦 | 长 8744 | 山西大槐种业有限公司 | 山西省农业科学院谷子研究所 | 晋审麦 2011003 | 山西省南部中熟冬麦区旱地 | 河北省沧州市的南皮县、盐山县、献县、河间市、黄骅市、孟村回族自治县、海兴县、沧县、泊头市、东光县、中捷产业园区、南大港产业园区，衡水市的故城县、阜城县、枣强县、武强县、武邑县、冀州市、饶阳县，邢台市的南宫市、巨鹿县、广宗县、新河县、平乡县、临西县、威县、清河县，邯郸市的邱县、曲周县、广平县、大名县、魏县、馆陶县 | 黄淮冬麦旱地品种类型区 |

（续）

| 序号 | 作物 | 品种名称 | 引种者 | 育种者 | 审定编号 | 原审定适宜种植区域 | 引种适宜种植区域 | 备注 |
|---|---|---|---|---|---|---|---|---|
| 5 | 小麦 | 荷麦 19 | 河北省宽城种业有限责任公司 | 山东科源种业有限公司 | 鲁农审 2016003 号 | 山东省高肥水地块 | 河北省邯郸市、邢台市、衡水市、石家庄市（含辛集市）全部，保定市的曲阳县、定州市、安国市、博野县，沧州市的献县、泊头市、南皮县、盐山县、吴桥县、东光县 | 黄淮冬麦北片水地品种类型区 |
| 6 | 小麦 | 晋麦 96 | 河北丰苑种业有限公司 | 山西省农业科学院小麦研究所 | 晋审麦 2014003 | 山西省南部中熟冬麦区水地 | 河北省邯郸市、邢台市、衡水市、石家庄市（含辛集市）全部，保定市的曲阳县、定州市、安国市、博野县，沧州市的献县、泊头市、南皮县、盐山县、吴桥县、东光县 | 黄淮冬麦北片水地品种类型区 |
| 7 | 小麦 | 中麦 998 | 河北丰苑种业有限公司 | 中国农业科学院作物科学研究所 | 津审麦 2015001 | 天津市作冬小麦种植 | 河北省唐山市、廊坊市全部，秦皇岛市除青龙县以外的区域，保定市除曲阳县、定州市、安国市、博野县以外区域，沧州市除献县、泊头市、南皮县、盐山县、吴桥县、东光县以外区域 | 北部冬麦水地品种类型区 |

（续）

| 序号 | 作物 | 品种名称 | 引种者 | 育种者 | 审定编号 | 原审定适宜种植区域 | 引种适宜种植区域 | 备注 |
|---|---|---|---|---|---|---|---|---|
| 8 | 小麦 | 晋麦95号 | 河北润垚种业有限公司 | 山西省农业科学院小麦研究所 | 晋审麦2014002 | 山西南部中熟冬麦区水地 | 河北省邯郸市、邢台市、衡水市、石家庄市（含辛集市）全部，保定市的曲阳县、定州市、安国市、博野县，沧州市的献县、泊头市、南皮县、盐山县、吴桥县、东光县 | 黄淮冬麦北片水地品种类型区 |
| 9 | 小麦 | 晋麦82号 | 河北润垚种业有限公司 | 运城市盐湖区种子管理站、山西圣谷种业科技有限责任公司 | 晋审麦2007001 | 山西南部中熟冬麦区水地 | 河北省邯郸市、邢台市、衡水市、石家庄市（含辛集市）全部，保定市的曲阳县、定州市、安国市、博野县，沧州市的献县、泊头市、南皮县、盐山县、吴桥县、东光县 | 黄淮冬麦北片水地品种类型区 |
| 10 | 小麦 | 中麦629 | 徐水县保恒谷物种植场 | 中国农业科学院作物科学研究所 | 津审麦2012001 | 天津市作冬小麦种植 | 河北省唐山市、廊坊市全部，秦皇岛市除青龙县以外的区域，保定市除曲阳县、定州市、安国市、博野县以外区域，沧州市除献县、泊头市、南皮县、盐山县、吴桥县、东光县以外区域 | 北部冬麦水地品种类型区 |

（续）

| 序号 | 作物 | 品种名称 | 引种者 | 育种者 | 审定编号 | 原审定适宜种植区域 | 引种适宜种植区域 | 备注 |
|---|---|---|---|---|---|---|---|---|
| 11 | 小麦 | 中麦 996 | 高碑店市科茂种业有限公司 | 中国农业科学院作物科学研究所 | 津审麦 2013001 | 天津市作冬小麦种植 | 河北省唐山市、廊坊市全部，秦皇岛市除青龙县以外的区域，保定市除曲阳县、定州市、安国市、博野县以外区域，沧州市除献县、泊头市、南皮县、盐山县、吴桥县、东光县以外区域 | 北部冬麦水地品种类型区 |
| 12 | 小麦 | 登海 202 | 河北省旺丰种业有限公司 | 山东登海种业股份有限公司 | 鲁审麦 20160058 | 山东省高肥水地块种植 | 河北省邯郸市、邢台市、衡水市、石家庄市（含辛集市）全部，保定市的曲阳县、定州市、安国市、博野县，沧州市的献县、泊头市、南皮县、盐山县、吴桥县、东光县 | 黄淮冬麦北片水地品种类型区 |
| 13 | 小麦 | 中麦 13 | 高碑店市科茂种业有限公司 | 中国农业科学院作物科学研究所 | 京审麦 2011003 | 北京地区种植 | 河北省唐山市、廊坊市全部，秦皇岛市除青龙县以外的区域，保定市除曲阳县、定州市、安国市、博野县以外区域，沧州市除献县、泊头市、南皮县、盐山县、吴桥县、东光县以外区域 | 北部冬麦水地品种类型区 |

（续）

| 序号 | 作物 | 品种名称 | 引种者 | 育种者 | 审定编号 | 原审定适宜种植区域 | 引种适宜种植区域 | 备注 |
|---|---|---|---|---|---|---|---|---|
| 14 | 小麦 | 中麦 14 | 高碑店市科茂种业有限公司 | 中国农业科学院作物科学研究所 | 京审麦 2012001 | 北京地区种植 | 河北省唐山市、廊坊市全部，秦皇岛市除青龙县以外的区域，保定市除曲阳县、定州市、安国市、博野县以外区域，沧州市除献县、泊头市、南皮县、盐山县、吴桥县、东光县以外区域 | 北部冬麦水地品种类型区 |
| 15 | 小麦 | 峰川 9 号 | 山东省德发种业科技有限公司 | 菏泽市丰川农业科学技术研究院 | 鲁审麦 20160059 | 山东省高肥水地块种植 | 河北省邯郸市、邢台市、衡水市、石家庄市（含辛集市）全部，保定市的曲阳县、定州市、安国市、博野县，沧州市的献县、泊头市、南皮县、盐山县、吴桥县、东光县 | 黄淮冬麦北片水地品种类型区 |
| 16 | 玉米 | 联达 988 | 辽宁联达种业有限责任公司 | 新疆美亚联达种业有限公司 | 辽审玉 2015031 号 | 辽宁省内≥10 ℃活动积温在 2800 ℃以上的中晚熟玉米区种植上的 | 张家口市和承德市的坝下适宜地区，秦皇岛市，唐山市，廊坊市，保定市和沧州市的北部适宜地区 | 东华北中晚熟春玉米类型区 |

（续）

| 序号 | 作物 | 品种名称 | 引种者 | 育种者 | 审定编号 | 原审定适宜种植区域 | 引种适宜种植区域 | 备注 |
| --- | --- | --- | --- | --- | --- | --- | --- | --- |
| 17 | 玉米 | 联达99 | 辽宁联达种业有限责任公司 | 辽宁联达种业有限责任公司 | 辽审玉2011529号 | 辽宁省内≥10℃活动积温在2800℃以上的中晚熟玉米区种植上的 | 张家口市和承德市的坝下适宜地区，秦皇岛市，唐山市，廊坊市，保定市和沧州市的北部适宜地区 | 东华北中晚熟春玉米类型区 |
| 18 | 玉米 | 联达169 | 辽宁联达种业有限责任公司 | 铁岭市农业科学院、辽宁联达种业有限责任公司 | 辽审玉2010468号 | 辽宁省内≥10℃活动积温在2800℃以上的中晚熟玉米区种植上的 | 张家口市和承德市的坝下适宜地区，秦皇岛市，唐山市，廊坊市，保定市和沧州市的北部适宜地区 | 东华北中晚熟春玉米类型区 |
| 19 | 玉米 | 联达128 | 辽宁联达种业有限责任公司 | 辽宁联达种业有限责任公司 | 辽审玉2010465 | 辽宁省内≥10℃活动积温在2800℃以上的中晚熟玉米区种植上的 | 张家口市和承德市的坝下适宜地区，秦皇岛市，唐山市，廊坊市，保定市和沧州市的北部适宜地区 | 东华北中晚熟春玉米类型区 |

（续）

| 序号 | 作物 | 品种名称 | 引种者 | 育种者 | 审定编号 | 原审定适宜种植区域 | 引种适宜种植区域 | 备注 |
| --- | --- | --- | --- | --- | --- | --- | --- | --- |
| 20 | 玉米 | 联达 288 | 辽宁联达种业有限责任公司 | 北票市兴业玉米高新技术研究所、辽宁联达种业有限责任公司 | 辽审玉 2008372 号 | 辽宁省内≥10 ℃活动积温在 2800 ℃以上的中晚熟玉米区种植的 | 张家口市和承德市的坝下适宜地区，秦皇岛市，唐山市，廊坊市，保定市和沧州市的北部适宜地区 | 东华北中晚熟春玉米类型区 |
| 21 | 玉米 | 粮原 5698 | 辽宁联达种业有限责任公司 | 辽宁联达种业有限责任公司 | 辽审玉 2012554 | 辽宁西部、北部、东部≥10 ℃活动积温在 2650 ℃以上的中熟玉米区种植 | 张家口市和承德市的坝下适宜地区，秦皇岛市，唐山市，廊坊市，保定市和沧州市的北部适宜地区 | 东华北中晚熟春玉米类型区 |
| 22 | 玉米 | 联达 F085 | 辽宁联达种业有限责任公司 | 辽宁联达种业有限责任公司 | 辽审玉 2017058 | 辽宁省内≥10 ℃活动积温在 2800 ℃以上的中晚熟玉米区种植的 | 张家口市和承德市的坝下适宜地区，秦皇岛市，唐山市，廊坊市，保定市和沧州市的北部适宜地区 | 东华北中晚熟春玉米类型区 |

（续）

| 序号 | 作物 | 品种名称 | 引种者 | 育种者 | 审定编号 | 原审定适宜种植区域 | 引种适宜种植区域 | 备注 |
| --- | --- | --- | --- | --- | --- | --- | --- | --- |
| 23 | 玉米 | 华美 368 | 河北华茂种业有限公司 | 山西省农业科学院作物科学研究所 | 晋审玉 2014008 | 山西春播中晚熟玉米区 | 张家口市和承德市的坝下适宜地区，秦皇岛市，唐山市，廊坊市，保定市和沧州市的北部适宜地区 | 东华北中晚熟春玉米类型区 |
| 24 | 玉米 | 美联 178 | 新疆美亚联达种业有限公司 | 新疆美亚联达种业有限公司 | 辽审玉 2015015 | 辽宁省内≥10 ℃活动积温在 2800 ℃以上的中晚熟玉米区种植的 | 张家口市和承德市的坝下适宜地区，秦皇岛市，唐山市，廊坊市，保定市和沧州市的北部适宜地区 | 东华北中晚熟春玉米类型区 |
| 25 | 玉米 | 美联 98 | 新疆美亚联达种业有限公司 | 新疆美亚联达种业有限公司 | 辽审玉 2015044 | 辽宁省内≥10 ℃活动积温在 3 000 ℃以上的晚熟玉米区种植的 | 张家口市和承德市的坝下适宜地区，秦皇岛市，唐山市，廊坊市，保定市和沧州市的北部适宜地区 | 东华北中晚熟春玉米类型区 |

（续）

| 序号 | 作物 | 品种名称 | 引种者 | 育种者 | 审定编号 | 原审定适宜种植区域 | 引种适宜种植区域 | 备注 |
|---|---|---|---|---|---|---|---|---|
| 26 | 玉米 | 登海 618 | 山东登海种业股份有限公司 | 山东登海种业股份有限公司 | 晋审玉 2014002 | 山西春播早熟玉米区 | 张家口市和承德市的适宜地区 | 东华北中熟春玉米类型区 |
| 27 | 玉米 | 京英 8 号 | 山东登海种业股份有限公司 | 北京登海种业有限公司 | 辽审玉 2015024 | 辽宁省内≥10 ℃活动积温在 2800 ℃以上的中晚熟玉米区种植的 | 张家口市和承德市的坝下适宜地区，秦皇岛市，唐山市，廊坊市，保定市和沧州市的北部适宜地区 | 东华北中晚熟春玉米类型区 |
| 28 | 玉米 | 登海 710 | 山东登海种业股份有限公司 | 山东登海种业股份有限公司 | 京审玉 2013001 | 北京地区春播种植 | 张家口市和承德市的坝下适宜地区，秦皇岛市，唐山市，廊坊市，保定市和沧州市的北部适宜地区 | 东华北中晚熟春玉米类型区 |

注：引种适宜种植区域具体详见《河北省农作物品种审定委员会关于河北省主要农作物品种引种同一适宜生态区的公告（冀品审〔2017〕1号）》